湖南省示范性(骨干)高等职业院校建设项目规划教材
湖南水利水电职业技术学院课程改革系列教材

水工建筑物
安全监测与维护

主　编　刘　妍　徐立君

副主编　张孟希　刘贵书　王菜刚

张　丹　陈　翔

主　审　刘咏梅　刘　斌

黄河水利出版社

·郑州·

内容提要

本书是湖南省示范性(骨干)高等职业院校建设项目规划教材、湖南水利水电职业技术学院课程改革系列教材之一,根据高职高专教育水利工程管理课程标准及理实一体化教学要求编写完成。本书根据水利工程运行管理对应主要工作岗位(水工监测工、土石维修工、混凝土维修工、闸门运行工),编写了对已建成的水工建筑物进行技术管理的工作内容,重点突出水工建筑物的巡查与监测、维护修理、防汛抢险的基本知识和技能。

本书可供水利工程、水利水电建筑工程、水利工程施工技术、水利工程管理、城市水利等专业使用,也可供从事水利水电工程基层管理工作的技术人员参考。

图书在版编目(CIP)数据

水工建筑物安全监测与维护/刘妍,徐立君主编.—郑州:黄河水利出版社,2017.8 (2021.8 重印)
湖南省示范性(骨干)高等职业院校建设项目规划教材
ISBN 978-7-5509-1615-9

Ⅰ.①水… Ⅱ.①刘… ②徐… Ⅲ.①水工建筑物-安全监测-高等职业教育-教材 ②水工建筑物-维修-高等职业教育-教材 Ⅳ.①TV6

中国版本图书馆 CIP 数据核字(2016)第 308084 号

组稿编辑:简群 电话:0371-66026749 E-mail:931945687@163.com

出版社:黄河水利出版社 网址:www.yrcp.com
地址:河南省郑州市顺河路黄委会综合楼 14 层 邮政编码:450003
发行单位:黄河水利出版社
发行部电话:0371-66026940、66020550、66028024、66022620(传真)
E-mail:hhslcbs@126.com
承印单位:河南承创印务有限公司
开本:787 mm×1 092 mm 1/16
印张:14.5
字数:335 千字 印数:2 001—3 500
版次:2017 年 8 月第 1 版 印次:2021 年 8 月第 2 次印刷

定价:35.00 元

修订前言

按照“湖南省示范性(骨干)高等职业院校建设项目”建设要求,水利工程专业是该项目的重点建设专业之一,由湖南水利水电职业技术学院负责组织实施。按照专业建设方案和任务书,通过广泛深入行业,与行业、企业专家共同研讨,创新了“两贯穿、三递进、五对接、多学段”“订单式”人才培养模式,完善了“以水利工程项目为载体,以设计→施工→管理工作过程为主线”的课程体系,进行优质核心课程的建设。为了固化示范性(骨干)建设成果,进一步将其应用到教学中,最终实现让学生受益,经学院审核,决定正式出版系列课程改革教材。

为了不断提高教材质量,编者于 2021 年 8 月根据近年来在教学实践中发现的问题和错误,对全书进行全面修订和完善。

本书针对高职高专学生的特点,采用项目化教学的方法编写。本书共 6 个项目,17 个任务,42 个子任务,主要内容包括土石坝的安全监测与维护、混凝土坝及浆砌石坝的安全监测与维护、水闸的安全监测与维护、溢洪道的安全监测与维护、渠系建筑物的安全监测与维护、堤防工程的安全监测与防汛抢险等。

本书由湖南水利水电职业技术学院主持编写工作。由湖南水利水电职业技术学院刘妍、徐立君担任主编;湖南水利水电职业技术学院张孟希、刘贵书、王菜刚、张丹,常德市西洞庭管理区水利局陈翔担任副主编。其中,项目一由刘妍编写,项目二由徐立君编写,项目三由刘贵书编写,项目四由王菜刚、张丹编写,项目五由张孟希编写,项目六由刘妍、陈翔编写。本书由刘妍负责全书统稿、定稿;由湖南水利水电职业技术学院刘咏梅、刘斌担任主审。

由于编写水平有限以及时间仓促,书中难免存在错误和疏漏之处,恳请广大读者批评指正。

编　者

2016 年 11 月

目 录

修订前言
绪 论 …………………………………………………………………………………………… (1)
项目一 土石坝的安全监测与维护 …………………………………………………… (6)
任务一 土石坝的巡视检查与养护 ………………………………………………… (7)
任务二 土石坝的安全监测 ……………………………………………………… (11)
任务三 土石坝的病害处理 ……………………………………………………… (43)
案例分析 ……………………………………………………………………………… (79)
项目二 混凝土坝及浆砌石坝的安全监测与维护 ………………………………… (82)
任务一 混凝土坝及浆砌石坝的巡视检查与养护 ……………………………… (83)
任务二 混凝土坝及浆砌石坝的安全监测 ……………………………………… (86)
任务三 混凝土坝及浆砌石坝的病害处理 ……………………………………… (113)
案例分析 ……………………………………………………………………………… (140)
项目三 水闸的安全监测与维护 ……………………………………………………… (143)
任务一 水闸的检查观测与养护 …………………………………………………… (144)
任务二 水闸的病害处理 …………………………………………………………… (149)
案例分析 ……………………………………………………………………………… (155)
项目四 溢洪道的安全监测与维护 …………………………………………………… (158)
任务一 溢洪道的监测与养护 ……………………………………………………… (159)
任务二 溢洪道的病害处理 ………………………………………………………… (161)
案例分析 ……………………………………………………………………………… (168)
项目五 渠系建筑物的安全监测与维护 ……………………………………………… (171)
任务一 渠道的养护与修理 ………………………………………………………… (172)
任务二 输水隧洞的养护与修理 …………………………………………………… (179)
任务三 倒虹吸管与涵管的养护与修理 …………………………………………… (187)
任务四 渡槽的养护与修理 ………………………………………………………… (191)
案例分析 ……………………………………………………………………………… (196)
项目六 堤防工程的安全监测与防汛抢险 …………………………………………… (199)
任务一 堤防工程的安全监测 ……………………………………………………… (200)
任务二 防汛与抢险工作 …………………………………………………………… (201)
任务三 堤坝险情抢护 ……………………………………………………………… (208)
案例分析 ……………………………………………………………………………… (219)
参考文献 ……………………………………………………………………………… (226)

绪 论

水利枢纽工程是指对自然界的地表水和地下水进行控制和调配，以达到除害兴利的目的而修建的工程设施。它包括以下几个类型：①防止水灾害的防洪工程；②为农业生产服务的农田水利工程，也称灌溉排水工程；③将水能转化为电能的水力发电工程；④为水运服务的航道及港口工程；⑤为工业用水和生活用水及排水、处理废水和雨水服务的城镇供水及城镇排水工程；⑥防止水污染、维护生态平衡的环境水利工程；⑦防御海潮和涌浪的侵袭，保护沿海城市和农田的河口堤防和海塘工程。

水利枢纽工程主要由各类型的水工建筑物构成。

一、水利枢纽的三种状态

水利枢纽的三种状态分别是正常状态、病害状态和危险状态。

(1) 如果水利枢纽的主要建筑物均达到设计防洪标准，工程质量良好，都能够安全可靠地运行，充分发挥应有的效益，并能安全度汛，则该枢纽处于正常状态。其具体有以下标志：

①大坝的水平位移和垂直位移变化规律正常，符合设计计算数值；坝身无贯穿性裂缝，坝坡或坝体的抗滑稳定性能达到设计要求；坝基和坝端两岸无渗透破坏迹象，渗流量在允许范围以内，渗透水清澈透明；土坝坝身浸润线无突然升高现象；混凝土及砌石坝的扬压力符合设计要求。

②泄洪建筑物的尺寸和泄洪能力均符合设计要求，下泄洪水能安全地泄入下游河道。

③放水建筑物在各种运用水位条件下均能安全放水，坝下涵管与坝体结合紧密，无断裂、漏水现象。

④泄、放水建筑物的闸门和启闭设备操作灵活可靠，能够准确而迅速地控制流量；闸门关闭后无严重漏水现象，开启放水时无严重振动或空蚀现象；下游消能设施可靠，不致产生危及建筑物安全的冲刷。

(2) 如果水库枢纽的主要建筑物虽能达到设计防洪标准，但存在一定病害或隐患，而这些病害或隐患能较快地被维修处理，不影响安全度汛，则为病害水库。

(3) 如果水库枢纽的主要建筑物没有达到设计防洪标准，或存在严重病害，难以较快地被维修，不能保证安全度汛，则为危险水库。

对于病险水库，必须加强养护维修，提出有效的安全度汛方案，确保安全，并及时对病害进行研究分析，提出整治措施，报请批准后，积极进行除险加固。而对于正常状态的水利枢纽，进行有计划、有次序、经常的检查观测和养护工作，保证水库枢纽处于正常状态，不向病害状态转变。

二、我国水利工程的现状

1949 年之前,我国的水库大坝很少,只有 20 多座,主要集中在东北三省,是日本在占领"东三省"时建造的。新中国成立后,我国派水利代表团到苏联去参观考察,认为建水库大坝,既能防洪又能抗旱。在 20 世纪 50 ~ 70 年代,我国完成了水利工程建设的"大跃进",成为世界上水库数量最多的国家。

限于当时的技术水平和经济条件,许多水库的质量和建设水平都不是太高,大部分是小型坝,小型坝中的 90% 以上是土石坝,土石坝的寿命大约是 50 年,到目前为止,基本上都已是超期服役,部分水库不同程度地存在设施老化、失修,库区出现了淤积,涵洞渗漏等严重问题。以云南省水库水坝为例,云南省水库水坝也大多建于 20 世纪五六十年代,当时修建时受到财力、物力以及技术条件的限制,防渗、排水系统并不完善,部分大坝已经发生了流土、管涌等渗透破坏现象。据云南省水利厅 2012 年 2 月 4 日的统计,目前云南共有小(2)型水库 4 442 座,但是有病险的水库就有 3 420 座,有渗漏现象的病险水库占八成左右。

其他地方与云南省相似,因此目前我国水坝大多处于超限服役状态。此外,在建成后几十年的运行中,由于缺少必需的维护经费,水库病险的数量过半,达 4 万多座。在 1998 年的长江洪水之后,中华人民共和国水利部(简称"水利部")再一次组织力量进行普查,普查的结果是:我国病险水库在 50% 以上。

我国是世界上建坝第一大国,现有水库 9 万多座,其中大部分水库建于 20 世纪 50 ~ 70 年代。由于工程标准普遍偏低、质量较差,加之工程管理与运行维修养护经费无正常渠道投入,安全问题更加突出。因此,每到汛期,小型水库出现溃坝事故时有发生。

报告显示,我国西部 98.6% 的水坝是建在高度到中度地震危险地区。比对大型水坝地址,以及地震危险地区上那些已竣工、建造中或规划中水坝的我国西部江河源头,包括雅鲁藏布江、萨尔温江、澜沧江、长江、雅砻江、大渡河和黄河等,会发现 48.2% 的水坝是位于高度和极危险的地震危险地区,剩下 50.4% 的水坝则是位于中度地震危险地区,只有 1.4% 的水坝是位于低度地震危险地区。2008 年汶川地震导致大量水坝受损,我国共有 8 个省(市)的 2 666 座水坝受到不同程度的破坏。据资料统计,四川已建成水库 6 678 座,包括大型 6 座、中型 104 座、小(1)型 1 007 座、小(2)型 5 561 座,其中土石坝居多。地震对水坝影响严重,共造成四川省境内 1 996 座水库受到不同程度的损坏,占全省总水库数量的 30%。其中,有 69 座水库属于溃坝险情,310 座水库属于高危险情,1 617 座水库属于次高危险情。水利部也曾表示,汶川大地震后,四川省有 69 座水坝有崩塌危险。

除登记在册的 9 万多座水库大坝外,我国还有许许多多废弃的小水库水坝。目前在我国农村已拥有小水库、小塘坝、小灌区等小型水利工程达 1 000 多万处。这些小型水利工程,长期存在管理粗放、工程老化失修等安全隐患。2011 年,根据水利部公布的数据:从 1954 年有溃坝记录以来,全国共发生溃坝水库 3 515 座,其中小型水库占 98.8%。

以前所有的水库大坝都归政府管,后来进行水权改革,无法使用及没有经济利益的水坝,都经报废已处理。目前,全国待除险加固的小型水库还有数万座,数量巨大,短期内是得不到彻底解决的;几乎无专业技术人员,也没有专人管理,甚至无人管理;水库管理经费奇缺，很多水库长期处于带病和限制运行状态，大部分小型水库从未进行过维修养护，一般只有在出现严重险情时才能得到应急治理，但远不能根除隐患。

三、水工建筑物安全监测与维护的重要性

水工建筑物的安全状况，不仅关系到其自身能否正常运用和充分发挥经济效益，更重要的是大坝安全关系到下游人民生命财产的安全和国家建设的发展。我国许多水库大坝下游人口稠密，有重要的城市、广阔的农村、铁路公路交通干线，比其他工程对公众事业的安全有更大的影响。有时因各种原因不得不在自然条件恶劣的坝址修建大坝和水电站，这样增加了工程的复杂性，更增加了水工建筑物安全监测与维护的重大意义。

与其他建筑物相比，水工建筑物有如下一些显著特点：

(1)大中型水工建筑物承受巨大的荷载，受力和运行条件复杂。在水库蓄水运用以后，挡水、引水建筑物经常处在水下工作，承受水压力、泥沙压力、冰压力、风浪压力和作用于基础的扬压力等荷载。引水、泄水和排沙建筑物除承受上述荷载外，还要经受高速水流的冲刷和磨蚀作用。

(2)水下和基础部位的许多工程是隐蔽的，损坏不易察觉。如大坝基础的断层破碎带和软弱部位在水压力作用下发生某些变化，往往不易被发现，泄水建筑物发生气蚀以及下游河床发生淘刷，也往往不能被及时发现。引水隧洞或压力钢管经常处于连续运行状态，不能随时停机检查，也难以及时发现缺陷。因此，加强水工建筑物的运行维护和安全监测有着重要意义，可能防止某些损坏的恶化和突然事故发生。

(3)每座水电站或水库都是根据自己的条件单独设计的，具有自己的特点和特殊的要求。当然设计也不可能尽善尽美，有些问题往往需要运行阶段解决。自然现象的复杂变化，也威胁着水工建筑物的安全，如发生大洪水和强烈地震可能使水工建筑物遭致严重破坏。地震使新丰江水库大坝遭到严重破坏，产生裂缝，不得不进行加固处理。坝址或水库近坝区的滑坡，可能引起巨大涌浪翻坝，对大坝造成严重威胁。

大坝基础处理设计和施工质量是决定大坝安全的最重要的因素之一。一些重大的垮坝事故，如法国的马尔巴赛坝、美国的铁堂坝失事是由于坝基地质复杂，处理不当造成的。软土坝基在建设时未作适当处理，水库蓄水后在渗水压力作用下，可能会发生渗透失稳，严重的坝基渗漏，可能引起管涌或流土，以致基础脱空沉陷，造成基础破坏，引起大坝失事。岩石坝基如有断层破碎带处理不当，运行中会发生渗漏加大，扬压力升高，威胁大坝稳定，甚至引起大坝失事。

建筑材料老化，也是一种自然规律。混凝土老化使强度和抗渗抗侵蚀性能降低。基础水泥灌浆帷幕老化，防渗作用降低甚至失效。土坝边坡破坏和颗粒破裂，是土坝多年不断变化的重要原因。特别是在施工中产生的缺陷和质量隐患，蓄水后在水压力和水质侵蚀作用下，逐渐向不利方向发展。材料老化虽然发展缓慢，但当出现明显迹象时，往往是很危险的，处理不及时可能会导致严重的事故。

为了加强水工建筑物运行管理，充分发挥其效益，应重视水工建筑物运行维护和安全监测工作，建立必要的管理制度，定期进行检查和观测。在汛前和汛后、发生地震之后或发生大洪水之后，还应进行特殊检查，掌握水工建筑物的变化规律和工作状态。特别要注

意水下工程和隐蔽工程的状况，防微杜渐，发现缺陷或异常应及时采取措施处理。一般在水工建筑物运行多年、缺陷较多或有重大异常现象时，应组织技术鉴定，提出处理方案，重大工程应作专门设计。

四、水工建筑物监测与维护的项目

(1)水工建筑物的巡查工作。巡查即巡视检查，是用眼看、耳听、手摸等直观方法并辅以简单的工具，对水工建筑物外露的部分进行检查，以发现一切不正常现象，并从中分析、判断建筑物内部的问题，从而进一步进行检查和观测，并采取相应的修理措施。人工巡视检查是大坝安全监测的重要内容，能较好地弥补仪器监测的局限性，但这种检查只能进行外表检查，难以发现内部存在的隐患。

(2)水工建筑物的观测工作。水工建筑物在施工及运行过程中，受外荷载作用及各种因素影响，其状态不断变化，这种变化常常是隐蔽、缓慢、直观不易察觉的。为了监视水工建筑物的安全运行状态，通常在坝体和坝基内埋设各种监测仪器，以定期或实时监测埋设仪器部位的变形、应力应变和温度、渗流等，并对这些监测资料进行整理分析，评价和监控水工建筑物的安全状况。然而，在出现隐患、病害的部位不一定预埋监测仪器，或者因仪器使用寿命而失效，因此需要用巡视检查和现场检测加以弥补。

(3)水工建筑物的养护工作。养护是指保持工程完整状态和正常运用的日常维护工作，它是经常、定期、有计划、有次序地进行的。

(4)水工建筑物的维修工作。维修工作一般可分为岁修、大修和抢修三种。①岁修：在每年汛后检查发现工程问题，尔后编制岁修计划，报批后进行的修理。②大修：工程发生较大损坏，修复工作量大，技术较复杂，管理单位报请上级主管部门批准，邀请设计、施工和科研单位共同研究制订修复计划，报批后修理。③抢修：工程发生事故，危及工程安全时，管理单位应立即组织力量进行抢险，同时上报主管部门，采取进一步的处理措施。

(5)堤防防汛抢险工作。各级机构应建立防汛机构，组织防汛队伍，准备物资器材，立足于防大汛抢大险，确保工程安全。不断总结抢险的经验教训，及时发现险情，准确判断险情的类型和程度，采取正确措施处理险情，迅速有力地把险情消灭在萌芽状况，是取得防汛抢险胜利的关键。

五、水工建筑物监测与维护的基本要求

在过去很长一段时期，人们往往只重建设而轻视管理，只讲投资而不讲效益，不重视对水工建筑物的安全检测和维护工作，致使水利工程存在诸多问题，主要表现在以下几个方面：

(1)水利工程失修、设备老化，需要进行更新改造。

(2)不少工程遭到一定程度的人为和生物性破坏现象。

(3)工程的配套不够，设备利用率低，经济效益不高。

(4)安全检测与维修技术落后，检测与维修水平有待提高。

(5)有些工程抗御灾害的标准偏低。

对水工建筑物进行监测与维护，必须本着以防为主，防重于修，修重于抢的原则。做

好日常检查和养护工作,防止工程出现病害或发展扩大,发现水工建筑物出现病害后,应及时进行维修。做到小坏小修、随坏随修,以免造成更大的损失。在水工建筑物的维修工作中,应根据检测的结果,吸取先进的经验教训,因地制宜,力求取得最大的经济效益。对于难以解决的某些特殊情况,应请设计、施工和科研等单位协商,确定处理措施,并及时进行观测,验证其效果。当水工建筑物出现险情时,应在党和政府的统一领导下,充分发动群众,立即进行抢护,从思想上、组织上、物质和技术上,充分做好防汛抢险准备,做好相应的抢险方案,尽可能减少洪水损失。

近十年来,我国工程安全监测技术人员为保障工程安全付出了大量心血,取得了丰硕的成果。各级水利部门十分重视水工建筑物养护维修工作,取得了很好的效果,积累了许多整治病害的经验。在水库安全监控和除险加固中引进了许多新技术,新材料,新工艺。例如土坝渗流热监测技术;光纤传感技术在隧道健康监测中应用;4S(GPS、RS、GIS、ES)技术在堤坝安全监测中发展并应用;采用一些防水堵漏新技术;在土坝中采用劈裂灌浆法处理渗漏;应用土工膜和土工织物防渗排渗;采用新技术、新工艺防止钢闸门腐蚀;使用新品种水泥和新型防水材料等。

总之,水工建筑物监测与维护工作要求通过检查、观测、了解水工建筑物的工作状态,及时发现隐患,对水工建筑物进行经常养护,对病害及时处理,以确保水利工程的安全、完整,充分发挥水利工程的效益。

项目一　土石坝的安全监测与维护

学习内容及目标

<table>
<tr><td rowspan="3">学习内容</td><td>任务一　土石坝的巡视检查与养护
子任务一　土石坝的巡视检查
子任务二　土石坝的养护</td></tr>
<tr><td>任务二　土石坝的安全监测
子任务一　土石坝的水平位移监测
子任务二　土石坝的垂直位移监测
子任务三　土石坝的固结监测
子任务四　土石坝的渗流监测
子任务五　土石坝的监测资料整理与分析</td></tr>
<tr><td>任务三　土石坝的病害处理
子任务一　土石坝的土栖白蚁的防治
子任务二　土石坝的裂缝处理
子任务三　土石坝的渗漏处理
子任务四　土石坝的滑坡处理
子任务五　土石坝的护坡破坏处理</td></tr>
<tr><td rowspan="3">知识目标</td><td>任务一：
(1)了解土石坝巡视检查的制度和内容；
(2)掌握裂缝、渗漏、滑坡巡查的内容和方法；
(3)了解土石坝的日常养护内容。</td></tr>
<tr><td>任务二：
(1)掌握土石坝水平位移、垂直位移观测的方法；
(2)掌握土石坝浸润线观测等各项渗流观测的方法；
(3)掌握土石坝变形、渗流资料的整理方法。</td></tr>
<tr><td>任务三：
掌握各种病害的处理方法。</td></tr>
<tr><td rowspan="3">能力目标</td><td>任务一：
(1)能够用直观的方法并辅以简单的工具对水工建筑物的外露部分进行检查；
(2)能够完成土石坝的日常养护工作。</td></tr>
<tr><td>任务二：
(1)能够对土石坝水平位移、垂直位移等变形情况进行安全监测，并记录和计算；
(2)能够对土石坝浸润线、渗流量、透明度等渗流情况进行安全监测，并记录和计算；
(3)能够对安全监测的记录结果进行整理，并分析判断建筑物安全状态以及病害原因。</td></tr>
<tr><td>任务三：
(1)能够完成对土石坝的缺陷进行修复处理的工作；
(2)能够对土石坝的白蚁侵害进行防治。</td></tr>
</table>

我国现运行的土石坝中许多存在不同程度的缺陷和病害，严重的则导致大坝失事。促使病害产生并影响土石坝安全的因素很多，主要有以下几点：

(1)运用过程中，长期受到水的渗透、冲刷、气蚀和磨损等物理作用和侵蚀、腐蚀等化学作用。

(2)勘测、规划、设计和施工的原因使土石坝结构本身存在一些不足和缺陷。

(3)工程管理不当及人为因素。

(4)遭遇不可见的自然因素和非常因素的作用。

在对全国 1 000 件土石坝工程事故原因调查分析显示：坝体裂缝占 12.9%，防渗铺盖裂缝占 6.7%，坝体漏水占 7%，坝头山体漏水占 3.1%，管涌占 5.3%，其他建筑物漏水占 9.6%，坝体滑坡、坍塌占 7.8%，岸边塌滑占 3.1%，护坡破坏占 6.5%，冲刷破坏占 11.2%，气蚀破坏占 3%，闸门启闭失灵占 4.8%，白蚁钻洞及其他事故占 6.6%。多年来，我国对于有缺陷和发生病害的大坝，采取积极有效的措施，进行了大量的维护和加固工作，使一些病险坝转危为安，发挥了应有的工程效益，并总结出一套切实可行的维护加固原则，指导土石坝维护和加固工程的顺利实施。

任务一　土石坝的巡视检查与养护

土石坝的各种破坏都有一定的发展过程，针对可能出现病害的形式和部位，加强检查，在病害发展初期能够及时发现，并采取措施进行处理和养护，就可防止轻微缺陷的进一步扩展和各种不利因素对土石坝的过大损害，保证土石坝的安全，延长土石坝的使用年限。

子任务一　土石坝的巡视检查

土石坝的巡视检查是用眼看、耳听、手摸等直观方法并辅以简单的工具，对水工建筑物外露的部分进行检查，以发现一切不正常现象，并从中分析、判断建筑物内部的问题，从而进一步进行检查和观测，并采取相应的修理措施。

土石坝的观测是用专门的仪器设备进行定期定量观测，这可以获得比较精确的数据。但仅用仪器设备对坝体进行观测是不能完全说明问题的，这是因为在坝的表面和内部设置的测点是典型断面和个别部位上的一些点。而坝的表面和内部异常情况的发生，往往不一定刚好发生在测点位置上，这就造成在测点上有可能测不出局部破坏情况。其次，用仪器观测是定时进行的，定时的时间间隔一般较长，这就可能造成坝的异常情况发生在未观测时而错过及时发现故障的时机。据国内外水工建筑物的检查观测统计，大部分异常情况不是首先由仪器观测发现的，而是由平时的巡查发现的。因此，对土石坝来说，巡视检查是发现异常情况的重要手段。

土石坝的检查观测工作分为三个时期；初蓄期(第一期)是从施工期到首次蓄水至设计水位后 1 个月。该阶段坝体与坝基的应力、渗漏、变形较大、较快，是对土石坝加强检查观测的时期。第一期后经过 3 ~5 年或更长时间，土石坝的性能及变形渐趋稳定，称为稳定运行期(第二期)。经过第二期以后的运用期,有时又称为坝的老化期(第三期)。水工建筑物的检查观测在各阶段的要求是不同的。

一、土石坝巡视检查的制度和内容

土石坝的巡视检查工作分为经常检查、定期检查、特别检查和安全鉴定。

(1)经常检查是由工程管理单位的职能科(股)组织有关专职人员进行,用直观的方法经常对土石坝表面、坝趾、坝体与岸坡连接处等部位进行的巡查,以了解坝的形态和性能变化,发现不正常或影响安全的情况,保证土石坝安全、完整、清洁、美观。经常检查在初蓄期每周至少1次,稳定运行期每月至少2次,老化期每月至少1次。

(2)定期检查是在每年汛前汛后、用水期前后、第一次高水位、冻害地区的冰冻期,由工程管理单位组织有关科(股)人员和专职人员,对土石坝进行较全面或专项的巡查,上级部门可视情况抽查或复查。定期检查主要是了解土石坝可否正常蓄水拦洪,或经过汛期运用有无不正常现象,防凌、防冻措施效果如何,冰冻对坝坡有无破坏现象。

(3)特别检查是在土石坝发生比较严重的险情或破坏现象,或发生特大洪水、3年一遇暴雨、7级以上大风、5级以上地震,以及第一次最高水位、库水位日降落0.5 m以上等非常运用情况下,由工程管理单位组织专门力量进行的巡查,必要时可邀请上级主管部门和设计、施工等单位共同进行。特别检查应结合观测资料进行分析研究,判断外界因素对土石坝状态和性能的影响,并对水库的管理运用提出结论性报告。

(4)安全鉴定在水库建成的第一、二时期每隔3~5年进行1次,第三期每隔6~10年进行1次。按照工程分级管理的原则,由上级主管部门组织管理、设计、施工、科研等单位及有关专业人员共同参加鉴定工作,应对土石坝的安全情况做出鉴定报告,评价工程建筑物的运行状态,如需处理应提出措施。

为了保证巡视检查工作的正常开展,必须要有专人负责,落实巡查工作的"五定"要求:定制度、定人员、定时间、定部位、定任务。同时,确定巡查路线和顺序。特别应注意在高水位期间,要加强对背水坡、排水设备、两岸接头处、下游坝脚一带和其他渗透出逸部位进行巡查,在大风浪期间加强对上游护坡的巡查,在暴雨期间加强对坝面排水系统和两岸截流排水设施的巡查,在泄流期间加强对坝脚可能被水流淘刷部位的巡查,在库水位骤降期间加强上游坝坡可能发生滑坡的巡查,在冰冻、有感地震后加强对坝体结构、渗流、两岸及地基进行巡查,观察是否有异常现象。

(一)土石坝巡视检查的要求

对土石坝进行的巡视检查应注意以下要求:

(1)每次巡视检查都应按照规定的内容、要求、方法、路线、时间进行,每项工作都应落实专人,要明确各自的任务和责任。

(2)发现异常情况应及时上报,上级主管部门应分析决定是否进行高一级巡查工作。

(3)应加强水库安全运行的宣传工作,号召坝区群众爱护工程设施,爱护观测设备,做到防患于未然。

(二)土石坝巡视检查的内容

土石坝的巡视检查一般包括以下内容:

(1)坝体有无裂缝、塌坑、隆起、滑坡、冲蚀等现象,有无兽害,有无白蚁活动迹象。

(2)坝面排水系统有无裂缝、损坏,排水沟有无堆积物等。

(3)坝面块石护坡有无翻起、松动、垫层流失、架空、风化等现象,还应注意观察砌块下坝面有无裂缝。

(4)背水坡、两端接头和坝脚一带有无散浸、漏水、堵塞、管涌、流土或沼泽化现象,减压井、反滤排水沟的渗水是否正常。

(5)防浪墙有无变形、裂缝、倾斜和损坏。

影响土石坝安全运用的病害,主要有裂缝、渗漏、滑坡等,因此巡视检查时这些方面应是重点。

二、裂缝的巡查观测

土石坝裂缝是最常见的病害现象,对坝的安全威胁很大。个别横向裂缝还会发展成集中渗流通道,有的纵向裂缝可能造成滑坡。有资料显示,在土石坝出现的各种事故中,因裂缝造成的事故要占到1/4。因此,对土石坝裂缝的巡查必须引起重视。

土石坝裂缝的巡查主要凭肉眼观察。对于观察到的裂缝,应设置标志并编号,保护好缝口。对于缝宽大于5 mm的裂缝,或缝宽小于5 mm但长度较长、深度较深,或穿过坝轴线的横向裂缝、弧形裂缝(可能是滑坡迹象的裂缝)、明显的垂直错缝以及与混凝土建筑物连接处的裂缝,还必须进行定期观测,观测内容包括裂缝的位置、走向、长度、宽度和深度等。

观测裂缝位置时,可在裂缝地段按土坝桩号和距离,用石灰或小木桩画出大小适宜的方格网进行测量,并绘制裂缝平面图。

裂缝长度可用皮尺沿缝迹测量。对于缝宽,可在整条缝上选择几个有代表性的测点,在测点处裂缝两侧各打一排小木桩,木桩间距以50 cm为宜。木桩顶部各打一小铁钉。用钢尺量测两铁钉距离,其距离的变化量即为缝宽变化量。也可在测点处撒石灰水,直接用尺量测缝宽。

必要时可对裂缝深度进行观测,在裂缝中灌入石灰水,然后挖坑探测,深度以挖至裂缝尽头为准,如此即可量测缝深及走向。

对土石坝裂缝观测的同时,应观测库水位和渗水情况,并做好观测记录,见表1-1。

表1-1　裂缝观测记录表

日期	编号	裂缝位置及走向	缝长(m)	缝深(cm)	测点缝宽		温度(℃)			上游水位	裂缝渗水情况	备注

观测者:　　　　　　　　　　　　　　　　　校核者:

土石坝裂缝巡测的测次,应视裂缝发展情况而定。在裂缝发生的初期,应每天巡测

1次。待裂缝发展缓慢后,可适当延长间隔时间。但在裂缝有明显发展和库水位骤变时,应加密测次。雨后还应加测。特别是对于可能出现滑坡的裂缝,在变化阶段,应每隔1～2 h巡测1次。

三、渗漏巡查

土石坝渗漏的巡视检查也是用肉眼观察坝体、坝基、反滤坝趾、岸坡、坝体与岸坡或混凝土建筑物结合处是否有渗水、洇湿以及渗流量的变化等。

在进行渗漏巡查时,应记录渗漏发生的时间、部位、渗漏量增大或减小的情况,渗水浑浊度的变化等,同时应记录相应的库水位。渗水由清变浑或明显带有土粒、漏水冒沙现象、渗流量增大,是坝体发生渗透破坏的征兆。若渗水时清时浊、时大时小,则可能是渗漏通道塌顶,也可能由蚁患引起,此时应加强巡查和渗漏观测,并采取措施予以处理。

巡查中如发现库水位达到某一高程,下游坝坡开始出现渗水,就应检查迎水面是否有裂缝或漏水孔洞。

四、滑坡巡查

在水库运用的关键时刻,如初蓄、汛期高水位、特大暴雨、库水位骤降、连续放水、有感地震或坝区附近大爆破时,应巡查坝体是否发生滑坡。在北方地区,春季解冻后,坝体冻土因体积膨胀,干容重减小。融化后土体软化,抗剪强度降低,坝坡的稳定性差,也可能发生滑坡。坝体滑坡之前往往在坝体上部先出现裂缝,因此应加强对坝体裂缝的巡查。

子任务二　土石坝的养护

一、土石坝养护范围

土石坝养护的范围主要为坝顶及坝端的养护、坝坡的养护、排水设施的养护和观测设施的维护。

二、土石坝养护的基本要求

(1)严禁在对土石坝安全有影响的范围内进行随意挖坑、取土、打井、建塘、爆破、炸鱼、种植作物、放牧、堆放重物、建筑房屋、行驶重车、敷设水管、修建渠道,停靠船只、装卸货物及高速行船等一切对工程安全有害的行为和活动。坝外表应保持整洁、美观,随时清除杂草和其他废弃物。

(2)坝体构造各组成部分应经常保持完好。坝顶路面应平整,不准有坑洼,要有一定的排水坡度,以免积水。发现路面,防浪墙及坝肩的路缘石、栏杆、台阶等有损坏情况应随时修复。坝顶上的灯柱如有歪斜、照明设备和线路损坏,要及时修补和调整。

(3)上下游护坡应注意经常养护。块石护坡若发现石块有松动、翻动和滚动现象,以及反滤垫层有流失现象,应及时更换;若护坡石块尺寸过小难以抵抗风浪和淘刷,可在石块间部分缝隙中充填水泥砂浆或用水泥砂浆勾缝,以增强其抵抗力;混凝土护坡伸缩缝内的充填料若有流失,应将伸缩缝冲洗干净后按原设计补充填料;草皮护坡若有局部损坏,应在适当季节补植或更换新草皮。若有较大的漂浮物和树木应及时打捞,以免坝坡受到冲撞和损坏。

(4)坝面排水系统、土坝与岸坡连接处的排水沟、山坡上的截水沟及其他导渗排水减压措施应经常保持完好,应防止土坝的导流和排水设备受下游浑水倒灌或回流冲刷,减压井的井口应高于地面,防止地表水倒灌。若有淤积、堵塞和损坏,应及时清除和修复。

(5)按设计要求正确控制水库水位的降落速度,以免因水位骤降而产生滑坡。对于坝上游设有铺盖的土石坝,水库一般不宜放空,以防铺盖干裂或冻裂。

(6)对各种观测设备和埋设仪器要妥善保护,禁止人为地摇动、碰撞或拴系船只等,以保证各种设备能及时和准确地进行各项观测。

(7)发现土坝坝体上有兽洞和蚁穴时,应分析原因,设法捕捉害兽和白蚁,并对兽洞及蚁穴进行适当处理。

(8)在严寒地区应采取适当破冰措施,以防冬季冰凌和冰盖对坝坡的破坏,对因冰冻作用而损坏的部分应及时更换。

任务二　土石坝的安全监测

土石坝坝体和土基在荷载作用下将会发生变形。土体的变形主要是由孔隙水和空气被排出使孔隙变小而引起的。土体固结使土面下沉,产生垂直位移,通常称为沉陷。由于土石坝坝体填土厚度不同,坝基土面也不是个水平面,加之受水压力等影响,土石坝固结时,坝面土粒不是垂直下沉,而有水平方向的移动,通常称为水平位移。

土石坝和土基发生固结、沉陷和水平位移是必然的客观现象。我们研究土石坝的变形,目的在于了解土石坝实际发生的变形是否符合客观规律,是否在正常范围之内。如果土石坝变形发生异常情况,就有可能是发生裂缝或滑坡等破坏现象。为此,为了保证土石坝的安全和稳定,必须在水库的整个运用期间对土石坝进行变形观测。

土石坝的变形监测一般是指表面沿上下游方向的变形和铅直方向的变形。

土石坝的水平位移通常是在坝面布置适当的测点,用仪器设备量测出测点在水平方向的位移量来观测的。对于土石坝,我们主要是了解垂直坝轴线方向的位移,因此一般用视准线法进行观测,对一些较长的坝或折线形坝,则常用前方交会法或视准线和前方交会结合法进行观测。

土石坝的沉陷也是在坝面布置适当的测点,用仪器设备测量其垂直方向的位移量,即测点的高程变化,因此也可称为垂直位移观测。测量测点高程变化通常采用水准测量或连通管法。

当土石坝发生裂缝时,需进行裂缝观测。

变形观测的符号规定如下:

(1)水平位移。向下游为正,向左岸为正;反之为负。

(2)竖向位移。向下为正,向上为负。

(3)裂缝三向位移。对开合,张开为正,闭合为负;对沉陷,向下为正,向上为负;对滑移,向坡下为正,向左岸为正,反之为负。

土石坝变形随着时间的增长而逐渐减缓，亦即间隔变形量与时间成反比。以沉陷为例，土石坝建成后，第一年产生的沉陷量最大，以后逐年减小，在相当长时间以后，如果荷重不发生变化，坝体固结到一定程度后，变形趋近于零，即不再继续沉陷。因此，土石坝变形的测次可随时间相应减少。根据有关规定，土石坝施工期，每月测 3 ~6 次；初蓄期，每月测 4 ~10 次；运行期，每年测 2 ~6 次。变形基本稳定或已基本掌握其变化规律后，测次可适当减少，但每年不得少于两次。当水位超过运用以来最高水位时，增加测次。

子任务一　土石坝的水平位移监测

测定大坝水平位移的方法很多，主要有视准线法、小角度法、前方交会法、激光准直法等。小角度法、前方交会法与大地测量方法相同，这里主要介绍视准线法。

一、观测原理

视准线法又称方向线法。由于视准线法观测方便、计算简单、成果可靠，因此是观测水工建筑物水平位移的一种常用方法，其观测原理如图 1-1 所示。在坝端两岸山坡上设工作基点 A 和 B，将经纬仪安置在 A 点（或 B）上，后视 B（或 A），构成视准线。由于 A、B 点在两岸山坡上，不受土石坝变形影响，因此 AB 构成的视准线是固定不变的，以此作为观测坝体变形的基准线。然后沿视准线在坝体上每隔适当距离埋设水平位移标点，如 a、b、c、d、e。测出标点中心离视线的距离 l_{a0}、l_{b0}、l_{c0}、l_{d0}、l_{e0}，作为初测成果，记录了各位移标点与视准线的相对位置。当坝体发生水平位移后，各位移标点与视准线相对位置发生变化。再用经纬仪安置在工作基点 A（或 B）上，后视 B（或 A）点，可测出各位移标点离视准线的距离 l_{a1}、l_{b1}、l_{c1}、l_{d1}、l_{e1}，与初测成果的差值即为该位移标点在垂直视准线方向的水平位移量。以 c 点为例，初测成果为 l_{c0}，变位后离视准线距离为 l_{c1}，l_{c1} 与 l_{c0} 的差值即为位移

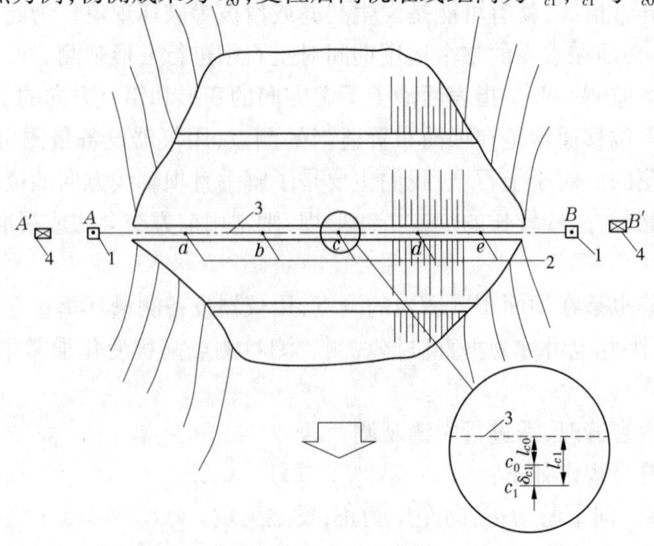

1—工作基点；2—位移标点；3—视准线；4—校核基点

图 1-1　视准线法观测水平位移示意图

标点 c 的水平位移量 δ_{c1}。

二、测点的布设

为了全面掌握土石坝的水平位移规律,同时不使观测工作过于繁重,就要在土石坝坝体上选择有代表性的部位布设适当数量的测点进行观测。一般布置是:坝顶靠下游坝肩布设一排测点;兴利最高水位以上的上游坡布设一排测点;下游坡布设 2~3 排测点。每排测点的间距为 50~100 m。每排测点延长线两端山坡上各设一个工作基点。为了校测工作基点有无变动,在两个工作基点延长线上各埋设一个校核基点,如图 1-2 所示。校核基点也可不设在视准线延长线上,而在每个工作基点附近,设置两个校核基点,使两校核基点与工作基点的连线大致垂直,用钢尺丈量以校测工作基点是否发生变位。

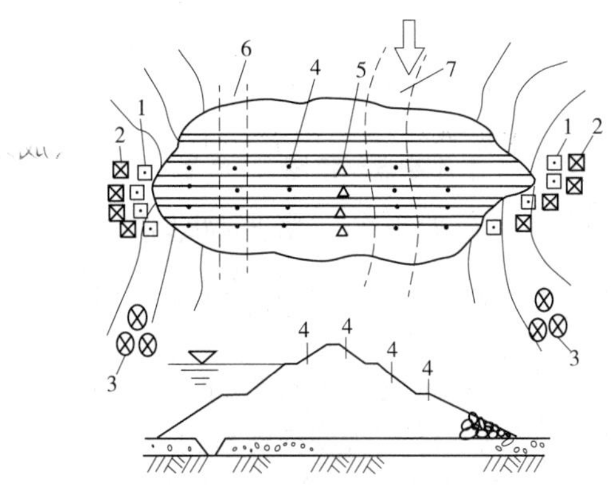

1—工作基点;2—校核基点;3—水准基点;4—位移标点;
5—增设工作基点;6—合龙段;7—原河床

图 1-2 土石坝位移测点布置示意图

三、观测仪器和设备

(一)观测仪器

用视准线法观测水平位移,一般用经纬仪进行。观测的精度主要与经纬仪望远镜的放大倍数有关,望远镜放大倍数愈大,照准误差愈小,观察精度愈高。

一般大型水库的土石坝水平位移,可使用 J_6 级或 J_2 级经纬仪进行观测。土石坝长度超过 500 m 以及比较重要的水库,最好使用 J_1 级经纬仪进行观测。对于视准线长度超过 500 m(或曲线形坝)的变形观测可以采用全站仪观测。

(二)观测设备

1. 工作基点

工作基点是供安置经纬仪和觇标构成视准线的标点,有固定工作基点和非固定工作基点两种。埋设在两岸山坡上的工作基点,称为固定工作基点。当大坝较长或折线形坝需要在两个固定工作基点之间增设工作基点,这种工作基点埋设在坝体上,其本身随坝体变形而发生位移,故称为非固定工作基点。

工作基点一般包括混凝土墩和上部结构两部分。混凝土墩通常由高 100~120 cm、断面 40 cm×40 cm 的混凝土柱体和 100 cm×100 cm、厚 30 cm 的底板组成,上部结构常用下列三种形式,如图 1-3 所示。

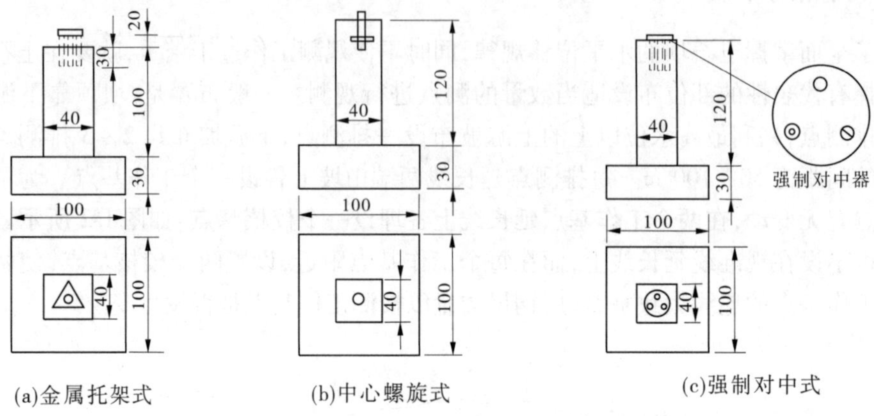

图 1-3　工作基点示意图　(单位:cm)

(1)金属托架式。将经纬仪三角架上的三脚形仪器底盘埋设在混凝土墩顶部,如图 1-3(a)所示。观测时,可将经纬仪或觇标直接安置在三角形的金属托架上,用中心螺丝旋紧。

(2)中心螺旋式。在混凝土墩顶部埋一个与经纬仪中心螺丝同样规格的螺丝,如图 1-3(b)所示。观测时将经纬仪或觇标直接旋在螺丝上。

(3)强制对中式。在混凝土墩顶部埋设一个强制对中器,如图 1-3(c)所示。强制对中器是一个金属圆盘,圆盘上设置成等边三角形的 3 个不锈钢圆柱体,圆柱体中心与圆心的距离与经纬仪 3 个底脚螺丝至圆心的距离相等。其中一个圆柱体顶面为一圆锥形小坑,一个为顺半径方向的 V 形槽,另一个为平面。这样只要将经纬仪安放在圆柱体上,经纬仪就被强制对中了。

2. 校核基点

校核基点的结构基本与工作基点相同,但校核基点只需用来定向或量距,因此其上部结构只需考虑安置觇标,或者只埋一钢板,刻划"十"字线即可。工作基点和校核基点是测定坝体位移的依据,必须保证其不发生变位,一般需浇筑在基岩或原状土层上。

3. 位移标点

在无块石护坡的坝体上埋设位移标点,可采用如图 1-4 所示的形式。当测点位于有块石护坡的坝坡时,为防止护坡块石对标点的影响,位移标点可采用如图 1-5 所示的形式。

位移标点的上部结构与使用的觇标有关。如使用简易的活动觇标,标点顶部只需埋设一块刻有"十"字线的钢板,如图 1-4 所示。如使用精密活动觇标,则需埋设上述工作基点的上部结构。

4. 观测觇标

位移观测所用的觇标,可分为固定觇标和活动觇标两种。

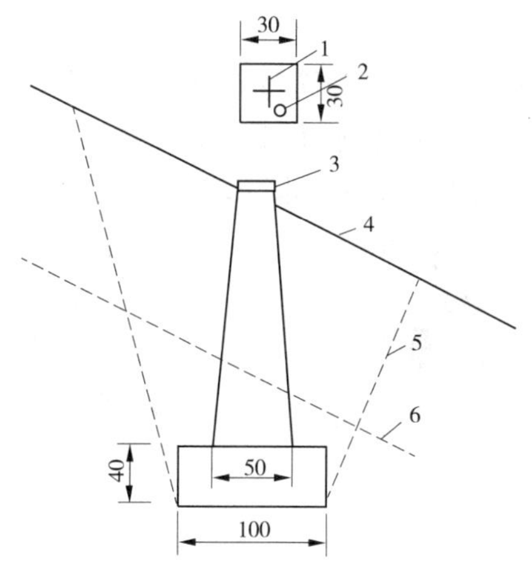

1—十字线;2—垂直位移标点头;3—铁板;
4—坝坡线;5—开挖线;6—冰冻深度线

图1-4　无护坡坝体位移标点　(单位:cm)

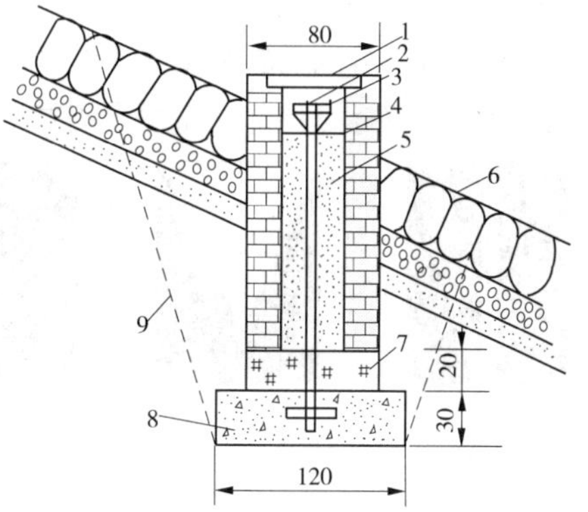

1—盖板;2—带十字线铁板;3—垂直位移标点头;
4—铁管;5—填砂;6—块石护坡;7—黏土;
8—混凝土底板;9—开挖线

图1-5　有块石护坡坝体的位移标点　(单位:cm)

1)固定觇标

固定觇标设于后视工作基点上,供经纬仪瞄准构成视准线。常用的有以下几种:

(1)墙标式固定觇标,可利用工作基点混凝土墩侧面画上觇标图案,如图1-6所示。图案中心必须与顶部安置经纬仪的中心点一致。

(2)强制对中式固定觇标,如图1-7所示。觇标为辐射形图案,中间为红玻璃,在后面装上电灯可供夜间观测。觇标底座加工成与经纬仪底座一致。

(3)旋入式固定觇标,塔式图案如图1-8所示。

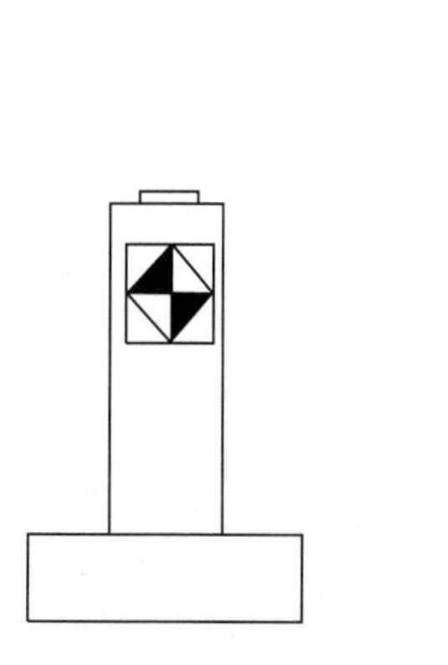

图1-6　墙标式固定觇标

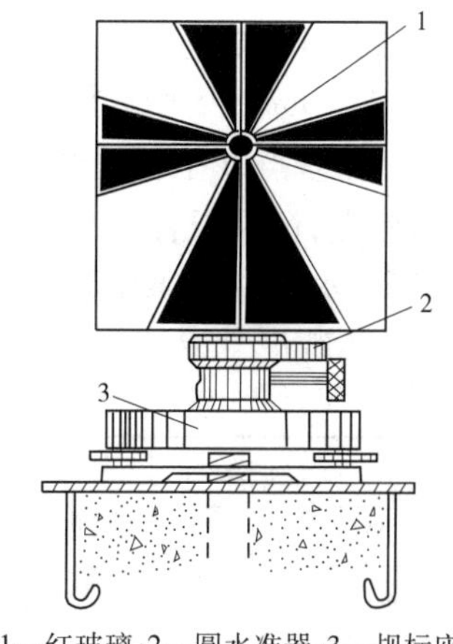

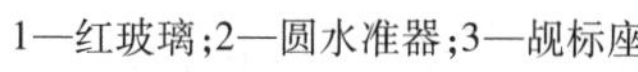

1—红玻璃;2—圆水准器;3—觇标座

图1-7　强制对中式固定觇标

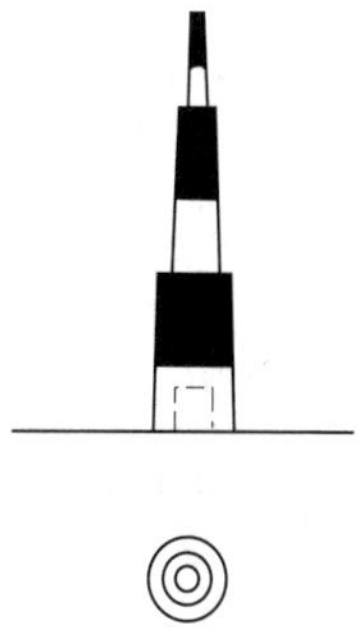

图1-8　旋入式固定觇标

(4)直插式固定觇标。在后视工作基点顶部埋设中心有圆孔的铁板,直接将固定觇标插入圆孔。标面图案有线形图案,如图1-9(a)所示;三角形图案,如图1-9(b)所示;同心圆图案,如图1-9(c)所示。

2）活动觇标

活动觇标是置于位移标点上供经纬仪瞄准对点的。图1-10为简易活动觇标，觇标底缘刻有毫米分划，其零分划与觇标图案中线一致，注记分划向左右增加，供观测时读数用。应用简易活动觇标，位移标点顶部只需埋设刻有十字线的铁板，十字线中心即为位移标点中心。

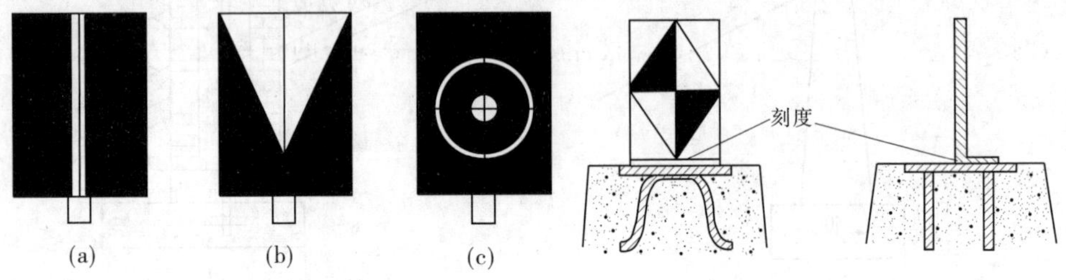

图1-9　直插式固定觇标　　　图1-10　简易活动觇标

四、观测方法

用视线法观测水平位移，视线长度受光学仪器的限制，一般前视位移标点的视线长度在250～300 m，可保证要求的精度。坝长超过500 m或折线形坝，则需增设非固定工作基点，以提高精度。

（一）坝长小于500 m

对于坝长小于500 m的坝，坝体位移标点可分别由两端工作基点观测，使前视距离不超过250 m。观测时，在工作基点 A 上安置经纬仪，后视另一端的工作基点 B 的固定觇标，固定经纬仪上下盘。然后前视离基点 A 1/2坝长范围内的位移标点。观测每个位移标点时，用旗语或报话机指挥位于标点的持标者，移动位移标点上的活动觇标，使觇标中心线与望远镜竖丝重合，由持标者读出活动觇标分划尺上位移标点中心所对的读数，读数两次取均值。再倒镜观测一次，取正倒镜两次读数的平均值作为第一测回的成果。同法再测第二测回，两测回不符值应不大于4 mm，否则应予重测。如此，依次观测工作基点 A 至坝长中点之间的位移标点。再在工作基点 B 上安置经纬仪，后视工作基点 A，依次观测坝长中点至工作基点 B 之间的位移标点，记录于表1-2。

表1-2　水平位移观测记录表

（视准线法）

测站$\underline{A}$　后视$\underline{B}$　　　　观测者：______　记录者：______　校核者：______

测点	测回	观测日期			正镜读数			反镜读数			一测回读数	二测回平均读数	埋设偏距	上次位移量	间隔位移量	累计位移量	备注
		年	月	日	次数	读数	平均值	次数	读数	平均值							
下	1	76	11	25	1	+86.4	+85.4	1	+83.5	+83.0	+84.2	83.8	+78.4	+82.2	+1.6	+5.4	
					2	+84.4		2	+82.5								
(390 +	2				1	+84.2	+84.7	1	+81.4	+82.0	+83.4						
200)					2	+85.2		2	+82.6								

注：1. 埋设偏距为位移标点初测成果，即首次观测的平均读数。

2. 位移方向向下游者读数为“+”，向上游者读数为“-”。

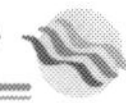

（二）坝长大于 500 m

当坝长超过 500 m 时，观测位移标点的视距超过 250 m，因此需在坝体中间增设非固定工作基点。如图 1-11 所示，在视准线中点附近坝体增设非固定工作基点 M。当坝体发生变形后，M 点也随坝体发生位移至 M'。进行位移观测时，首先由工作基点 A 和 B 测定 M' 点的位移量。观测应进行 8 个测回，各测回成果与平均值的偏差应不大于 2 mm，然后将经纬仪安置在 M' 点后视 A 和 B，观测 M' 前后各 250 m 范围内位移标点的位移量。其他位移标点由固定工作基点 A 和 B 后视 M' 进行观测，如图 1-11 所示。

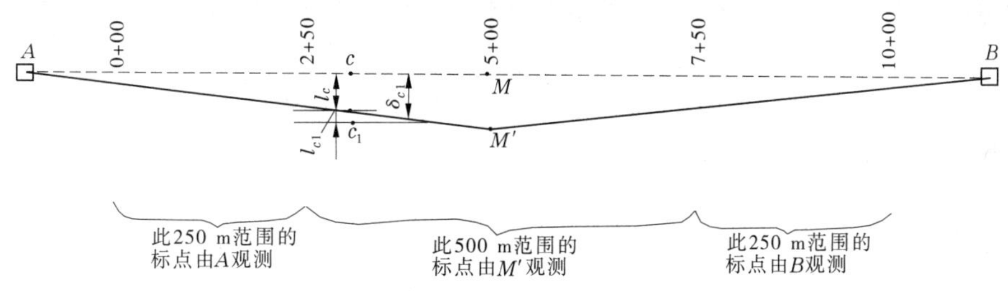

图 1-11　长坝增设非固定工作基点观测位移示意图

由于视准线法观测位移的视线不宜超过 300 m，故即使增设非固定工作基点，最大坝长不宜超过 1 000 m。对坝长超过 1 200 m 的坝，则应采用其他方法，如前方交会法等进行观测。

五、观测精度的分析

为了确保用视准线法观测土石坝水平位移量的可靠性，必须对观测成果提出一定的精度要求。《土石坝安全监测技术规范》（SL 551—2012）规定，用视准线法校测工作基点，观测增设的工作基点时，允许误差应不大于 2 mm，观测位移标点时，每测回的允许误差应不大于 4 mm（取 2 倍中误差），所需测回数不得少于两测回。

为保证用视准线法观测土石坝水平位移的精度，其观测要求如下：

（1）用视准线法观测土石坝水平位移，测站到标点的视线距离愈长，观测误差也愈大。用 T_3 经纬仪视线不超过 400 m；用其他经纬仪观测视线不超过 300 m，则 1 个测回的中误差不超过 2 mm。

（2）若要达到观测中误差不超过 2 mm，需根据表 1-3 按视线长度确定需要观测的测回数。如视线长度达 500 m 者，用 T_3 经纬仪观测需进行 2 个测回，其他经纬仪需进行 3 个测回。

表 1-3　观测中误差不超过 2 mm 时不同长度所需测回数

仪器	视线长度(m)					
	100	200	300	400	500	600
T_3 经纬仪	1	1	1	1	2	2
T_1 经纬仪	1	1	1	2	3	4
J_{15}经纬仪	1	1	1	2	3	4

(3)当规定用视准线法观测水平位移,每一测点进行2个测回,则要达到观测中误差不超过2 mm时,对T_3经纬仪,视线长度不宜超过600 m;对其他经纬仪,视线长度不宜超过400 m。

子任务二 土石坝的垂直位移监测

土石坝在修建中会发生沉降,在运行过程中由于坝体固结、库水位变化引起坝基沉陷变化,也会使坝体沉降。土石坝的土料不同,施工质量不均,产生的沉降也不一样。因此,为了系统而全面地掌握土石坝的沉降情况,需要对土石坝进行沉降观测,即垂直位移观测。

土石坝垂直位移观测周期与水平位移观测周期一样,通常两项观测同期进行。一般规定,垂直位移向下者为正,向上者为负。

一、观测原理

用水准仪进行水准测量可以测出两点之间的高差。观测大坝垂直位移就是在大坝两岸不受坝体变形影响的部位设置水准基点或起测基点,并在坝体表面布设适当的垂直位移标点,然后定期根据水准基点或起测基点用水准测量测定坝面垂直位移标点的高程变化,即为该点的垂直位移值。

水准测量分精密水准测量和普通水准测量,所用的仪器设备和观测的方法和要求都有所不同。在垂直位移观测中,对于大型砌石坝、混凝土坝以及较重要的大型土石坝,一般采用精密水准测量;在缺乏精密水准仪的一些大型土石坝和中型水库则可采用普通水准测量。但对水准基点或起测基点的校测应提高一级精度。

用水准测量法观测大坝垂直位移,一般采用三级点位——水准基点、起测基点和位移标点;两级控制——由水准基点校测起测基点、由起测基点观测垂直位移标点。如大坝规模较小,也可由水准基点直接观测位移标点。

二、测点布设

土石坝垂直位移观测的测点布置要求与水平位移测点布置要求一样。因此,垂直位移测点与水平位移测点常结合在一起,只须在水平位移标点顶部的观测盘上加制一个圆顶的金属标点头。如水平位移标点的柱身露出坝面较高,可将金属标点头埋于柱身侧面。

起测基点起临时水准点作用,一般在每个纵排位移标点两端岸坡上各设一点,可与水平位移的工作基点结合在一起(当满足稳定性要求时)。若工作基点不能满足起测基点稳定性要求,可在距坝端一定距离的地方布置起测基点。当布置在土基或岩基上时,可按图1-12、图1-13的形式布设。

水准基点是大坝垂直位移观测系统的基准点,对整个系统观测成果的可靠性影响极大。因此,应保证水准基点长期稳定可靠,且基本不受库水位变化的影响。一般情况下,在离坝址1~2 km处的地质状况较好的地方布设1~2个水准基点,大型水库需布设2~

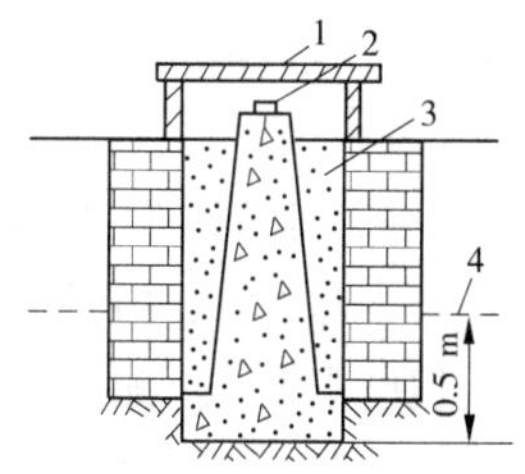

1—盖板;2—标点头;3—填砂;4—冻土线

图 1-12　土基上的起测基点

1—保护盖;2—标点头;3—混凝土

图 1-13　岩基上的起测基点

3 个水准基点,以便相互验证,如图 1-2 所示。也可利用附近的国家水准点作为大坝观测的水准基点,这样既可减少引测的工作量,又可节省埋设费用,而且安全可靠。

土基中埋设的水准基点如图 1-14 所示,它由混凝土构件组成,主副点由不锈钢或铜制成,副点设置在底座的正北方。埋设于新鲜基岩上的水准点如图 1-15 所示。

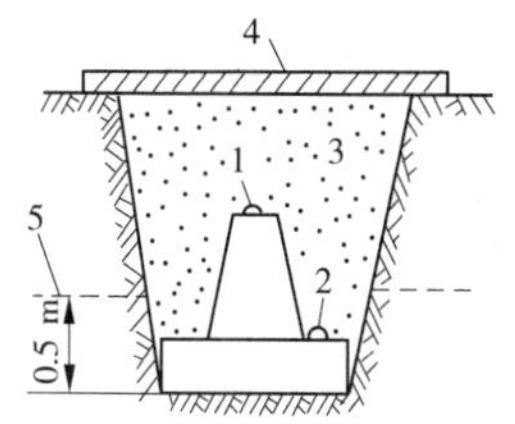

1—主点;2—副点;3—回填砂;4—盖板;5—冻土线

图 1-14　土基中的水准基点

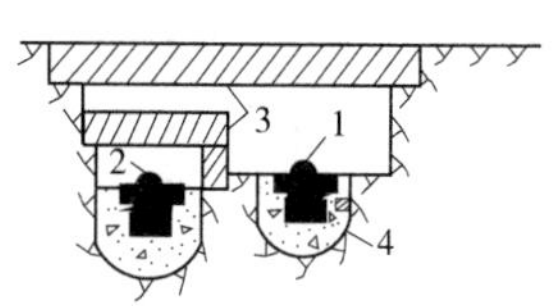

1—主点;2—副点;3—盖板;4—新鲜基岩

图 1-15　基岩上的水准基点

子任务三　土石坝的固结监测

土石坝垂直位移观测可以使我们掌握坝体和坝基的总沉降量。但是,我们在分析坝体的变形时,仅知道总沉降量是不够的,还要知道坝体的固结情况。坝体的总固结量和总沉降量有一定关系,如图 1-16 所示,H 为坝体始测时厚度,H' 为某时段后坝体厚度,ΔZ 和 ΔZ_d 分别为该时段坝顶的累计垂直位移量和基础的累计垂直位移量。由图 1-16 可知:

$$\Delta Z = H + \Delta Z_d - H' = (H - H') + \Delta Z_d = S + \Delta Z_d \tag{1-1}$$

式(1-1)中,$S = H - H'$,即为坝体的总固结量。此外,由于土石坝单位厚度土层的固结量是随坝高而变化的,所以除要观测坝体的总固结量外,还要观测坝体不同高程处的沉陷量,以推算出坝体分层固结量。为此,需要在坝体同一平面位置的不同高程上设置测点,观测其高程变化,即在坝体中不同高处埋设横梁式固结管或深式标点,观测出各测点的高程变化,用以推算出各分层的固结量。

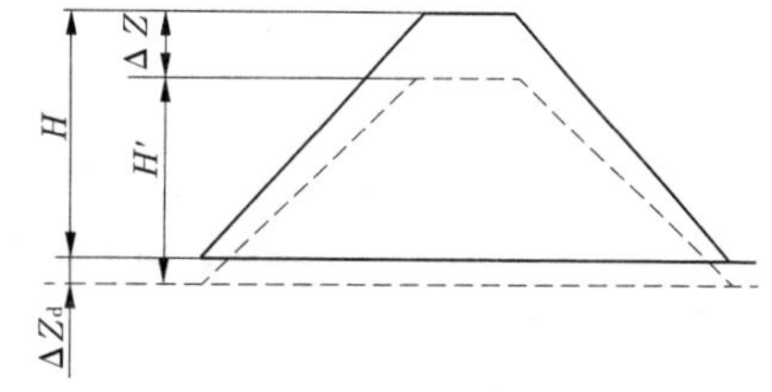

图 1-16　坝体沉降与固结的关系

一、固结观测点的布置

固结观测点的布置应根据工程的规模和重要性、土石坝结构型式和施工方法以及地形地质等情况而定,一般应布置在老河床、最大坝高、合龙段以及进行固结计算的断面上。每座坝至少选择 2 个观测断面,每个断面埋设 2 ~ 3 组观测设备。测点间距应根据坝身土料特性和施工方法而定,一般为 3 ~ 5 m,最小间距不小于 1 m,最低测点应置于坝基面上。

二、固结观测设备埋设及观测

土石坝固结观测,目前常用的设备有横梁式固结管、深式标点组、静水式沉陷计。这里主要介绍横梁式固结管。

(一)观测设备

横梁式固结管主要由管座、带横梁的细管和套管组成,如图 1-17 所示。

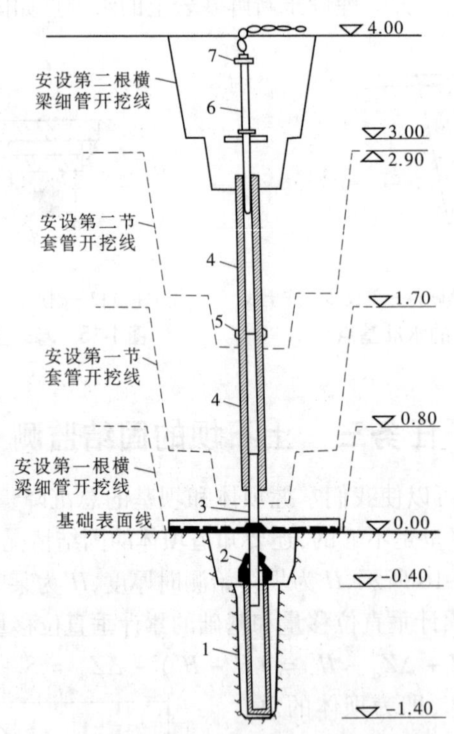

1—管座;2—麻布或棕皮;3—第一根横梁细管;4—套管;
5—管接头;6—第二根横梁细管;7—带铁链的管盖

图 1-17　横梁式固结管结构及埋设过程示意图（单位:m）

1. 管座

管座为内径 50 mm、长 1.1 m 的铁管,底部用铁板封死。

2. 横梁细管

管外径 38 mm,每节长 1.2 m。细管中间用 U 形螺栓将一长 1.2 m 的角钢与细铁管正交焊死。角钢两端各焊一块翼板,翼板为长宽各 300 mm、厚 3 mm 的铁板。两翼板平

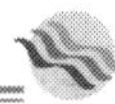

面与细铁管正交并在同一水平面上，如图 1-18 所示。

3. 套管

套管为内径 50 mm 的铁管，管长比上下测点（翼板处）间距短 0.6 m。为施工方便，可将套管截成短节，使每节长约 1.2 m，安装时用管箍连接牢固。最上一层测点至大坝面的套管长度按需要而定。

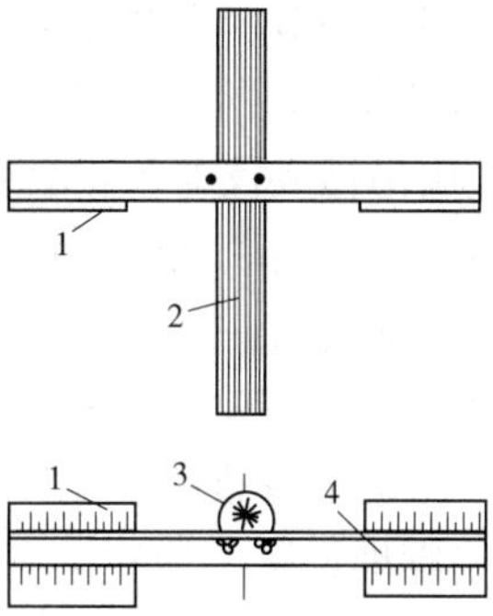

1—翼板；2—细铁管；3—U 形螺栓；4—横梁

图 1-18 横梁细管的结构示意图

（二）固结管的埋设

固结管通常在大坝施工时一并埋设。现以碾压式土石坝为例说明埋设横梁式固结管的方法，参见图 1-17。

1. 管座的埋设

在坝基清理完毕开始填筑坝体之前，即进行管座埋设。如坝基为土质或砂卵石层，直接挖坑至预定深度，然后将管座铅直定位，回填原土夯实。如在岩基上埋设，则需钻一直径为 135 mm、深 1.4 m 的孔，将管座铅直埋入，然后用水泥砂浆灌入固定。管座埋设时，需在管口盖上带有 2 m 长铁链的管盖，避免填土时堵塞管子，并便于沿铁链寻找管口。

2. 横梁细管的埋设

管座埋设好后即可填筑坝体，分层碾压。当填土高出坝基面 0.8 m 时，按下述步骤进行横梁细管的埋设。

(1)沿铁链向下挖坑至基础面（图 2-17 中的▽ 0.00 处），坑底面积为 1.2 m×0.8 m，1.2 m 为带翼板的角钢长度。在接近坑底时应小心开挖，防止超挖，并保证坑面平整。

(2)沿铁链再向下挖一小坑，坑深 0.4 m，底面积为 0.5 m×0.5 m。

(3)小心地将管座上带有铁链的管盖拧下，勿使土块或杂物落入管中。

(4)将带横梁的细管轻轻插入管座内，翼板放在大坑的坑底面上。

(5)细管上口盖上有铁链的管盖。

(6)在管座与细管连接处，用浸有柏油的麻布或棕皮包裹，并用铁丝扎紧。

(7)用水平尺校正横梁水平和细管铅直，测定翼板底面高程和细管上口高程，并根据细管长度算出下口高程，以翼板底面高程作为该测点的始测高程。

(8)向坑内回填土料，均匀夯实，使其与周围坝体同高并与坝体的压实标准一致。夯实时应避免冲击管身。

3. 套管的埋设

以测点间距 3 m、套管每节 1.2 m 为例。当埋好横梁细管，并将坑回填好后，继续填筑坝体土料至高出细管上口 1.1 m（图 1-17 中的▽ 1.70 处）时，按下述步骤埋设带一节套管。

(1)沿铁链向下挖坑，坑深 1.1 m，坑底与细管顶平，底面积为 0.6 m×1.0 m。

(2)以管盖为中心，再向下挖一个小坑，坑深 0.4 m，底面积为 0.5 m×0.5 m。

(3)小心地将管盖拧下，勿使杂物及土块落入管中。

(4)将第一节套管套在细管上,套进 0.3 m,并设临时支撑固定,同时在套管管口盖上带铁链的管盖。

(5)用吊锤或仪器校正套管,使之铅直。

(6)在坑内回填坝体土料,均匀夯实至坝体原高。

当填土超过第一节套管上口 1.4 m(图 1-17 中的▽ 2.90 处)时,按上述步骤埋设第二节套管。第二节套管与第一节套管用管箍连接牢固,使之铅直,并继续填筑坝体土料。

第二节套管埋设后填土至高出管口 1.3 m(图 1-17 中的▽ 4.00 处)时,按埋设横梁细管的步骤埋设第二根横梁细管,但横梁方向与第一根横梁方向成 90°。如此继续填筑埋设,直至坝顶。

(三)测量方法

横梁式固结管可用测沉器或测沉棒进行观测。测沉器结构如图 1-19 所示,其外径略小于横梁细管的内径。测沉器圆筒内装有带弹簧的翼片,翼片张开时可通过圆筒上沿直径方向开的"窗口"伸出筒壁。观测时,将测沉器由固结管口徐徐下放,当测沉器进入细管时,翼片被压入筒内。测沉器经过细管进入套管时,由于套管直径较大,翼片被弹出筒壁。此时,向上拉紧钢尺,翼片就卡在细管口下,即可量得细管下口至管顶上口的距离 L,如图 1-20(a)所示,然后根据管顶高程,即可算得施测点的高程,即

$$Z_c = Z_g - L \tag{1-2}$$

式中:Z_c为测沉器翼片卡着点高程;Z_g为管顶高程,由水准测量测出;L 为管顶至测沉器翼片卡着点的距离。

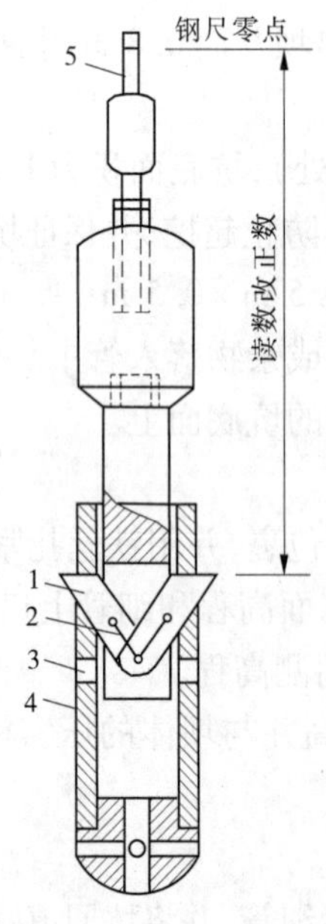

1—翼片;2—弹簧;3—小方孔;

4—护筒;5—钢尺

图 1-19 测沉器结构

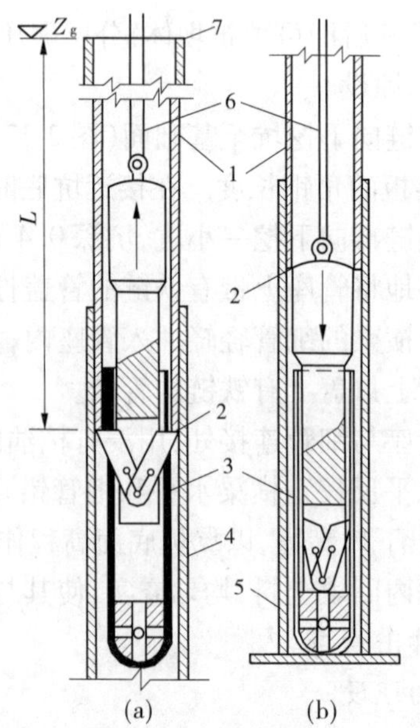

1—横梁细管;2—施测点;3—测沉器;4—管套;

5—管座;6—钢尺;7—坝面管口

图 1-20 测沉器使用示意图

由于细管下口到翼板横梁的长度不大，细管沿长度方向的温差变形很小，故可以 Z_g 代表翼板底面高程。

测完第一个测点后，继续下放测沉器，从上到下，依次测得各测点距管顶距离，用式(1-2)计算，即可得出各测点高程。测完最后一个测点后，继续下放测沉器至管座底，测沉器护筒被管底顶住，上部在自重作用下继续下沉，将翼片压入护筒内的小方孔并被卡住，测沉器即可顺利提出固结管，如图 1-20(b)所示。用测沉器观测时，最好每次用弹簧秤固定拉力拉紧钢尺，拉力一般固定为 40～70 N。测量时，测沉器还应系有保护绳，以防钢尺折断，测具掉入管中。

管口高程测定：可从坝端起测基点引测，一般采用四等或三等水准法进行。

测沉棒测量固结如图 1-21 所示。测沉棒为一长度略小于套管内径的小铁棒。棒的中心与钢尺连接，棒的一端系一绳索。观测时将绳索稍稍提起，使测沉棒倾斜放入固结管中，当测沉棒通过细管进入套管后，放松绳索，小棒即基本水平，此时拉紧钢尺(固定拉力)，测沉棒即卡在细管下口，即可测出管顶至细管下口的距离，从而算得测点高程。如此逐节向下测量，测完最下一个测点后，将绳索提起，即可将测沉棒提出管口。

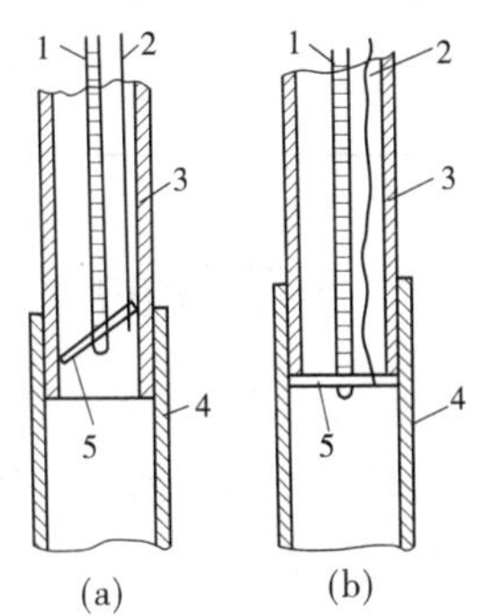

1—钢尺；2—绳索；3—细管；4—套管；5—测沉棒

图 1-21　测沉棒操作示意图

坝体固结观测的测次，在施工期间，应随坝体升高，每安装一节细管，对已埋设的各测点进行一次测量。在停工期间，应每隔 10 d 观测一次。土石坝竣工后，应与土石坝垂直位移观测同时进行。

无论是用测沉器还是用测沉棒观测，每个测点均应测读两次，两次读数差不大于 2 mm，否则重测。合格后取其平均值作为本次观测成果。每次观测前，应量测并记录钢尺读数改正数。测完后应盖上管顶保护盖。

三、固结量计算

土石坝的固结量包括分层固结量和总固结量。分层固结量为计算层坝体厚度的减小值，各分层固结量之和为总固结量。不论是分层固结量还是总固结量，都应计算累计固结量和间隔固结量。观测时的坝体厚度与首次测得的坝体厚度之差为累计固结量，相邻两次累计固结量或相邻两次坝体厚度之差为间隔固结量。固结量的计算一般用表格进行，表 1-4 为示例。

表 1-4　固结观测成果计算表

固结管编号＿＿＿＿＿＿＿　　　　　　　　　　　　　　上次观测日期＿＿＿＿年＿＿月＿＿日

间隔时间＿＿＿＿＿＿＿d

　　　　　　　　　　　　　　　　　　　　　　　　　　本次观测日期＿＿＿＿年＿＿月＿＿日

测点编号	管顶高程（m）	测点至管顶距离（m）	本次观测的测点高程（m）	测点始测高程（m）	测点垂直位移量（mm）	测点始测间距（m）	本次观测的测点间距（m）	本次累计固结量（mm）	上次累计固结量（mm）	间隔时间内固结量（mm）	备注
	（1）	（2）	（3）=（1）-（2）	（4）	（5）=（4）-（3）	（6）	（7）	（8）=（6）-（7）	（9）	（10）=（8）-（9）	上次是指本次的前一次
一	45.834	13.203	32.631	32.635	4	3.021	3.002	19	5	14	
二	45.834	10.201	35.633	35.651	18	3.033	2.991	42	13	29	
三	45.834	7.210	38.624	38.650	26	3.013	3.013	0	0	0	
四	45.834	4.197	41.637	41.637	0						
全管累计固结量（mm）								61			

子任务四　土石坝的渗流监测

水库建成蓄水后，在上下游水头差的作用下，坝体和坝基会出现渗流。渗流分正常渗流和异常渗流。对于能引起土体渗透破坏或渗流量影响到蓄水兴利的，称为异常渗流；反之，渗水从原有防渗排水设施渗出，其逸出坡降不大于允许值，不会引起土体发生渗透破坏的，则称为正常渗流。异常渗流往往会逐渐发展并对建筑物造成破坏。对于正常渗流，在水利工程中是允许的。但是在一定外界条件下，正常渗流有可能转化为异常渗流。所以，对水库中的渗流现象，必须要有足够的重视，并进行认真的检查观测，从渗流的现象、部位、程度来分析并判断工程建筑物的运行状态，保证水库安全运用。

水工建筑物的渗流观测通常包括以下项目：

（1）土石坝浸润线观测。

（2）土石坝坝基透水压力观测。

（3）绕坝渗流观测。

（4）渗流量观测。

（5）渗流水透明度观测及化学分析。

一、土石坝浸润线观测

土石坝建成蓄水后，由于水头的作用，坝体内必然产生渗流现象。水在坝体内从上游渗向下游，形成一个逐渐降落的渗流水面，称为浸润面（属无压渗流）。浸润面在土石坝横截面上只显示为一条曲线，通常称为浸润线。土石坝浸润面的高低和变化，与土石坝的安全稳定有密切关系。土石坝设计中先需根据土石坝断面尺寸、上下游水位以及土料的

物理力学指标，计算确定浸润线的位置，然后进行坝坡稳定分析计算。由于设计采用各项指标与实际情况不可能完全符合设计要求等，因此土石坝设计运用时的浸润线位置往往与设计计算的位置有所不同。如果实际形成的浸润线比设计计算的浸润线高，就降低了坝坡的稳定性，甚至可能造成滑坡失稳的事故。为此，观测掌握坝体浸润线的位置和变化，以判断土石坝在运行期间的渗流是否正常和坝坡是否安全稳定，是监视土石坝安全运用的重要手段，一般大中型土石坝水库都必须予以重视，认真进行。

为掌握土石坝在运行期间的渗透情况，应在坝体埋设测压管，进行浸润线观测。

测压管法是在坝体选择有代表性的横断面，埋设适当数量的测压管，通过测量测压管中的水位来获得浸润线位置的一种方法。

（一）测压管布置

土石坝浸润线观测的测点应根据水库的重要性和规模大小、土石坝类型、断面形式、坝基地质情况以及防渗结构、排水结构等进行布置。一般选择有代表性、能反映主要渗流情况以及预计有可能出现异常渗流的横断面，作为浸润线观测断面。例如选择最大坝高、老河床、合龙段以及地质情况复杂的横断面。在设计时进行浸润线计算的断面，最好也作为观测断面，以便与设计断面进行比较。横断面间距一般为 100 ~ 200 m，如果坝体较长、断面情况大体相同，可以适当增大间距。对于一般大型和重要的中型水库，浸润线观测断面不少于 3 个，一般中型水库应不少于 2 个。

每个横断面内测点的数量和位置，以能使观测成果如实地反映出断面内浸润线的几何形状及其变化，并能描绘出坝体各组成部位（如防渗排水体、反滤层）等处的渗流状况。要求每个横断面内的测压管数量不少于 3 根。

（1）具有反滤坝趾的均质土石坝，在上游坝肩和反滤坝趾上游各布置一根测压管，其间根据具体情况布置一根或数根测压管，如图 1-22 所示。

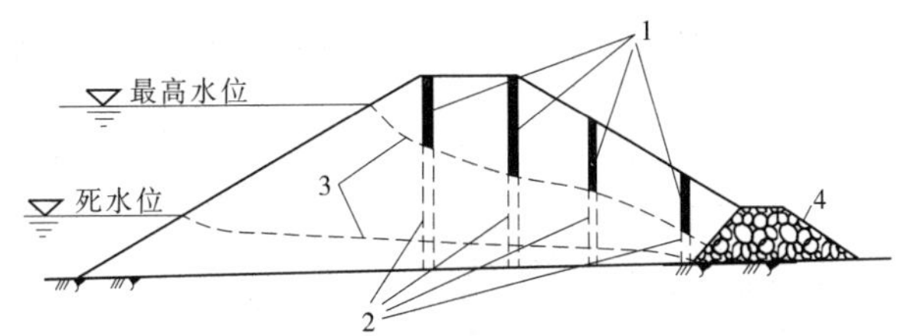

1—测压管；2—进水管段；3—浸润线；4—反滤坝趾

图 1-22　均质土石坝（有反滤坝趾）测压管布置示意图

（2）具有水平反滤层的均质土石坝，在上游坝肩以及水平反滤层的起点处各布置一根测压管，其间视情况而定；也可在水平反滤层上增设一根测压管，如图 1-23 所示。

（3）对于塑性心墙，如心墙较宽，可在心墙布置 2 ~ 3 根测压管，在下游透水料紧靠心墙外和反滤坝趾上游端各埋设一根测压管，如图 1-24 所示。如心墙较窄，可在心墙上下游和反滤坝趾上游端各布置一根测压管，其间根据具体情况布置，如图 1-25 所示。

（4）对于塑性斜墙坝。在紧靠斜墙下游埋设一根测压管，反滤坝趾上游端埋设一根测压管，其间距视具体情况布置。紧靠斜墙的测压管，为了不破坏斜墙的防渗性能并便于观测，通常采用有水平管段的 L 形测压管。水平管段略倾斜，进水管端稍低，坡度在 5%

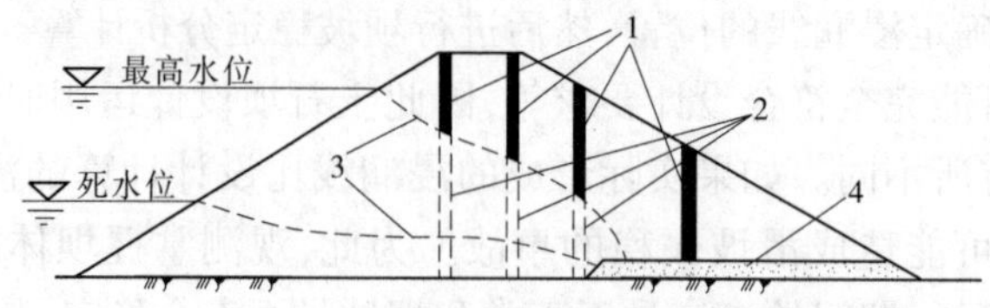

1—测压管；2—进水管段；3—浸润线；4—水平反滤层

图 1-23　均质土石坝（有水平反滤层）测压管布置示意图

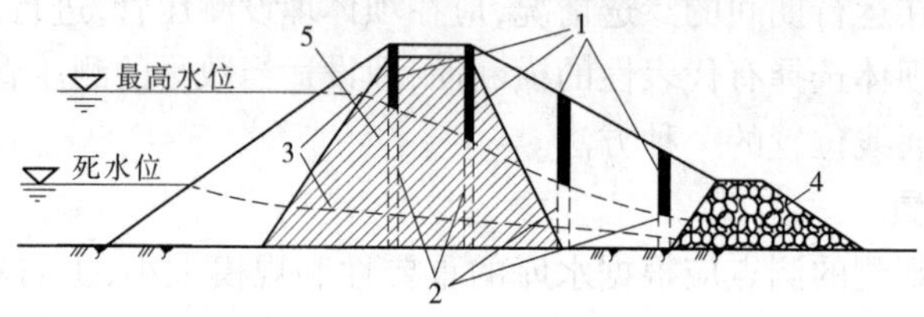

1—测压管；2—进水管段；3—浸润线；4—反滤坝趾；5—宽心墙

图 1-24　宽心墙坝测压管布置示意图

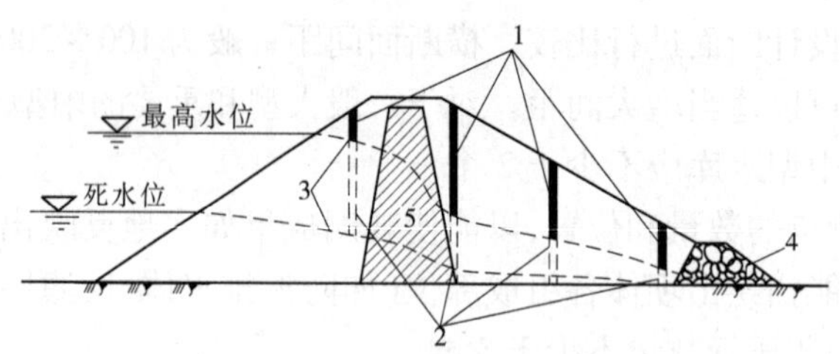

1—测压管；2—进水管段；3—浸润线；4—反滤坝趾；5—窄心墙

图 1-25　窄心墙坝测压管布置示意图

左右，以避免气塞现象。水平管段的坡度还应考虑坝基的沉陷，防止形成倒坡，如图 1-26 所示。

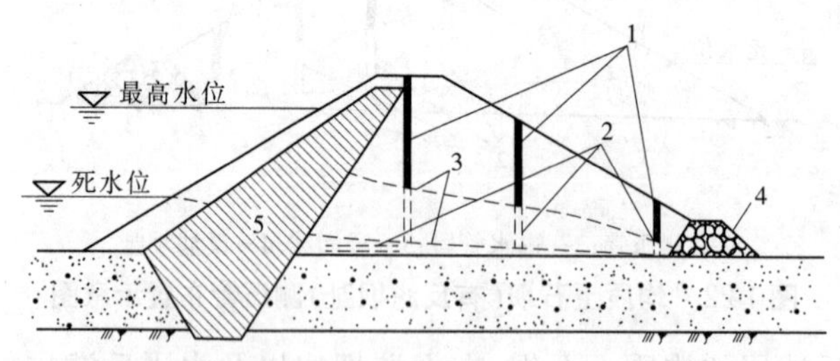

1—测压管；2—进水管段；3—浸润线；4—反滤坝趾；5—斜墙

图 1-26　塑性斜墙坝测压管布置示意图

（5）其他坝型的测压管布置，可考虑上述原则进行。不论何种坝型及布置方式，每一个横断面内的测压管数目，应不少于 3 根。并应布置在横断面的中部的下游部分。必要时，还应在反滤设备的下游安设一根。需要在坝的上游坝坡部分埋设测压管时，尽可能布置在最高洪水位以上，如必须埋设在最高水位以下，需注意当库水位上升即将淹没管口前，用水泥砂浆将管口封堵。

(6)面板堆石坝是近年来我国推广应用的一种坝型。由于面板是采用混凝土或沥青混凝土等基本上不透水的材料构成的,而且面板的厚度较薄(1 m 左右),因此面板内不存在观测浸润线的任务。此种坝型堆石体内浸润线的位置很低,等势线近于垂线,因此也只需在每条垂线设一个测点。另外,这种坝型的主要问题是面板开裂,产生集中渗流而冲刷面板下的垫层。因此,还应在垫层内设置测点,以监测面板的开裂。

(二)观测设备

观测浸润线的测压管长期埋设在土石坝内,因此要求管材不易变形和腐烂,经久耐用。最常用的是金属管,也可采用塑料管或无砂混凝土管。测压管主要由进水管段(长 0.8 ~ 1 m)、保护设备和导管段三部分组成。

1. 测压管的埋设与安装

测压管一般埋设在土石坝竣工后干钻造孔埋设(有水平管段的 L 形测压管,必须在施工期埋设)。对于测压管深度不超过 10 m 的,可采用人工取土器钻孔的方法埋设,对于测压管深度超过 10 m 以上的测压管,一般应采用钻孔的办法埋设。

测压管埋设后,应妥加保护,管口加盖上锁,并进行编号,绘制测压管布置图和结构图,测定出管口高程,最后将埋设过程以及有关影响因素记录在考证表内。

2. 测压管的注水试验检查

测压管埋设完毕后,要及时做注水试验,检查灵敏度是否符合要求。试验前,先测定管中水位,然后向管中注入清水。在一般情况下,土料中的测压管注入相当于测压管 3 ~ 5 m 体积的水;砂料中的测压管注入相当于测压管 5 ~ 10 m 体积的水,测得注水面高程后,再经过 5 min、10 min、15 min、20 min、30 min、60 min 后各测量水位一次,以后时间可适当延长,测至降到原水位时。记录测量结果,并绘制水位下降过程线作为原始资料。

对于黏壤土,测压管内水位如果五昼夜内降到原来水位,认为是合格的,对于沙壤土,水位一昼夜降到原来水位时,认为合格;对于砂砾料,水位如果在 12 h 内降到原来水位时或灌入相应体积的水而水位升不到 3 ~ 5 m,认为是合格的。

对于灵敏度不合格的测压管,在分析观测资料时应考虑到这一因素,必要时应进行洗孔或在该孔附近另设测压管。

(三)观测测压管水位的仪器和方法

观测测压管水位的仪器设备品种很多,目前常用的有测深钟和电测水位器等,有些单位采用压气 U 形管,还有些单位采用示数水位器以及研制遥测测压管水位计。简要介绍如下。

1. 测深钟

测深钟构造最为简单,中小型水库都可进行自制。最简单的形式为上端封闭、下端开敞的一段金属管,长度为 30 ~ 50 mm,好像一个倒置的杯子。上端系以吊索,如图 1-27 所示。吊索最好采用皮尺或测绳,其零点应置于测深钟的下口。

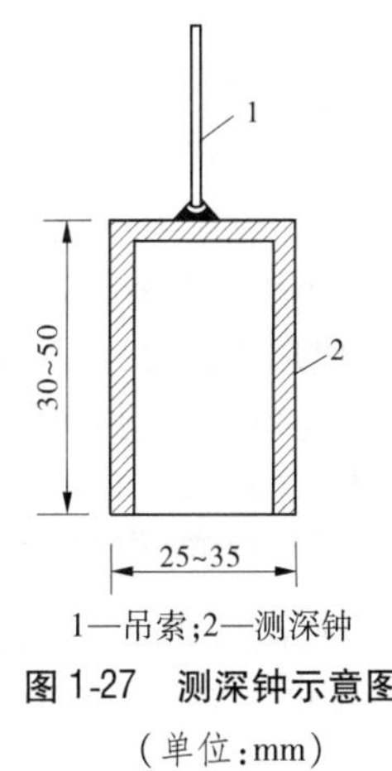

1—吊索;2—测深钟

图 1-27　测深钟示意图

(单位:mm)

观测时,用吊索将测深钟慢慢放入测压管中,当测深钟下口接触管中水面时,将发出空筒击水的“嘭”声,即应停止下送。再将吊索稍为提上放下,使测深钟脱离水面又接触水面,发出“嘭、嘭”的声音，即可根据管口所在的吊索读数分划，测读出管口至水面的高度，计算出管内水位高程。

测压管水位高程＝管口高程－管口至水面高度

用测深钟观测，一般要求测读两次，其差值应不大于2 cm。

2. 电测水位器

电测水位器是利用水能导电或者利用水的浮力将导电的浮子托起接通电路的原理制成的。各单位自行制作的电测水位器形式很多，一般由测头、指示器和吊尺组成。测头可用钢质或铁质的圆柱筒，中间安装电极。利用水导电的测头安装有两个电极，如图1-28(b)所示；也可只安装一个电极，而利用金属测压管作为一个电极，如图1-28(a)所示。

电测水位器的指示器可采用电表、灯泡、蜂鸣器等。据有些单位使用，认为效果较好。指示器与测头电极用导线连接。

测头挂接在吊尺上，吊尺可用钢尺。连接时，应使钢尺零点正好在电极入水构通电路处，或者用厚钢尺挂接，再加自钢尺零点至电极头的修正值。

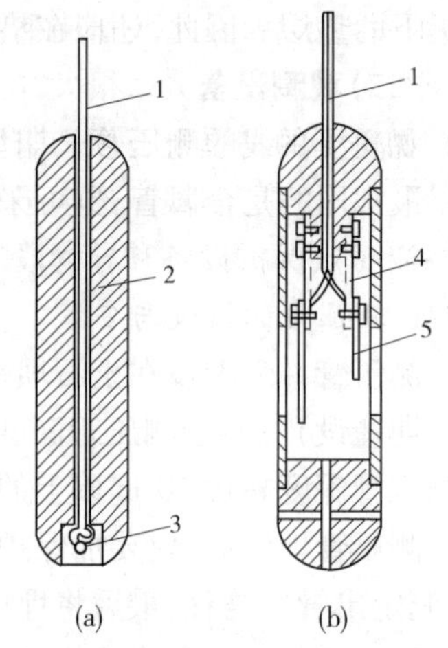

1—电线；2—金属短棒；3—电线头；4—隔电板；5—电极

图1-28　测头构造示意图

观测时，用钢尺将测头慢慢放入测压管内，至指示器得到反映后，测读测压管管口的读数，然后计算管内水面高程。

测压管水位高程＝管口高程－管口至水面距离－测头入水引起水面升高值

测头入水引起水面升高值可事先通过试验求得。

用电测水位器观测测压管水位需测读两次，两次读数的差值，对大型水库要求不大于1 cm，对中型水库要求不大于2 cm。

3. 遥测水位器

在大型水库测压管水位低于管口较深，测压管数目较多，测次频繁，采用遥测水位器观测管中水位可大大节省人力，而且精度高，效果好。适用于测压管管径不少于50 mm，且安装比较顺直的情况。其原理主要是采用测压管中的水位升降，由浮子带动传动轮和滚筒，观测时，通过一系列电路带动滚筒一侧的棘轮，追踪量测滚筒的转动量，并反映到室内仪表，即可读出管中水位。

将渗压计安装在测压管历史最低水位以下，测量渗压计承受的水压力，根据其放入测压管内的深度及孔口高程，测得测压管水位，是实现自动化观测的常用方法。

上述各种观测方法表明，测读测压管水位都要以管口高程作为依据，因此管内水位观测是否正确，不仅取决于观测方法的精度，同时取决于管口高程是否可靠。

为此，要求定期对测压管管口高程进行校测。在土石坝运用初期，应每月校测一次，以后可逐渐减少，但每年至少一次。测头吊索上的距离刻度标志也要定期进行率定。

测压管水位的测次，应根据水库蓄水等具体情况而定。土石坝初建蓄水阶段，应每日观测一次，以后可逐渐减少到每十天一次。但当水库水位超过历年实际最高水位或接近设计最高水位,以及发现不正常渗流情况时,均应增加测次,以能掌握坝内浸润线变化的全过程。

二、土石坝坝基渗水压力观测

水库蓄水后,在水头作用下不仅坝体发生渗流现象,在坝基也发生渗流。坝基渗流是否正常,对水库安全关系很大,国外不少土石坝水库就因为坝基产生异常渗流等导致溃坝失事,如美国的马溪土石坝和朱里斯堡土石坝等。因此,对土石坝的坝基应进行渗水压力的观测,以全面了解坝基透水层和相对不透水层中渗流沿程的压力分布情况,借以分析坝的防渗和排水设备的作用,估算坝基中实际的水力坡降,推测渗水是否可能形成管涌、流土或接触冲刷等破坏。

为了及时了解坝基砂砾石透水层及承压层的渗水压力,检验有无管涌、流土及接触冲刷等,判断大坝的防渗导渗设施的工作效能,以便针对不利的渗水情况,采取有效的处理措施,保证工程安全,应在坝基埋设测压管,观测坝基渗水压力的变化。

坝基渗水压力测压管的构造与土石坝浸润线观测的测压管基本相同,只是进水管较短,一般采用 0.5 m 左右。

测压管的布置应根据地基土层情况、防渗设施的结构和排水设备形式以及可能发生渗透变形的部位等而定,一般要求如下:

(1)坝基渗水压力测压管应沿渗流方向布置,每排不少于 3 根。

(2)渗水压力测点一般应设在强透水层中。如是双层地基(表面是相对弱透水层,下层是强透水层)或多层地基,应在强透水层中布置测点,但在靠近下游坝趾及出口附近的相对弱透水层也要适当布置部分测点。

(3)检验防渗和排水设备的作用,在这些设施的上下游都要安设测点,以了解渗水压力的变化。

(4)为获得坝趾出逸段的出逸坡降及承压水的作用情况,需在坝趾下游一定范围内布置若干测点。

(5)对于已经发生渗流变形的地方,应在其四周临时增设测压管进行观测。采取工程措施进行处理后,应有计划地保留一部分测压管,观测处理前后渗水压力的变化,以评价处理措施的效能。

各种坝型及坝基情况的布置简介如下:

(1)坝基为比较均匀的砂砾石层,没有明显的成层情况,一般布置 2 ~ 3 个断面(垂直坝轴线),每个断面 3 ~ 5 个测点。具体布置根据坝型而定。

①具有水平防渗铺盖板的均质坝,一般每排布设 4 个测点。可埋设直测压管,一根位于坝顶的上游坝肩,一根位于下游坡,反滤坝趾上、下游面各埋设一根,如图 1-29 所示。

②对有黏土截水墙或垂直防渗帷幕的心墙坝,一般在截水墙前后各布设一根测压管,反滤坝趾上、下游各布设一根测压管,如图 1-30 所示。

③对具有垂直防渗设施的斜墙坝,其黏土截水墙、灌浆帷幕或混凝土防渗墙靠近上游,则测压管可全部布置在防渗设施下游,如图 1-31 所示。

④对具有水平防渗设施的斜墙坝,一般应在土石坝施工时预埋 L 形测压管进行观

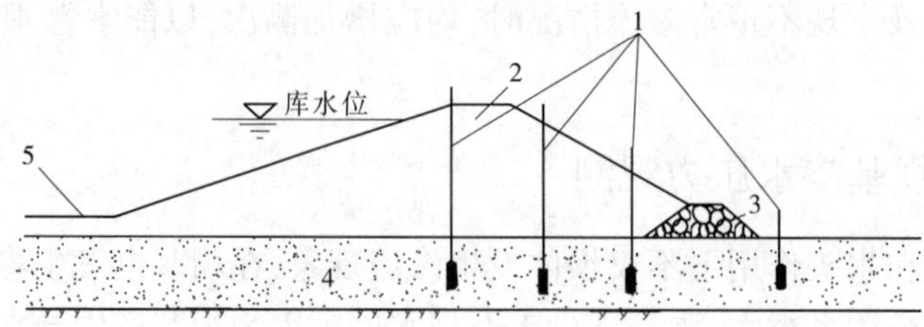

1—测压管;2—坝体;3—滤水坝趾;4—砂层;5—铺盖

图 1-29　在均匀的砂砾石层中具有水平防渗铺盖的均质坝坝基测压管布置

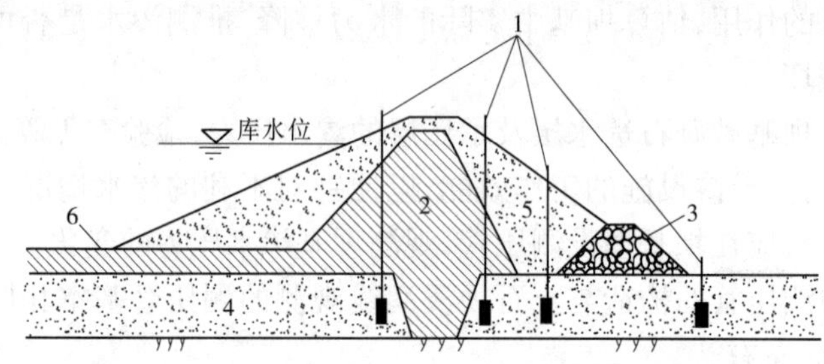

1—测压管;2—心墙;3—滤水坝趾;4—砂层;5—砂壳;6—铺盖

图 1-30　在均匀的砂砾石层中具有黏土截渗墙的土石坝坝基测压管布置

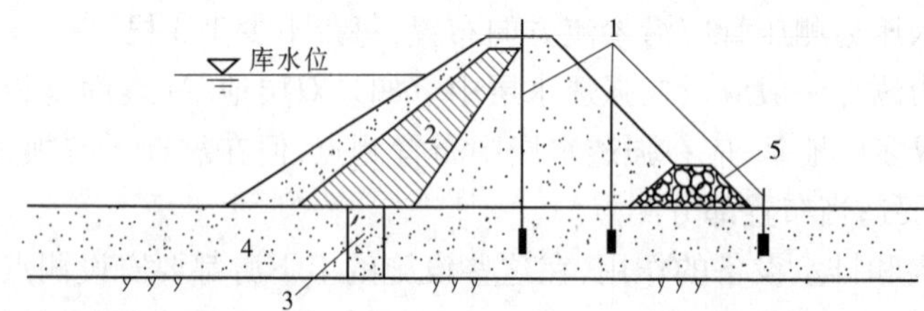

1—测压管;2—斜墙;3—混凝土防渗墙;4—砂层;5—滤水坝趾

图 1-31　在均匀的砂砾石层中垂直防渗体靠上游的土石坝坝基测压管布置

测,布置参见图 1-32。

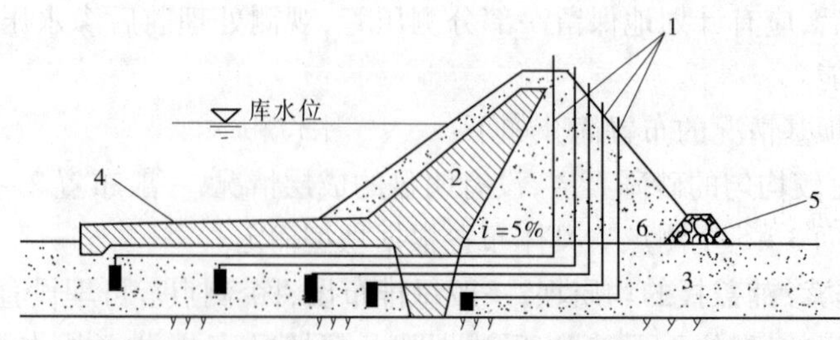

1—测压管;2—斜墙;3—砂层;4—铺盖;5—滤水坝趾;6—砂壳

图 1-32　在均匀的砂砾石层中水平防渗铺盖下面及截水墙上、下游坝基测压管布置

(2)对于上层为相对弱透水层,下层为强透水层的双层地基,应垂直坝轴线至少布置 2 ~3 排测压管,如图 1-33 所示。多层地基可在各层中分别埋设测压管,每层不少于 3 根,如图 1-34 所示。

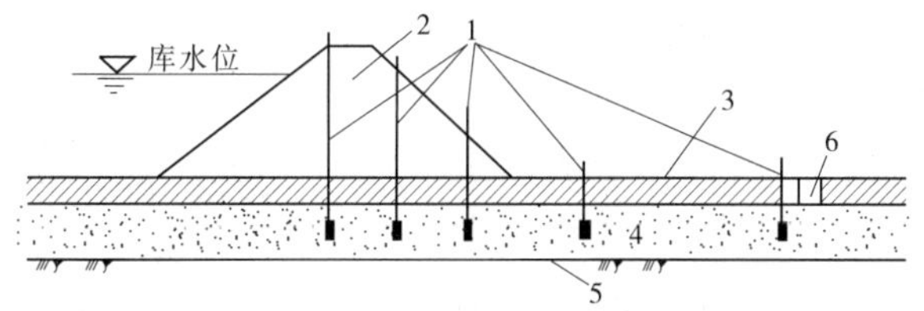

1—测压管;2—坝体;3—相对弱透水层;4—粗砂;5—基岩;6—出水口

图 1-33　双层结构透水基中坝基测压管布置

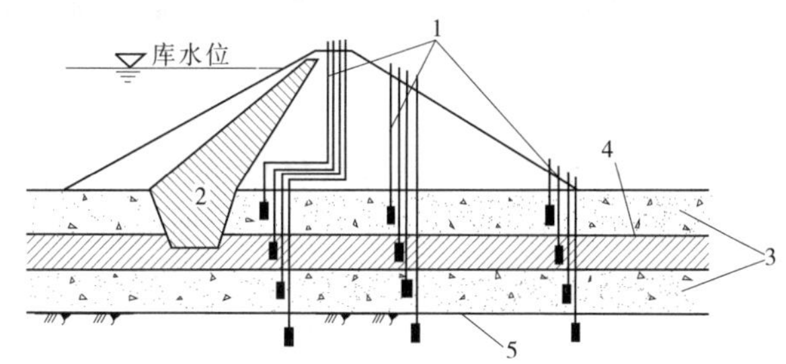

1—测压管;2—斜墙;3—透水层;4—承压层;5—不透水层

图 1-34　多层透水基中坝基测压管布置

(3)当基岩有局部破碎带、断层、裂隙和溶洞等情况时,为了解其集中渗流变化及检查垂直防渗设施的防渗性能,需布置适当的测压管。通常是沿破碎带、断层、裂隙等透水方向布设至少 3 根测压管,测压管的进水管应深入断层、裂隙中。为检查基岩垂直防渗的效果,可沿垂直防渗设施轴线布置 3 排基岩测压管,每排至少在轴线上、下游各一根。基岩测压管一般在施工期结合基础处理进行预埋。

坝基渗水压力测压管的结构和观测仪器设备、方法与浸润线测压管基本相同,但其进水管段较短,一般为 0.5 m 左右。坝基测压管一般是在土石坝施工期或土石坝初次蓄水前进行埋设,补设坝基测压管需在库水位较低时进行,并注意操作和封孔,防止人为造成管涌。埋设测压管造孔时,不得用泥浆固壁,可下套管防止塌壁。近年来,广泛应用钢弦式渗压计。

坝基渗水压力观测通常应与浸润线观测同时进行。建议在洪水期,水库水位每上涨 1 m 或下降 0.5 m 增测一次,以掌握渗水压力随库水位相应变化的关系。

三、绕坝渗流观测

水库蓄水后,渗流绕过两岸坝头从下游岸坡流出,称为绕坝渗流。土石坝与混凝土或砌石等建筑物连接的接触面也有绕流发生。在一般情况下,绕流是一种正常现象。但如果土石坝与岸坡连接不好,或岸坡过陡产生裂缝,或岸坡中有强透水间层,就有可能发生集中渗流造成渗流变形,影响坝体安全,因此需要进行绕坝渗流观测,以了解坝头与岸坡以及混凝土或砌石建筑物接触处的渗流变化情况,判明这些部位的防渗与排水效果。

绕坝渗流一般也是埋设测压管进行观测,测压管的布置以能使观测成果绘出绕流等水位线为原则。一般应根据土石坝与岸坡和混凝土建筑物连接的轮廓线,以及两岸地质情况、防渗和排水设施的形式等确定，如图1-35所示。

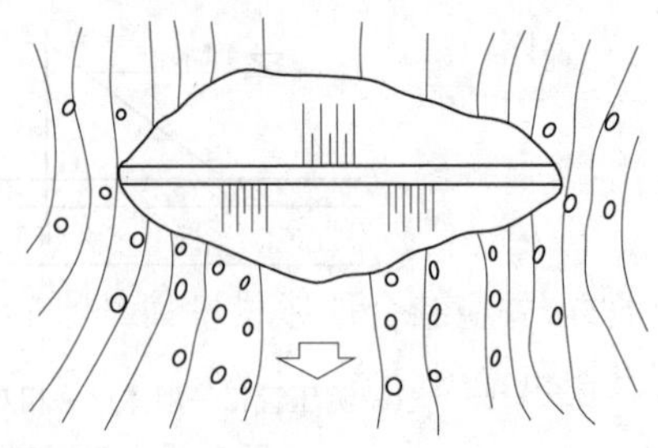
图1-35　绕坝渗流测压管平面布置图

若为均质坝，而且两岸山体本身的透水性差别不大，则测点可沿着绕渗的流线方向布置。若要绘制出两岸的等水位线图，则需要设置较多的测点。每岸一般要设置3～4个观测断面，每个断面上设2～3个钻孔，每个钻孔内设2～3个测点，考虑到等水位线一般不是直线，故不同钻孔内设置的测点最好位于同一高程。

对心墙坝或斜墙坝，由于下游坝壳多为强透水材料，故它成为绕坝渗流的排水通道、主要的渗流出口。因此，渗流出口的渗透稳定性监测是主要的，在这种情况下，除在坝外山体内布置一定数量的钻孔外，还应通过坝体（岸坡部分）钻孔，在岸坡内设置一定数量的测点。

若有断面通过坝头，则应沿断面方向布置测点，测点就设在断面内。

绕渗测压管的构造与浸润线测压管基本相同，观测仪器、方法以及测次等规定也一样。但对观测透水层的测压管，进水管段可较短，与坝基渗压管一样为0.5 m左右。

四、渗流量观测

（一）目的与要求

水库的挡水建筑物蓄水运用后，必然产生渗流现象。在渗流处于稳定状态时，其渗流量将与水头的大小保持稳定的相应变化，渗流量在同样水头情况下的显著增加和减少，都意味着渗流稳定的破坏。渗流量的显著增加，有可能坝体或坝基发生管涌或集中渗流通道；渗流量的显著减少，则可能是排水体堵塞的反映。在正常条件下，随着坝前泥沙淤积，同一水位情况下的渗流量将会逐年缓降。

因此，进行渗流量观测，对于判断渗流是否稳定，掌握防渗和排水设施工作是否正常，具有很重要的意义，是保证水库安全运用的重要观测项目之一。

渗流量观测，根据坝型和水库具体条件不同，其方法也不一样。对土石坝来说，通常是将坝体排水设备的渗水集中引出，量测其单位时间的水量。对有坝基排水设备，如排水沟、减压井等的水库，也应对坝基排水设备的排水量进行观测。有的水库土石坝坝体和坝基渗流量很难分清，可在坝下游设集水沟，观测总的渗流量变化，也能据以判断渗流稳定是否遭受破坏。对混凝土坝和砌石坝，可以在坝下游设集水沟观测总渗流量，也可在坝体或坝基排水集水井观测排水量。

渗流量观测必须与上、下游水位以及其他渗透观测项目配合进行。土石坝渗流量观测要与浸润线观测、坝基渗水压力观测同时进行。混凝土坝和砌石坝，则应与扬压力观测同时进行。根据需要，还应定期对渗流水进行透明度观测和化学分析。

（二）观测方法和设备

观测总渗流量通常应在坝下游能汇集渗流水的地方设置集水沟，在集水沟出口处观

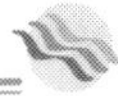

测。

当渗流水可以分区拦截时,可在坝下游分区设集水沟进行观测,并将分区集水沟汇集至总集水沟,同时观测其总渗流量。

集水沟和量水设备应设置在不受泄水建筑物泄水影响和不受坝面及两岸排泄雨水影响的地方,并应结合地形尽量使其平直整齐,便于观测。图 1-36 为某土石坝水库渗流量观测设备布置图。

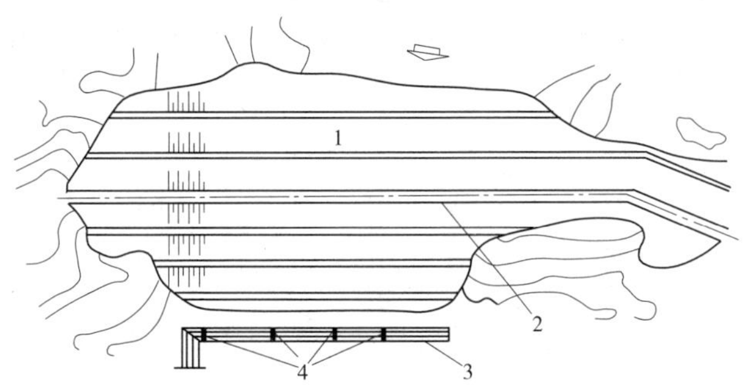

1—土石坝坝体;2—坝顶;3—集水沟;4—量水堰

图 1-36　土石坝渗流量观测设备布置

观测渗流量的方法,根据渗流量的大小和汇集条件,一般可选用容积法、量水堰法和测流速法。

1. 容积法

容积法适用于渗流量小于 1 L/s 的情况。观测时需进行计时,当计时开始时,将渗流水全部引入容器内,计时结束时停止。量出容器内的水量,已知记取的时间,即可计算渗流量。

2. 量水堰法

量水堰法适用于渗流量为 1 ~ 300 L/s 范围内的情况。量水堰一般需设置在集水沟的直线段上,上、下游沟底及边坡需加护砌,以避免绕过量水堰大量漏水,或者建造专门的混凝土或砌石引水槽。集水沟断面大小和堰高的设计,应使堰下水深低于堰口,造成堰口自由溢流。如确有困难,堰下水深淹没堰口,则需根据水力学书籍或手册上规定的淹没薄壁堰公式计算渗流量。为了能获得比较准确的成果,设置量水堰应符合下列要求:

(1)堰壁需与引槽和来水方向垂直,并需直立。

(2)堰板可采用钢板或钢筋混凝土板制成。

(3)堰口要制成薄片,一般可将堰口靠下游边缘制成 45°角。

(4)量水堰的水尺应设在堰口上游,离堰口距离为 3 ~5 倍堰顶水头处,即 $l=(3\sim5)H$(l 为水尺离堰口的距离)。水尺刻度至毫米。为提高观测精度,应尽可能用水位测针代替水尺来观测,读数至 0. 1 mm。

(5)为使量水堰上游水流稳定,可在水尺上游安设稳流设备。

量水堰有以下几种形式:

(1)三角堰。过水断面为三角形的量水堰,称为三角堰。三角堰缺口为一等腰三角形,一般采用底角为直角(其标准尺寸见表1-5),如图1-37所示。三角堰适用于渗流量小于70 L/s的情况,堰上水深一般不超过0.3 m,最小不宜小于0.05 mm。

(2)梯形堰。梯形堰过水断面为一梯形(其标准尺寸见表1-6),边坡常用1∶0.25,如图1-38所示。堰口应严格保持水平,底宽 b 不宜大于3倍堰上水头。最大过水深一般不宜超过0.3 m。适用于渗流量为1~300 L/s的情况。

表1-5 直角三角堰标准尺寸

最大水深 H(cm)	堰口深 h(cm)	堰槛高 P(cm)	堰板高 D(cm)	堰肩宽 T(cm)	堰口宽 b(cm)	堰板宽 L(cm)	测流范围 (L/s)
22	27	22	49	22	54	98	0.8~32
27	32	27	59	27	64	118	0.8~53
29	34	29	63	29	68	126	0.8~64
35	40	35	75	35	80	150	0.8~100

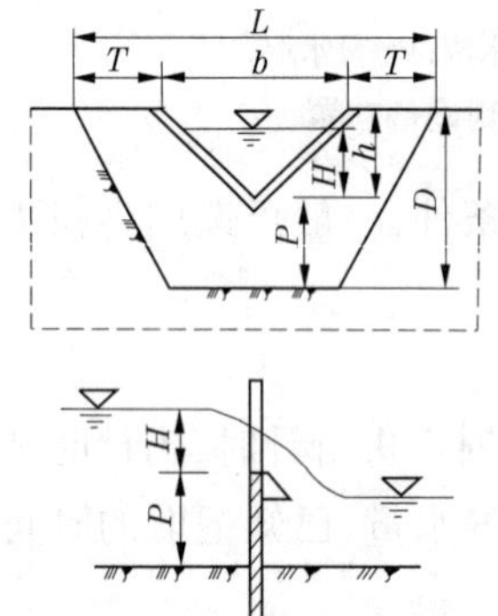

图1-37 三角堰示意图

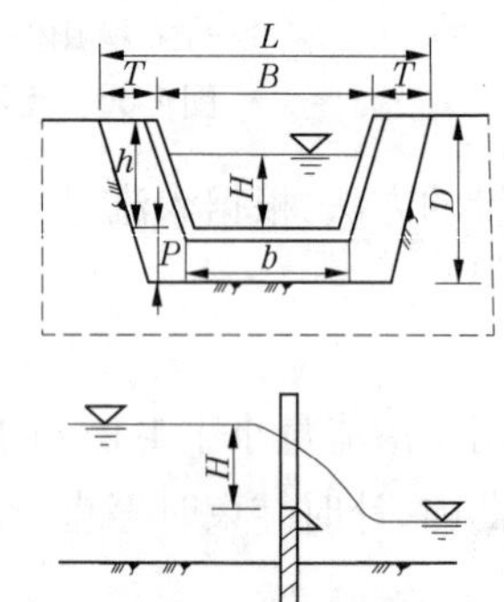

图1-38 梯形量水堰示意图

表1-6 梯形量水堰标准尺寸(边坡1∶0.25)

堰槛宽 b(cm)	堰口宽 B(cm)	最大水深 H(cm)	堰口深 h(cm)	堰槛高 P(cm)	堰板高 D(cm)	堰肩宽 T(cm)	堰板宽 L(cm)	测流范围 (L/s)
25	31.6	8.3	13.3	8.3	21.6	8.3	48.2	0.5~11.5
50	60.8	16.6	21.6	16.6	33.2	16.6	94.0	0.9~65.2
75	90.0	25.0	30.0	25.0	55.0	25.0	140.0	1.4~174.4
100	119.1	33.3	38.3	33.3	71.6	33.3	185.7	1.9~360.8

3. 测流速法

渗流量较大,且能将渗水汇集到比较规则平直的排水沟时,也可采用流速仪或浮标等观测渗水流速,并测出排水沟水深和宽度,求得过水断面,即可计算渗流量。例如近年来,采用超声波流量计进行自动监测。

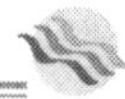

五、渗流水透明度观测及化学分析

（一）目的和要求

由坝体、坝基渗出的水，如果清澈透明，表明大坝只是有水量的损失，一般应认为是正常现象。如果渗流水中带有泥沙颗粒，以致渗水浑浊不清，或者是渗水中含有某种可溶盐成分，则反映坝体或坝基土料中有一部分细料被渗流水带出，或者是土料受到溶滤，而这些现象往往是管涌、内部冲刷或化学管涌等渗流破坏的先兆。因此，经常对渗流水进行透明度检定，以了解排水设备工作是否正常，是很有必要的。结合其他渗流观测，分析判断是否可能发生渗流破坏及其危害程度，从而可以及时地采取防护和处理措施，保证水库安全运行。

渗水透明度，平常只需要每隔一定时间，例如每月，甚至每个季度检定一次。但在渗流量观测和经常的检查观察时，要注意渗水是否透明清澈，发现渗水浑浊或有可疑时，应立即进行透明度检定。当出现浑水时，应每天检定一次，甚至几次，以掌握其变化。

（二）观测设备和方法

渗水透明度的检定通常用透明度管来进行，有条件时也可根据水文测验手册规定观测渗水的含沙量。透明度管为一高 35 cm、直径 30 cm 的平底玻璃管，管壁刻有厘米刻度，零点在管底处，靠管底的管壁的一个放水口，见图 1-39。

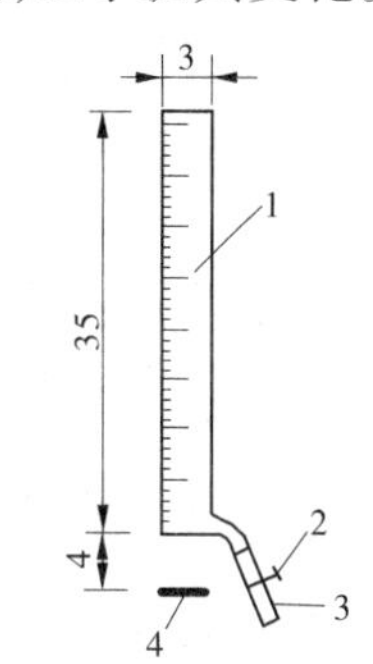

1—玻璃管；2—阀门；
3—胶管；4—铅印字体底板

图 1-39　透明度管示意图
（单位：cm）

观测方法如下：

（1）在渗水出口处取水样摇匀后注入透明度管内。

（2）预制一块五号汉语拼音铅印字体底板，置于管底下 4 cm 处，见图 1-39。

（3）从管口通过水样观看铅印字体。如看不清字样，即开阀门放水，降低管中水柱，直至看清字样。

（4）看清字样后，即可从管壁刻度上读出水柱高度，即为渗水透明度。透明度大于 30 cm 即为清水，透明度愈小，说明水样中含沙量愈大，渗水浑浊。

（5）有条件的单位，可事先率定出透明度和含沙量的关系，检定渗水透明度，即可查得渗水的含沙量。

渗水透明度检定应固定专人负责进行，以免因视力不同而引起误差。检定工作应在同样光亮条件下进行。检定应做两次，两次读数差不大于 1 cm。

渗水透明度检定后需进行记录。必要时对渗水进行水质分析。

子任务五　土石坝的监测资料整理与分析

对水工建筑物进行的各种项目观测，为水库大坝的运行工况提供了第一手资料。取得这些第一手资料以后，还必须加以去粗取精、去伪存真、由此及彼、由表及里，进行科学的整理分析，才能做出正确的判断，获得规律性的认识，保证水库安全和合理运用，为设计、施工、管理和科学研究提供依据。

我国很多水库,通过对观测资料的分析,了解水库各个建筑物的状态,掌握工程运用的规律,确定维修措施,改善运行状况,从而保证了水库的安全和效益发挥,并且为提高科学技术水平,提供了宝贵的第一手资料。例如官厅水库土石坝下游发生泉眼漏水,通过观测资料的分析,判断为左岸山头基岩发生绕坝渗流,经过多种措施进行处理,安全运用至今。又如上犹江水电站设计最高水位为198.00 m,经对长期观测资料的分析,确认最高水位可以提高到200.00 m,1970年实际运用最高水位达200.27 m,大坝安全无恙,充分发挥了工程效益。由此可见,对观测资料进行科学的整理分析,是观测工作必不可少的组成部分,对于管好用好水库、保证水库安全运用、充分发挥效益,以及提高科学技术水平,具有重要的意义。

观测取得的数据是客观实际的反映。但是,每个观测项目所布置的测点数量总是有限的,测次一般有一定的周期,与其相关的因素也是多元的,而且实测数据不可避免地带有特定的误差。因此,必须通过科学的整理分析,才能掌握客观运动的规律性和与影响因素的相关关系,获得符合客观实际的理性认识。观测资料的整理分析,取决于现场观测所得数据的数量和质量,而又反过来推动和指导观测工作、水库运行更有成效地进行。

监测资料整编是将大坝安全监测的各种原始数据和有关文字、图表(含影像、图片)等材料经过审查、考证,综合整编成系统化、图表化的监测成果,并汇编刊印成册或制成电子文件。土石坝可参照水利部发布的《土石坝安全监测技术规范》(SL 551—2012)以及《土石坝安全监测资料整编规程》(DL/T 5256—2010)的有关要求。

一、土石坝变形监测资料整理与分析

变形监测资料整编,一般应根据所设项目进行各观测物理量的列表统计,例如:

(1)坝面横(纵)向水平位移量统计表,格式见表1-7。

(2)坝面竖向位移量统计表,格式见表1-8。

表1-7　坝面横(纵)向水平位移量统计表

____年　第____页　共____页　　(单位:mm)

观测日期	历时	测点编号及其累计水平位移量						
月　日	天	P_1	P_3		…			P_i
本年总量								
本年内特征值统计	最大值	测点号	日期	最小值	测点号	日期	水平位移较差	
备注	1. 水平位移正负号规定:向下游为正,向左岸为正;反之为负。 2. 本年总量为代数和。							

统计者:　　　　　　校核者:

表 1-8　坝面竖向位移量统计表

____年　第____页　共____页　　　　　　　　　　　　　　　　　　（单位：mm）

观测日期	历时	测点编号及其累计竖向位移量						
月　日	d	P_1	P_3		…			P_i
本年总量								
本年内特征值统计	最大值	测点号	日期	最小值	测点号	日期	竖向位移量较差	
备注	1. 竖向位移正负号规定：向下为正，向上为负。 2. 本年总量为代数和。							

统计者：　　　　　　　校核者：

在根据记录数据的列表统计基础上，再绘制出能表示各观测物理量时间和空间分布特征的各种图件（必要时可加绘相关物理量，如坝体填筑过程、蓄水过程等）。

（一）水平位移观测资料的整理

（1）水平位移过程线。以观测标点的水平位移为纵坐标，以时间为横坐标，绘制水平位移过程线，如图 1-40 所示。在水平位移过程线图上，通常还画上相应的水库水位过程线。

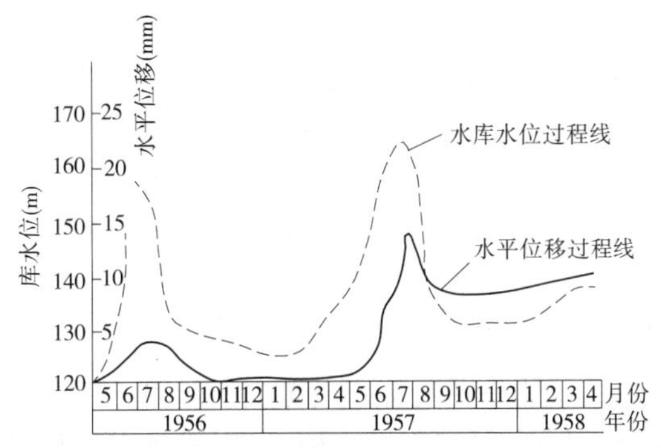

图 1-40　土石坝坝顶水平位移过程

（2）累计水平位移变形曲线。以历年水平位移累计值或相对值（历年水平位移累计值与坝高之比）为纵坐标，以时间为横坐标，绘制累计水平位移变化曲线，如图 1-41 所示。

（3）水平位移分布图。以水平位移观测断面为横坐标，以水平位移为纵坐标，按一定比尺将各测点的水平位移标于建筑物平面图上，即可绘制成水平位移分布图，如图 1-42(a)所示。

（4）水平位移沿高程分布图。以同一次观测的断面各高程测点的水平位移为横坐标，测点的高程为纵坐标，即可绘制成土石坝水平位移沿高度的分布图。从图中可以分析出各测点水平位移量沿高程上的变化趋势。

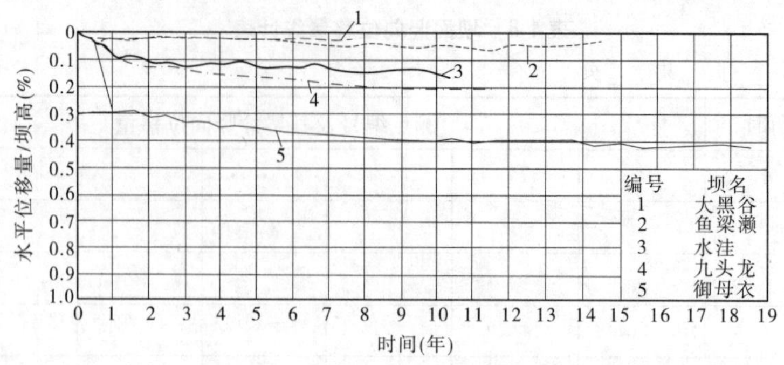

图1-41　土石坝累计水平位移变化曲线

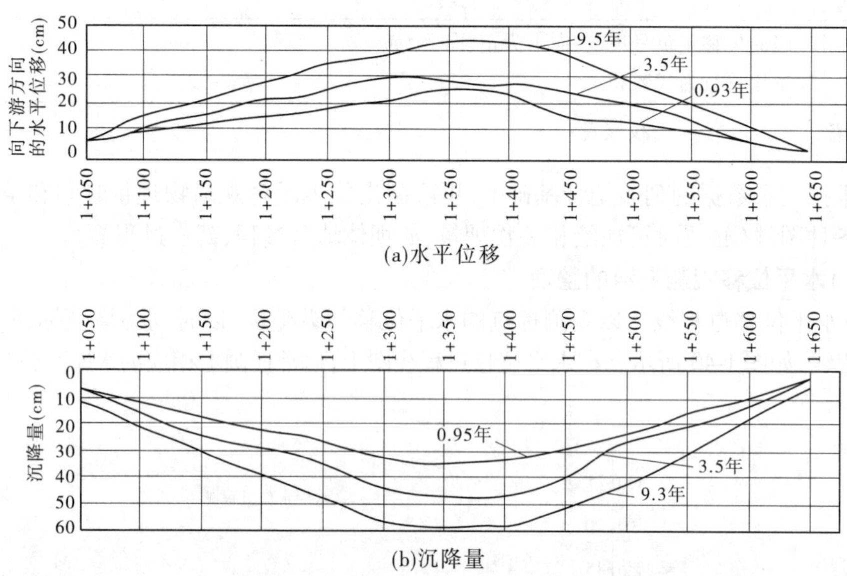

图1-42　土石坝水平位移分布图

(二)竖直位移观测资料的整理

(1)竖直位移过程线。以某一观测标点的累计竖直位移或相对竖直位移(竖直位移与坝高比值的百分数)为纵坐标,时间为横坐标,绘制成竖直位移过程线。

(2)纵断面竖直位移分布图。以纵向观测断面为横坐标,以断面上各测点竖直位移为纵坐标,绘制纵断面竖直位移分布图,如图1-42(b)所示。

(3)横断面竖直位移分布图。以横向观测断面为横坐标,以横断面上各测点竖直位移为纵坐标,绘制横断面竖直位移分布图,如图1-43所示。

(4)竖直位移等值线图。在建筑物平面图内各测点位置上,标出其相应的竖直位移(沉陷)值,并将竖直位移相等的各点连成曲线,即可绘制成竖直位移等值线图,如图1-44所示。

(5)坝体裂缝平面分布图如图1-45所示。

(三)资料分析

通过整理资料可以表明,土工建筑物的水平位移和竖直位移的一般规律是各种作用的综合反映,其表现形式如下:

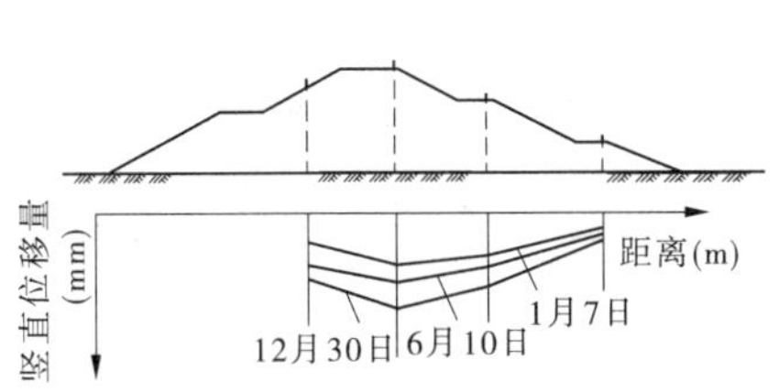

图1-43　横断面竖直位移分布图

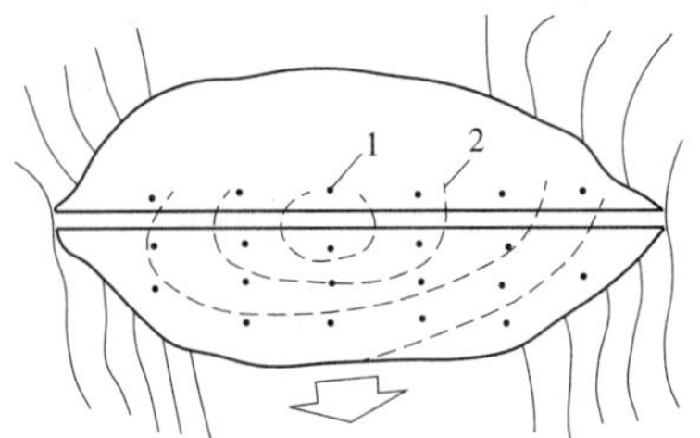

1—观测标点;2—竖直位移等值线

图1-44　竖直位移等值线图

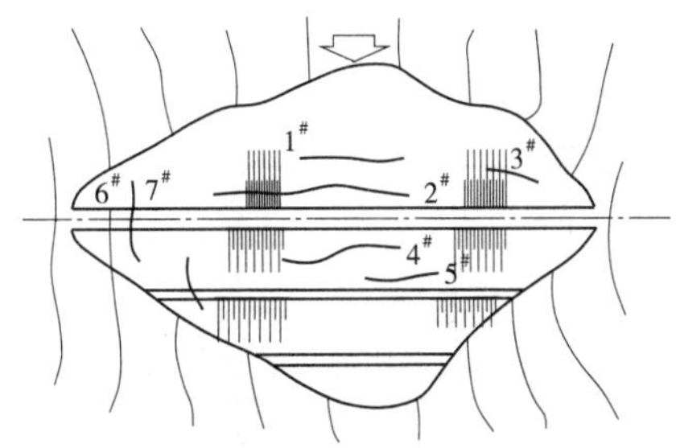

图1-45　坝体裂缝平面分布图

(1)横向水平位移受库水位的影响比较大,尤其是坝顶的测点,受库水位的影响更强烈。

(2)横向水平位移主要发生在河谷中部坝的最大断面处,向两岸逐渐减少。

(3)一般情况下,坝的上游坡向上游位移,下游坡向下游位移,坝顶位移方向则视具体条件而定。

(4)横向最大位移量,施工期发生在坝的1/2坝高处,竣工后发生在坝顶或坝顶以下1/3坝高处附近。

(5)竖直位移在水库初蓄期增长较快,以后渐趋平缓,随着土体固结速率越来越小,最终接近水平线。

(6)竖直位移量的大小与填土厚度成正比。填土高度相同的上游坡比下游坡位移量大。

对土工建筑物观测资料进行整理分析,就是研究其是否符合上述规律。例如,实测竖直位移量远较预计的小,这不是正常现象,有可能是建筑物体内发生拱效应而形成内部裂缝。反之,如大坝竣工初期沉陷速率过大,即起码说明填土质量差,抗裂抗渗性能低,往往有裂缝和渗漏。根据分析出的原因,提出处理的措施,确保建筑物的安全。

二、渗流观测资料的整理分析

渗流观测资料的整理分析,可根据不同目的和要求采用不同的方法,其内容一般包括检查现场记录,核对计算成果,填写报表,绘制测压管过程线和各种关系曲线等。分析的方法是采用对比法,将外界条件相同或不同情况下各时期的观测资料进行对比,不同地点的资料进行对比,实测资料与理论计算结果进行对比,检查其变化及趋势,分析其变化是否正常,如发现异常,应寻找原因,立即采取措施进行防护和处理。

一般应按坝体、坝基、绕渗等不同部位和类别分别填写测点渗流压力水位统计表,并同时抄录相应的上、下游水位,必要时加注有关渗流异常现象的说明。统计表格式见表1-9。

表1-9　渗流压力水位统计

____年　　　　　　　　　　　　第____页　共____页　　　　　　　　　　（单位：m）

观测日期		上游水位	下游水位	测点编号			
				1	2	3	…
月　日							
月　日							
⋮							
月　日							
全年统计	最大值						
	出现日期						
	最小值						
	出现日期						
备注	哪些测点用测压管，哪些测点用振弦式孔隙水压力计。						

统计者：　　　　　　　　　校核者：

根据渗流压力水位统计表绘制各测点的渗流压力水位过程线图等。

（一）测压管水位整理分析

测压管水位的整理通常包括绘制测压管水位过程线、测压管水位与上游水位关系曲线和特定库水位与历年测压管水位关系曲线等。

1. 测压管水位过程线

测压管水位过程线是以测压管水位为纵坐标、时间为横坐标而绘制成的曲线，如图1-46所示。在此图上，一般还应绘出上、下游水位过程线和雨量分布线等。

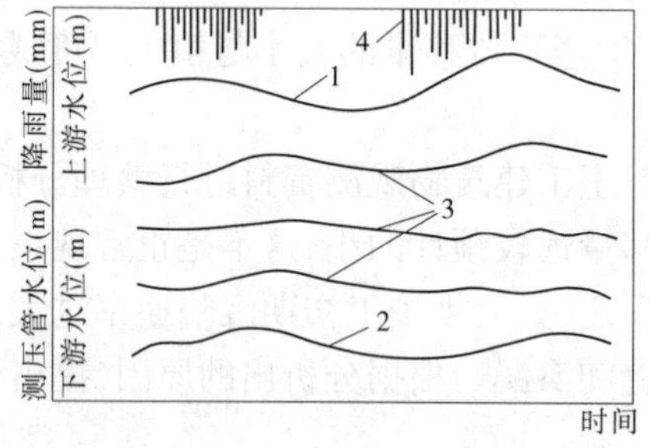

1—上游水位；2—下游水位；3—测压管水位；4—降雨量

图1-46　测压管水位过程

2. 测压管水位与上游水位关系曲线

以测压管水位为横坐标，以上游库水位为纵坐标，将实测结果点绘在图上，如果这些点比较密集，则可通过这些点的中间绘出一条曲线，即为测压管水位与上游库水位关系曲线，见图1-47。如果上述测点并不密集，则可按观测顺序将各点依次连接，形成一个回环状的曲线，即为测压管水位与上游库水位关系过程线，见图1-48。

在一般情况下，测压管水位随库水位变化，但由于存在滞后现象，所以有时候库水位由降落开始上升时，测压管水位仍然下降，或库水位由上升开始降落时，测压管水位仍然上升，因此使测压管水位与上游库水位过程线呈回环状。在一些情况下，由于坝趾处排水条件的改变，测压管水位与库水位关系曲线会出现左右偏移。关系曲线向左偏移，说明库水位相同时测压管水位逐年降低，这可能是由产生渗透破坏所致。如关系曲线向右偏移，说明库水位相同时测压管水位逐年升高，这可能是由排水堵塞所造成的。

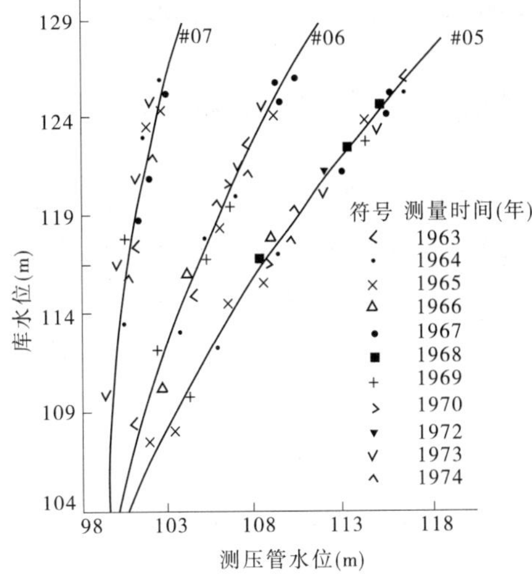

图 1-47 测压管水位与上游水位关系曲线

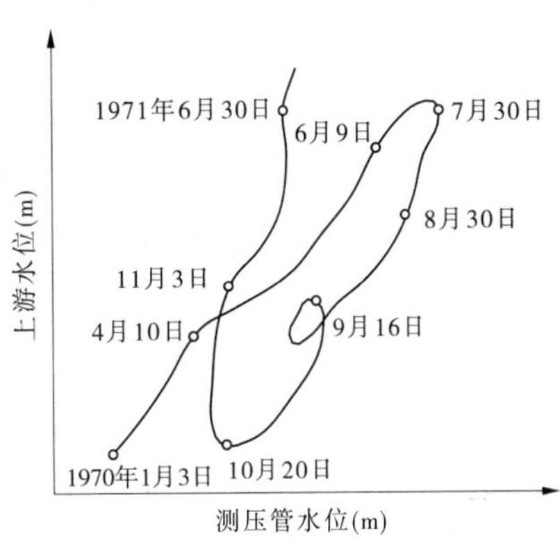

图 1-48 测压管水位与上游水位关系过程线

3. 特性库水位与测压管历年水位关系曲线

根据水库多年运行情况，选取每年都可能出现的高、中、低三级特定库水位，然后以相应于上述三级库水位的历年测压管水位为纵坐标，以时间(年份)为横坐标，绘制成测压管特定水位过程线，如图 1-49 所示。

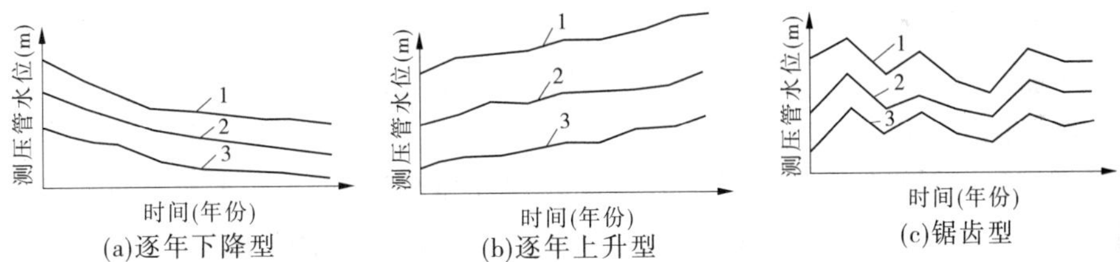

1—水库特定高水位；2—水库特定中水位；3—水库特定低水位

图 1-49 测压管特定水位过程线

测压管特定水位过程线可能出现下列 3 种情况：

(1)测压管水位随水库运用时间逐年下降，如图 1-49(a)所示，这种情况一般是土石坝处于正常运用状态下，但也可能是由于排水设备受到冲刷破坏。

(2)测压管水位随水库运用时间逐年上升，如图 1-49(b)所示，这种情况可能是由排水设备堵塞造成的。

(3)测压管水位随水库运用过程中有升有降，呈锯齿状，如图 1-49(c)所示，但其总的趋势有下降和上升 2 种，其原因如上面(1)、(2)所述。

(二)渗流量整理分析

渗流量观测资料一般可绘制成渗流量过程线和渗流量与上游水位关系曲线。

在渗流量过程线图上一般还需绘制上下游水位过程线、测压管水位过程线、渗水透明度过程线和雨量分布线，如图 1-50 所示。通过此图可分析如下：

(1)如果渗流量随库水位变化，但略有滞后，则属正常情况。

(2)如果渗流量过程线有突然变化,则应查明原因,是否由降雨等情况所引起。

(3)如果渗流量随测压管水位变化,则属正常情况。

(4)如果透明度无变化,属正常情况,如果透明度持续降低,渗流量相应增大,则可能是由于坝体或坝基产生渗透破坏。

渗流量与上游水位关系曲线如图 1-51 所示,如果关系曲线稳定不变,属正常情况;如关系曲线随时间向左偏移,则说明土石坝上游淤积,渗流量逐年减小;如关系曲线随时间向图右侧偏移,说明渗流量逐年增大,土石坝或坝基遭受冲刷破坏。

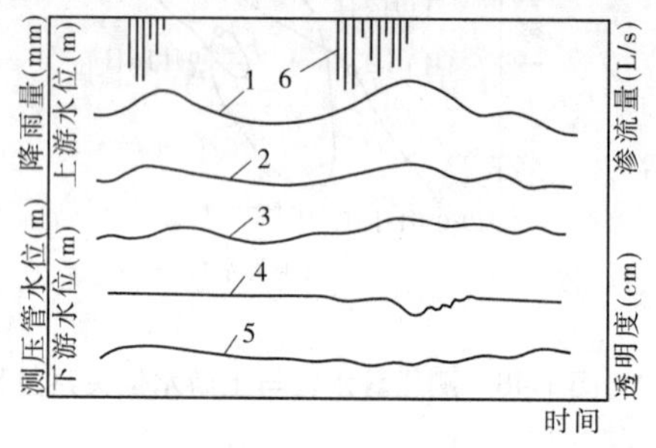

1—上游水位过程线;2—渗流量过程线;3—测压管水位过程线;4—透明度过程线;5—下游水位过程线;6—降雨量

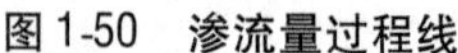

图 1-50　渗流量过程线

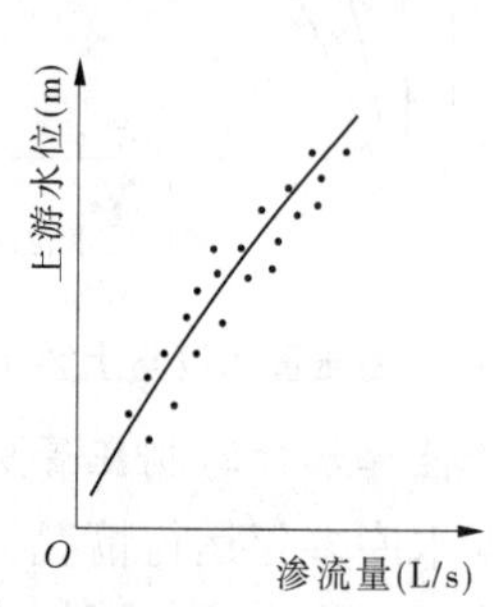

图 1-51　渗流量与上游水位关系曲线

(三)浸润线分析

在土石坝横断面图上,绘出测压管位置和设计浸润线,然后选择有代表性的实测测压管水位绘于图上,即为实测浸润线。

如果实测浸润线与设计浸润线相差不大,属正常情况;如果两者相差较大,则应分析原因。如果实测浸润线高于设计浸润线,可能是由下游排水堵塞所造成的;如果实测浸润线上游部分与设计浸润线差不多,而下游部分较低,则可能是由下游坝体遭受冲刷破坏所引起的。

(四)坝基渗水压力分析

将同一次的坝基渗水压力测压管的水位点绘在土石坝平面图上,然后根据各测点的高程勾绘出等水位线,即得坝基渗水压力等值线图,如图 1-52 的所示。

如果渗水压力等值线在两岸比较密集,在河床中部较稀,说明渗透水力坡降在两岸较河床大,这属于正常情况。

通过对坝基渗水压力等值线图的比较可知,若各测压管水位连年逐渐下降,随后渐趋稳定,说明坝前泥沙逐年淤积,起到防渗效果。

此外,通过坝基渗水压力测压管的水位还可分析坝基垂直防渗设备(灌浆帷幕、截水槽、防渗墙等)的防渗效果。例如,取垂直防渗设备上、下游两侧坝基的两根测压管水位差为 Δh ,除以上下游水位差 H,即 $\eta = \dfrac{\Delta h}{H} \times 100\%$,η 为渗透水头折减系数,η 愈大,说明防渗效果愈好。

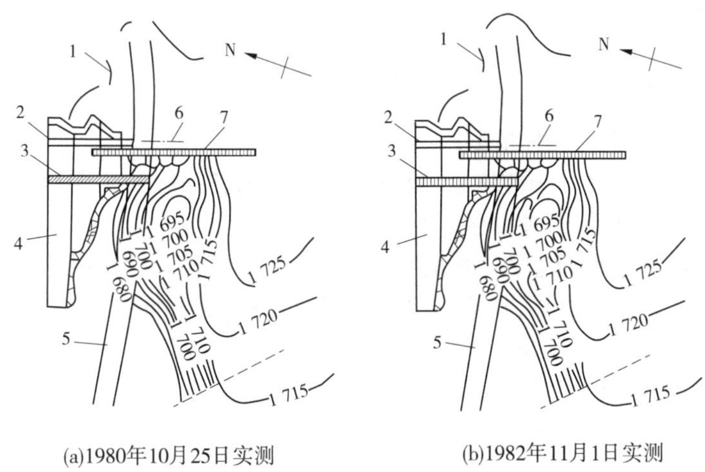

(a)1980年10月25日实测　　(b)1982年11月1日实测

1—水库水边线;2—左岸排水灌浆洞;3—排水洞;4—大坝;5—导流洞;6—坝轴线;7—左岸灌浆洞

图1-52　刘家峡水库岸坡坝基渗水压力等值线图

任务三　土石坝的病害处理

子任务一　土石坝的土栖白蚁的防治

白蚁是一种危害性很大的昆虫,它的种类繁多,分布很广。白蚁按栖居习性不同,大致可分为木栖白蚁、土栖白蚁和土木两栖白蚁3种类型。危害堤坝安全的是土栖白蚁。

一、土栖白蚁对堤坝的危害

土栖白蚁在堤坝土壤里营巢筑路,到处寻水觅食。随着巢龄的增长和群体的发展,主巢搬迁由浅入深,巢体由小到大,主巢附近的副巢增多,蚁道蔓延伸长,纵横交错,四通八达。据考察估计,一只黑翅土白蚁的成年群体,其个体总数可达100万~200万个。主巢离地表的深度可达2~3 m,甚至更深:大的主巢直径在1 m以上;副巢可达100余个,其直径也有20~40 cm;蚁道粗一般为5~15 cm,较大的可达6~7 cm,有的蚁道贯穿堤坝内外坡,成为涨水时的漏水通道。一旦洪水来临,上游水位抬高,将导致堤坝漏水、散浸、跌窝和管涌等险情的产生,甚至发生决堤垮坝的严重事故。所谓“千里金堤,溃于蚁穴”,就是这个道理。

根据对土栖白蚁巢群发展的观察和研究认为,从一对有翅繁殖蚁分飞后,脱翅、配对、钻入浅层土壤,筑一个简单的空腔开始,发展到拥有几十万至上百万个体的大型巢群,需要10~15年的时间。我国堤坝大多建于20世纪50年代末和60年代初,至今已有50多年的历史,因此这些堤坝的蚁害已相当普遍和严重。鉴于白蚁对堤坝危害的广泛性和隐蔽性,全国各地的水管部门及科技工作者对堤坝白蚁的危害十分重视,多年来,在防治堤坝白蚁上,摸索出很多有效的方法,积累了不少经验,为保障堤坝的安全做出了很大的成绩。我们要认真学习这些方法和经验,在实践中不断地总结和提高,为更好地防治堤坝白蚁做出新的贡献。

二、白蚁生活习性

白蚁生活习性有下面几种情形：

(1)群栖性。白蚁是一种群体巢居性昆虫,群体内各品级分工明确,各守其职,脱离群体或巢体的个别白蚁则无法生存。

(2)隐蔽性。白蚁长期过着隐蔽的生活,工蚁、兵蚁眼睛退化,有畏光性。

(3)整洁性。白蚁的蚁巢、蚁路和身体都经常保持清洁,同一群体内的个体相遇时,互相用口器或触角频频接触,也经常互相舔吮身上的灰尘异物。

(4)敏感性。白蚁的视觉器官虽已退化,但嗅觉器官极为发达,白蚁能通过触角等嗅觉器官察觉出外激素的某些信息。

(5)季节性。白蚁是一种喜温怕寒的昆虫,其活动对温度有一定要求,在 10 ℃以下基本蛰伏不动,7 ~ 10 ℃能活动和取食但较缓慢,17 ℃以上则来回爬行到处觅食,20 ~ 30 ℃活动最为猖獗,0 ℃以下和 39 ℃以上持续时间较长就会死亡。因此,3 ~ 6 月和 9 ~ 11 月是白蚁活动频繁的月份,我们可趁此月份寻找白蚁巢穴。

(6)分飞性。分飞又称分群,是白蚁进行扩散移殖、延续后代的主要形式。

三、堤坝白蚁的观察与查找

(一)堤坝白蚁产生的原因

根据对堤坝蚁患的调查、观察和分析,认为堤坝白蚁产生的原因主要有如下 4 个方面:

(1)清基不彻底,隐有旧蚁患。建造堤坝前,地基内的蚁巢未进行清除或清除不彻底而留下隐患。这种堤坝的蚁害发生得早且严重,往往出现早期漏水。特别对于小型堤坝,由于清基粗略而导致这种蚁害的可能性较大。

(2)有翅成虫分飞到堤坝营巢繁殖。每年分飞季节,堤坝附近山坡、田野的有翅成虫分飞而来,在堤坝上配对钻洞,营巢繁殖建立新群体。尤其是堤坝周围有灯光,大量有翅成虫被引诱而来,就更易导致堤坝白蚁的产生,这是堤坝白蚁产生的主要原因。

(3)附近白蚁蔓延到堤坝。堤坝土质湿度适宜,内外坡的枯枝杂草是白蚁的丰富食料,是白蚁生活繁殖的良好环境,所以两端山坡的白蚁蔓延到堤坝上来。堤坝两端坝体内的白蚁,多由这种原因产生。

(4)管理工作不善,人为招惹蚁害。经常在堤坝上翻晒柴草和堆放木柴,将白蚁带上堤坝,过后又不及时清理;有些地方在堤防边修坟墓、盖猪舍;有的在坝的两端种植白蚁喜食的树木等,这些都很可能导致堤坝蚁害的产生。

堤坝产生白蚁的原因很多,加之堤坝本身具备了白蚁生活繁殖所需要的良好条件,所以堤坝蚁害发展很快,对工程的安全威胁很大。此外,由于堤坝周围白蚁不可能完全消灭,白蚁仍然会分飞、蔓延到堤坝上来,所以防治堤坝白蚁的工作不是一劳永逸的。

(二)堤坝白蚁的分布

土栖白蚁的分布大致规律为:堤坝的背水坡较多,迎水坡较少;坝身上部较多,下半部

较少;高水位持续时间短;蓄水浅的堤坝多,常年高水位蓄水的少;黏性土壤的堤坝多,砂质土壤的堤坝少;早期修建的堤坝多,新建的堤坝少;周围是松木山林的堤坝多,是水田旱地的堤坝少;靠近丘陵山地的堤坝多,靠近平原湖泊的堤坝少;荒野堤段多,居民集中的堤段少。堤坝中土栖白蚁的巢和菌圃大多筑在浸润线上方附近。

(三)堤坝白蚁的查找

(1)普查法。根据白蚁的生活习性、在坝体中的分布规律,在每年白蚁活动的旺盛季节(一般为3~6月和9~11月),组织人员有计划地寻找蚁道、泥线和泥被,翻开附近枯树、牛粪、木材等仔细察看,做好标记。找出蚁巢,认真处理。

(2)引诱法。在有白蚁的地方打入一根长50 cm的松树、杉树、刺槐树、柏树或桉树的带皮木桩,深入土中约1/3,或挖掘多个长40 cm、宽40 cm、深50 cm的坑,坑距5~15 m,在坑内堆放桉树皮、甘蔗渣、茅草根、新鲜玉米和高粱茎,在上面盖上松土,每天早晚定时检查桩上有无白蚁筑的泥被,定期检查坑里是否有白蚁,并跟踪查找主巢位置。

(3)锥探法。利用钢锥锥探坝体,下插时看坝体中是否有空洞,以判断坝内有无白蚁巢。

四、堤坝白蚁的防治

(一)堤坝白蚁的预防措施

土栖白蚁对堤坝的危害既隐蔽又严重,在白蚁对堤坝造成严重危害之前,通常不易被人们发现。另外,堤坝中产生白蚁的原因很多,防治白蚁的工作是经常而长期的,所以必须贯彻"防重于治,防治结合"的方针,以保障堤坝的安全,预防堤坝白蚁一般有如下措施:

(1)做好清基工作。对新建的堤坝和扩建的加高培厚工程,施工前,必须做好清基工作,清除杂草和树根,并仔细检查白蚁隐患,认真地做好附近山坡白蚁的灭治工作;对料场的清基亦应予以重视,严禁杂草树根上堤坝,以避免蚁患填埋于堤坝中,造成严重隐患。

(2)毒土防蚁。利用化学药剂处理堤坝土壤,可以防止外来白蚁的侵入和灭治堤坝浅层的初建巢群。目前,各地常用的药剂有五氯酚钠水溶液、氯丹乳剂、可湿性六六六粉、煤、油或柴油等,在毒土处理时,要防止库水的污染并注意人畜的安全。

对新建堤坝,当施工接近常水位浸润线位置时,开始在堤坝内外坡的表层土以下及两端与山坡接合处,设置一道毒土防蚁层,使堤坝在浸润线以上形成封闭式防蚁结构。

具体方法是在堤坝分层填筑时,内外坡面表层留0.5 m不作毒土处理,作为保护层以防止药性失散,其内侧土层在宽0.5~10 m范围内,每层喷洒药剂,与填土拌和均匀,然后与非毒土处理的填筑层一起碾压或夯实,与山坡接合处的毒土层无须保护层。用药量为每立方米土喷洒0.5%氯丹乳剂水溶液10 kg,或6%可湿性六六六粉0.5 kg。

对已建堤坝,毒土处理方法有表面喷洒毒土法、浅层打洞毒土法和深层钻探毒土法3种。表面喷洒毒土法是在背水坡全面喷洒1%~2%五氯酚钠水溶液,或1%氯丹乳化剂;浅层打洞毒土法是用小铁钎打洞,洞深30 cm,洞间距20~30 cm,呈梅花形布置,向洞内灌注表层喷洒毒土法的有关药液;深层钻探毒土法是用直径16~20 mm、长3~4 m的钢钎,在堤坝背水坡竖直钻孔,孔深0.6~2 m,孔距1 m,排距1 m,呈梅花形排列,然后往孔内灌注含毒泥浆，此法可把埋藏较深的白蚁杀死，起到防治兼备的效果。

(3)灯光诱杀有翅成虫。在每年4～6月的分飞季节，利用有翅成虫的趋光习性，在坝区外装置黑光灯(或气灯、煤油灯)诱杀有翅成虫，以防止附近山地有翅成虫落在堤坝上建巢。

黑光灯功率一般为20～25 W，灯高1.5～2.5 m，灯下0.2 m处放水一盆，水中加少量煤油或柴油，盆下地表10 m直径范围内喷洒敌敌畏或六六六等药剂，使飞向灯光的有翅成虫掉入盆内或盆外均中毒死亡。

【案例】 广东某水库安装15盏25 W黑光灯，灯距坝50 m，灯距50 m，一个分飞季节诱杀黑翅土白蚁和黄翅大白蚁的有翅成虫15.5 kg，计20余万个体，效果显著。

(4)改变堤坝表土结构及表层土壤结构，可形成不利于白蚁生存的条件，以阻止新的群体产生。用掺入10%石灰或3%食盐的土壤以及两种掺入料比例降低一半的混合土壤填筑土石坝表层，可使有翅成虫配对脱翅后均死于土表。铲去背水坡草皮，铺上厚10 cm的煤灰渣，同样能防止繁殖蚁入土建巢。

(5)生物防治。土栖白蚁大量活动期间和有翅成虫的分飞季节，在堤坝上放养鸡群，能将刚落在坝面上的有翅成虫啄食。同时，鸡还经常翻动坝面上的枯草和白蚁的泥被、泥线，啄食出来活动的白蚁。白蚁的天敌很多，主要有青蛙、黑蚂蚁、蜻蜓、蝙蝠、燕子、麻雀等。它们对抑制土栖白蚁新群体的产生和原群体的扩展有重要作用，因此对白蚁的天敌要进行保护并加以利用。

(6)加强工程管理。禁止在堤坝上长期堆放柴草、木材等白蚁喜食的杂物，并经常清除堤坝上的枯草和树蔸，逐步更换堤坝附近白蚁喜食的绿化树种(如大叶桉等)，可减少外来白蚁蔓延到堤坝上来。

(二)堤坝白蚁的灭治方法

灭治土栖白蚁的方法较多，一般可归纳为熏、灌、挖、喷、诱等方法。现将常用的灭蚁方法分述如下。

1.磷化铝(或磷化钙)熏杀

利用磷化铝在空气中易吸收水分而产生极毒的磷化氢气体来熏杀白蚁。操作方法为将磷化铝片剂5～15片(每片含2 g)，放入装有湿棉球的玻璃试管内，立即把试管口插入已挖开的主蚁道，用湿布密封试管周围。为加速反应速度，可在试管底部加温。反应完毕，拔出试管，迅速用湿土封堵蚁道口，3～5日白蚁的死亡率可达100%。此法简单易行，效果较好，但磷化铝是剧毒药剂，操作时必须严守规程，以防中毒。用药后一周之内严禁人、畜进入施药地区。

此外，还有敌敌畏熏杀与六六六粉烟雾剂熏杀等方法，效果都较好。但是用烟雾剂熏杀白蚁，当蚁道畅通，离主巢又近时，白蚁死亡率可达100%；若蚁路曲折，中途又穿过菌圃腔以及工蚁、兵蚁又来得及封堵蚁道，灭蚁效果就不够理想了。

2.灌毒泥浆毒杀

灌毒泥浆不仅能毒杀白蚁，还有填补蚁巢、空腔、蚁道和加固堤坝的作用。泥浆由过筛的黄泥(或黏土)和药剂水液按重量比约为1:2拌和而成，泥浆比重以1.25～1.40为宜。常用药剂水液有0.1%～0.2%的五氯酚钠，0.3%～0.5%的六六六粉、氯丹，0.4%

的乐果和0.1%～0.2%的敌百虫等。

灌浆灭蚁可利用主蚁道口或锥探孔进行，也可用小型钻机造孔灌浆。开始时，灌浆压力应控制在4×10^4 Pa以内，压力过大会造成土层破裂而冒浆，随后再逐渐加大，直至蚁道或堤面出现冒浆现象。此时，停止灌浆片刻，用泥封堵冒浆的地方，再重新漫灌至饱和。以后，待浆液脱水收缩形成空隙时，可再进行灌浆。

利用主蚁道灌浆关键是选择主蚁道口的位置，为使灌浆效果良好，应尽量在堤坝上半坡或靠近坝顶处寻找合适的蚁道，自上而下进行灌浆。另外，利用分飞孔，挖出主蚁道灌浆或在鸡丛菌位置锥孔灌浆，则效果更好。

3. 挖巢灭蚁

挖巢灭蚁方法简单，可发动群众进行，取巢后要及时熏灌残留在蚁道内的白蚁，杜绝后患。挖巢后，及时回填并结合工程处理，但在汛期翻挖蚁巢，应特别注意堤坝的安全。此法的缺点是工程量较大。

4. 喷灭蚁灵粉剂毒杀

灭蚁灵纯品是一种白色或淡黄色晶体，无气味，通常配成75%粉剂，属慢性胃毒性杀虫剂。毒杀原理是利用白蚁在相遇时互相舔吮和通过工蚁给其他白蚁喂食的生活习性，使中毒的白蚁在巢群内互相传染，最后全巢死亡。

具体方法是在每年4～6月或9～11月土栖白蚁在地表活动的两个高峰期，在堤坝坡面上按前述方法设置诱蚁坑或诱蚁堆，在短期内可引来大量白蚁，即可进行喷药。喷药前先将泥皮扒开，然后轻轻提起饵物，将灭蚁灵粉喷在白蚁身上，再把饵料轻轻放回原处，盖上泥皮。过几天再检查，发现有白蚁再喷药，直至没有白蚁。

5. 灭蚁灵毒饵诱杀

灭蚁灵毒饵诱杀法由诱喷灭蚁灵粉方法改进而成，是目前灭治堤坝白蚁行之有效的新技术，已被广泛采用。毒饵系采用当地白蚁喜食饵料，经晒干粉碎成粉末状，再与灭蚁灵粉、白糖按一定质量比混合制成。目前，各地采用的有毒饵条、片剂和诱杀包三种。

毒饵诱杀法具有灭蚁效果好、操作简单安全、对周围环境污染小、省工省时、药物费用少、适用于各种坝型等优点。但毒饵易霉变失效，所以保存和使用都应注意防潮防霉。

6. 灭蚁灵毒饵诱杀结合毒土灌浆

经多年的实践观察，发现用灭蚁灵毒饵诱杀土栖白蚁，在死蚁巢穴内会腐生真菌并长出地面，其形状有棒形、鹿角形和鸡冠形等，颜色一般为墨色、灰黑色和灰白色，俗称炭棒菌。因此，炭棒菌的下面即是蚁巢，它是寻找蚁巢的指示物。投放灭蚁灵毒饵到地面长出指示物所需的时间，与温度，湿度、巢位深浅和白蚁群体大小等因素有关，最少为20 d，时间长的在半年以上，只要每隔10～20 d找菌一次，一年内可找到全部死蚁巢体，再造孔灌浆，堤坝蚁害隐患可基本消除。

以上方法均有一定效果，但各有优缺点，可根据当地情况，因地制宜地采用，或进行综合治理，以便有效地消灭蚁患，保障堤坝安全。

子任务二　土石坝的裂缝处理

土石坝坝体裂缝是一种较为常见的病害现象，大多发生在蓄水运用期间，对坝体存在着潜在的危险。例如,细小的横向裂缝有可能发展成为坝体的集中渗漏通道;部分纵向裂缝则可能是坝体滑坡的征兆;有的内部裂缝,在蓄水期会突然产生严重渗漏,威胁大坝安全;有的裂缝虽未造成大坝失事,但影响正常蓄水,长期不能发挥水库效益。因此,对土石坝的裂缝,应予以足够重视。实践证明,只要加强养护修理工作,分析裂缝产生的原因,及时采取有效的处理措施,是可以防止土石坝裂缝的发展和扩大,并迅速恢复土石坝的工作能力的。

一、裂缝的类型

(1)按方向分:龟状裂缝、横向裂缝和纵向裂缝。

(2)按原因分:干缩裂缝、冻融裂缝、不均匀沉陷裂缝、滑坡裂缝、水力劈裂缝、塑流裂缝、震动裂缝。

(3)按部位分:表面裂缝和内部裂缝。

在实际工程中,土石坝的裂缝常由多种因素造成,并以混合的形式出现。下面按干缩、冻融裂缝,纵、横向裂缝及内部裂缝等,分别阐述其成因特征。

二、裂缝的成因及特征

(一)表面裂缝

1. 干缩裂缝

在黏性土中,土粒周围的薄膜水因蒸发而减薄,土粒与土粒在薄膜水分子吸引作用下互相移近,引起土体干缩,当收缩引起的拉应力超过一定限度时,土体即会出现裂缝。对于粗粒土,薄膜水的总量很少,厚度很薄,对粗粒土的性质没有显著影响。由上述可知,当筑坝土料黏性越大、含水量越高时,产生干缩裂缝的可能性越大。在壤土中,干缩裂缝则比较少见,而在砂土中则不可能出现干缩裂缝。显然,干缩裂缝的成因是土中水分蒸发,引起土体干缩。

干缩裂缝的待征:发生在坝体表面,分布较广,呈龟裂状,密集交错,缝的间距比较均匀,无上下错动。一般与坝体表面垂直,上宽下窄,呈楔形尖灭,缝宽通常小于 1 cm,个别情况下也可能较宽较深。例如山东峡山水库土石坝,由于 1965 ~ 1968 年连续几年干旱,库水位低,加上在坝坡上种植紫穗槐,大量吸收土体水分,结果于 1968 年 6 月发现干缩裂缝多条,其中最宽的达 4 cm、最深的达 4.6 m。

干缩裂缝一般不致影响坝体安全,但若不及时维修处理,雨水沿缝渗入,将增大土体含水量,降低土体抗剪强度,促使病害发展。尤其是斜墙和铺盖的干缩裂缝可能引起严重的渗透破坏。施工期间,当停工一段时间后,填土表面未加保护,发生细微发丝裂缝,不易发觉,以后坝体继续上升直至竣工,在不利的应力条件下,该层裂缝会发展,甚至导致蓄水后漏水。因此,对干缩裂缝也必须予以重视。

2. 冻融裂缝

冻融裂缝主要由冰冻而产生,即当气温下降时土体因冰冻而冻胀,气温升高时冰融,但经过冻融的土体不会恢复到原来的密实度,反复冻融,土体表面就形成裂缝。

其特征为:发生在冻土层以内,表层破碎,有脱空现象,缝深及缝宽随气温而异。

3. 纵向裂缝

平行于坝轴线的裂缝称纵向裂缝。

1) 成因与特征

纵向裂缝主要是因坝体在横向断面上不同土料的固结速度不同,或由坝体、坝基在横断面上产生较大的不均匀沉陷所造成的。一般规模较大,基本上是垂直地向坝体内部延伸,多发生在坝的顶部或内外坝肩附近。其长度一般可延伸数十米至数百米,缝深几米至十几米,缝宽几毫米至几十厘米,两侧错距不大于 30 cm。

2) 常见部位

(1) 坝壳与心墙或斜墙的结合面处,由于坝壳与心墙、斜墙的土料不同,压缩性有较大差异,填筑压实的质量亦不相同,因固结速度不同,在接合面处出现不均匀沉陷的纵向裂缝,如图 1-53 所示。

(2) 坝基沿横断面开挖处理不当处,具体如下:

在未经处理的湿陷性黄土地基上筑坝,由于坝的中部荷载大,施工中坝基沉陷也大,蓄水后的湿陷较小,而上下游侧由于荷载小,坝基沉陷小,蓄水后的湿陷反而大,可能产生纵向裂缝,如图 1-54(a)所示。

沿坝基横断面方向上,因软土地基厚度不同或部分为黏软土地基,部分为岩基,在坝体荷重作用下,地基发生不均匀沉陷,引起坝体纵向缝,如图 1-54(b)所示。

(3) 坝体横向分区填筑接合面处,施工时分别从上下游取土填筑,土料性质不同,或上下游坝身碾压质量不同,或上下游进度不平衡,填筑层高差过大,接合面坡度太陡,不便碾压,甚至有漏压现象,因此蓄水后,在横向分区接合处产生纵向裂缝。

(4) 骑在山脊的土石坝两侧,在固结沉陷时,同时向两侧移动,坝顶容易出现纵向裂缝。如图 1-55 所示。

4. 横向裂缝

走向与坝轴线大致垂直的裂缝称为横向裂缝。

1) 成因与特征

横向裂缝产生的根本原因是沿坝轴线纵剖面方向相邻坝段的坝高不同或坝基的覆盖厚度不同,产生不均匀沉陷,当不均匀沉陷超过一定限度时,即出现裂缝。常见于坝端。一般接近铅直或稍有倾斜地伸入坝体内。缝深几米到十几米,上宽下窄,缝口宽几毫米到十几厘米,偶而可见更深、更宽的裂缝。缝两侧可能错开几厘米甚至几十厘米。

横向裂缝对坝体危害极大,特别是贯穿心墙或斜墙,造成集中渗流通道的横向裂缝。

2) 常见部位

(1) 坝体沿坝轴线方向的不均匀沉陷。坝身与岸坡接头坝段、河床与台地的交接处、涵洞的上部等,均由于不均匀沉陷,极易产生横向裂缝,如图 1-56 所示。

(2) 坝基地质构造不同,施工开挖处理不当而产生横向裂缝。压缩性大(如湿陷性黄土)的坝段,或坝基岩盘起伏不平,局部隆起,而施工中又未加处理,则相邻两部位容易产生不均匀沉陷,而引起横向裂缝。

(3) 坝体与刚性建筑物接合处。坝体与刚性建筑物接合处往往会因为不均匀沉陷引起横向裂缝。坝体与溢洪道导墙连接的坝段就属于这种情况。

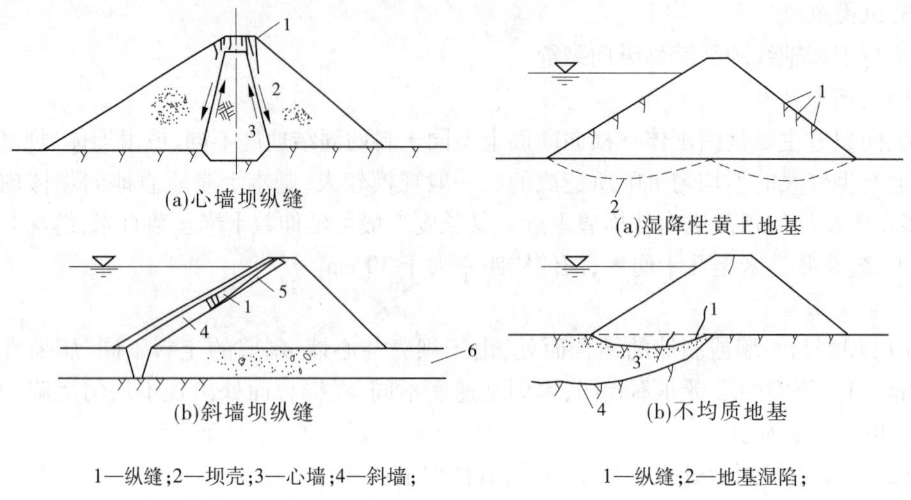

1—纵缝;2—坝壳;3—心墙;4—斜墙;
5—斜墙沉降;6—砂卵石覆盖层

图 1-53　坝壳与心墙或斜墙产生纵向裂缝示意图

1—纵缝;2—地基湿陷;

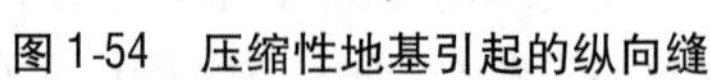
3—高压缩地基;4—岩基

图 1-54　压缩性地基引起的纵向缝

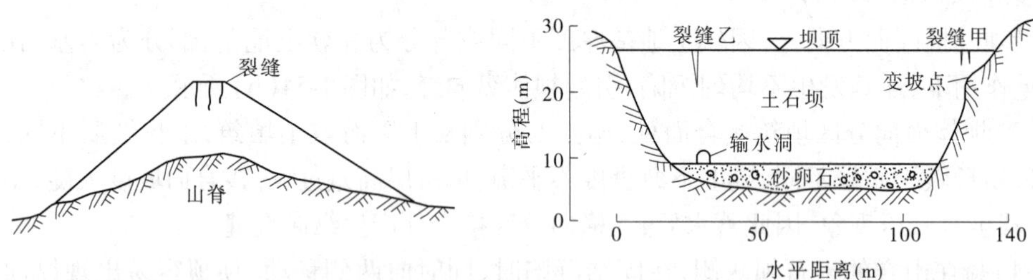

图 1-55　跨骑在山脊上的土石坝坝顶纵向裂缝

图 1-56　某水库横向裂缝示意图

(4)在埋设涵管的坝段,由于涵管上部与涵管两侧的坝体填土高度不同而有不均匀沉陷,因此在相应部位的坝顶处也有可能出现横向裂缝。

(5)坝体分段施工的接合部位处理不当。在土石坝合龙的龙口坝段、施工时土料上坝线路、集中卸料点及分段施工的接头等处往往由于接合面坡度较陡,各段坝体碾压密实度不同甚至漏压而引起不均匀沉陷,产生横向裂缝。

(二)内部裂缝

内部裂缝很难从坝面上发现,往往发展成集中渗流通道,造成了险情才被发觉,使维修工作处于被动,甚至无法补救,所以坝体内部裂缝危害性很大。

1. 水平裂缝

(1)薄心墙土石坝。由于心墙土料运用后期可压缩性比两侧坝壳大,若心墙与坝壳之间过渡层又不理想,则心墙沉陷受坝壳的约束产生了拱效应,拱效应使心墙中的垂直应力减小,甚至使垂直应力由压变拉而在心墙中产生水平裂缝,如图 1-57 所示。

(2)修建于狭窄山谷中的坝,在地基沉陷的过程中,上部坝体通过拱作用传递到两端,拱下部坝沉陷量较大,因而产生拉应力,坝体内产生裂缝,如图 1-58 所示。

2. 垂直裂缝

(1)修建在局部高压缩性地基上的土石坝,因坝基局部沉陷量大,使坝底部发生拉应

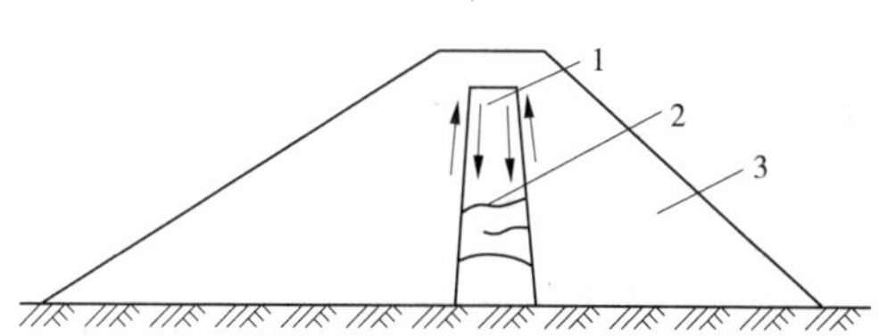

1—心墙;2—水平裂缝;3—坝壳

图 1-57　心墙内部水平裂缝

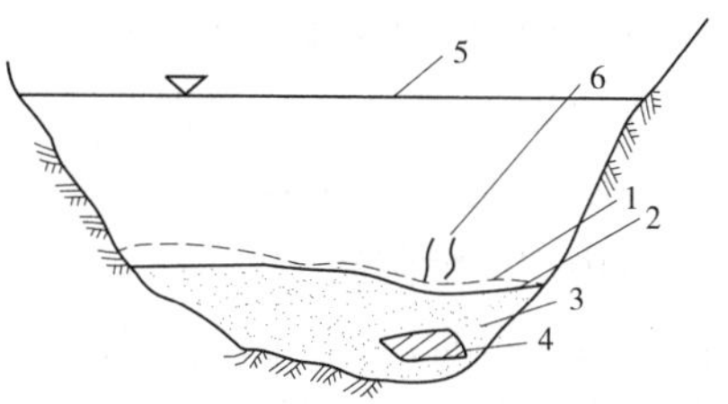

1—原坝底;2—沉降后坝底;3—细砂;
4—高压缩性土;5—坝顶;6—裂缝

图 1-58　高压缩地基内部裂缝

变过大而产生横向或纵向的内部裂缝,如图 1-59 所示。

(2)坝体和刚性建筑物相邻部位。因刚性建筑物比周围的河床冲积层或坝体填土的压缩性小得多,从而使坝体和刚性建筑物相邻部位因不均匀沉陷而产生内部裂缝,如图 1-60所示。

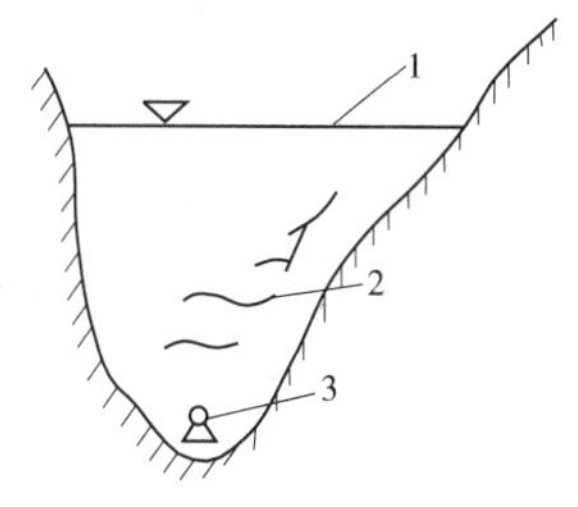

1—坝顶;2—裂缝;3—放水管

图 1-59　窄深峡谷土石坝内部裂缝示意图

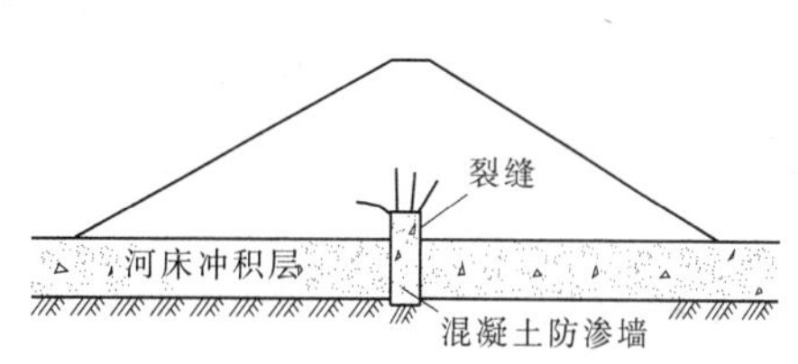

图 1-60　刚性截水引起内部裂缝

对于内部裂缝,可根据坝体表面和内部的沉陷资料,结合地形、地质、坝型和施工质量等条件进行分析,做出正确判断。必要时,还可以钻孔,挖探槽或探井进行检查,进一步证实。对于没有观测设备的中小型水库土石坝,主要依靠加强管理,通过蓄水后对渗流量与渗水浑浊度的观测来发现坝体的异常现象。

三、裂缝的判断

前文所述及的土石坝裂缝,主要是干缩、冻融裂缝,纵、横裂缝及内部裂缝,在实际工程中,对于这些裂缝可根据各自的特点加以判断,但需注意纵向裂缝和滑坡裂缝的区别,另外需注意判断分析内部裂缝,只有判断准确,才能正确拟订方案,采取有效的处理措施。

(一)滑坡裂缝与纵向裂缝的区别

(1)纵向沉陷缝一般接近于直线,垂直向下延伸;而滑坡裂缝一般呈弧形,向坝脚延伸。

(2)纵向沉陷缝发展过程缓慢,随土体固结到一定程度而停止,而滑坡裂缝初期较慢,当滑坡体失稳后突然加快,如图 1-61 所示。

(3)纵向沉陷缝,缝宽为几毫米至几十毫米,错距不超过 30 cm,而滑坡裂缝的宽度可达 1 m 以上,错距可达数米。

(4)滑坡裂缝发展到后期,在相应部位的坝面或坝基上有带状或椭圆形隆起,而沉陷缝不明显。

(二)内部裂缝判断

内部裂缝判断,具体可结合坝体坝基情况从以下各方面进行分析判断,如有以下其中之一者,可能产生内部裂缝:

(1)当库水位升高到某一高程时,在无外界影响的情况下,渗漏量突然加大。

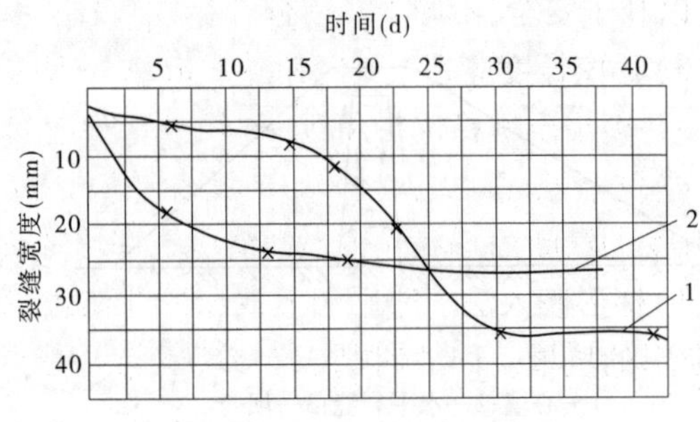

1—滑坡裂缝;2—沉陷裂缝

图1-61　两种裂缝发展过程线

(2)当实测沉陷量远小于设计沉陷量,而又没有其他影响因素时,应结合地形、地质、坝型和施工质量等进行分析判断。

(3)某坝段沉陷量、位移量比较大。

(4)单位坝高的沉陷量和相邻坝段悬殊很大。

(5)个别测压管水位比同断面的其他测压管水位低很多,浸润线呈现反常情况;或做注水试验,其渗透系数远超过坝体其他部位;或当水库水位升到某一数值时,测压管水位突然升高。

(6)钻探时孔口无回水,或者有掉钻现象。

(7)用电法探测裂缝。

四、裂缝的处理

裂缝处理前,首先应根据观测资料、裂缝特征和部位,结合现场探测结果,分析裂缝类型、产生原因,然后按照不同情况,采取针对性措施,适时进行加固和处理。

各种裂缝对土石坝都有不同的影响,危害最大的是贯穿坝体的横向裂缝、内部裂缝及滑坡裂缝,一旦发现,应认真监视,及时处理。对缝深小于0.5 m、缝宽小于0.5 mm的表面干缩裂缝,或缝深不大于1 m的纵向裂缝,也可不予处理,但要封闭缝口;有些正在发展中的、暂时不致发生险情的裂缝,可观测一段时间,待裂缝趋于稳定后再进行处理,但要做临时防护措施,防止雨水及冰冻影响。

非滑坡性裂缝处理方法主要有开挖回填法、灌浆法和两者相结合三种方法。

(一)开挖回填法

开挖回填法是处理裂缝比较彻底的方法,适用于处理深度不超过3 m的裂缝,或允许放空水库进行修补加固防渗部位的裂缝。

1.裂缝开挖

裂缝开挖中应注意的事项如下:

(1)开挖前应向裂缝内灌入较稀的石灰水,使开挖沿石灰痕迹进行,以利掌握开挖边界。

(2)对于较深坑槽应挖成阶梯形,以便出土和安全施工。挖出的土料不要大量堆积

坑边,以利于安全,不同土料应分开存放,以便使用。

(3)开挖长度应超过裂缝两端1 m以外,开挖深度应超过裂缝0.5 m,开挖边坡以不致坍塌并满足土壤稳定性及新、旧填土接合的要求为原则,槽底宽至少0.5 m。

(4)坑槽挖好后,应保护坑口,避免雨淋、干裂、冰冻、进水,造成塌垮。

开挖的横断面形状应根据裂缝所在部位及特点的不同而不同,具体有以下几种:

(1)梯形楔入法。适用于不太深的非防渗部位裂缝。开挖时采用梯形断面,或开挖成台阶形的坑槽。回填时削去台阶,保持梯形断面,便于新老土料紧密接合,如图1-62所示。

(2)梯形加盖法。适用于裂缝不太深的防渗部位及均质坝迎水坡的裂缝。其开挖情形基本与"梯形楔入法"相同,只是上部因防渗的需要,适当扩大开挖范围,如图1-63所示。

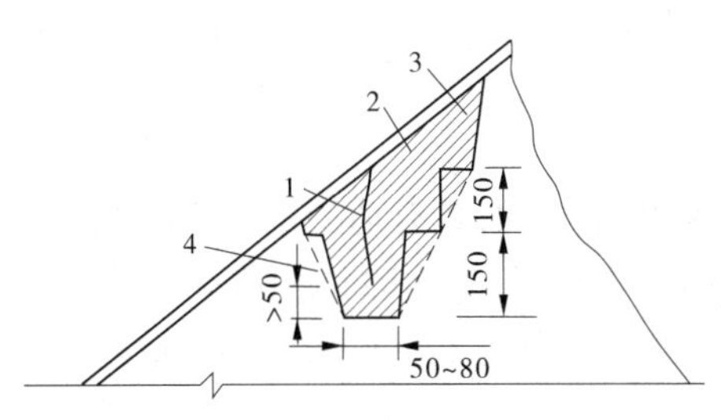

1—裂缝;2—回填土;3—开挖线;4—回填线

图1-62　梯形锲入法　(单位:cm)

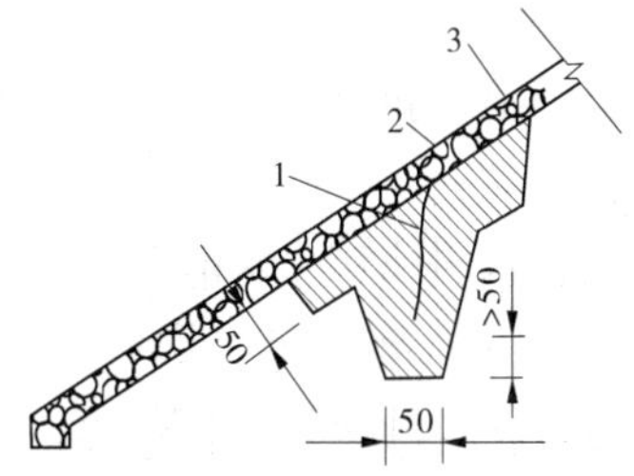

1—裂缝;2—回填土;3—块石护坡

图1-63　梯形加盖法　(单位:cm)

(3)梯形十字法。适用于处理坝体和坝端的横向裂缝,开挖时除沿缝开挖直槽外,在垂直裂缝方向每隔一定距离(2～4 m)加挖结合槽组成"十"字,为了施工安全,可在上游做挡水围堰,如图1-64所示。

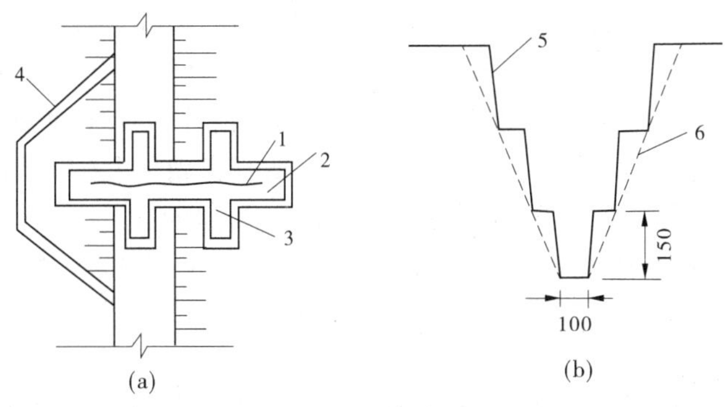

1—裂缝;2—坑槽;3—结合槽;4—挡水围堰;5—开挖线;6—回填线

图1-64　梯形十字法　(单位:cm)

2. 土料回填

土料回填过程中应注意事项如下:

(1)回填前应检查坑槽周围的含水量,如偏干则应将表面洒水湿润;如土体过湿或冰冻,应清除后再回填。

(2)回填时,应将坑槽的阶梯逐层削成斜坡,并将结合面刨毛、洒水,要特别注意边脚处的夯实质量。

(3)回填土料应根据坝体土料和裂缝性质选用,并做物理力学性质试验。对沉陷裂缝应选用塑性较大的土料,控制含水量大于最优含水量1%～2%;对于滑坡、干缩和冰冻裂缝的回填土料的含水量,应低于或等于最优含水量1%～2%。回填土料的干容重,应稍大于原坝体的干容重。对坝体挖出的土料,亦须经试验鉴定合格后才能使用。对于较小裂缝,可用和原坝体相同的土料回填。

(4)回填的土料应分层夯实,层厚以10～15 cm为宜,压实厚度为填土厚度的2/3,夯实工具按工作面大小选用,可采用人工夯实或机械碾压。

(二)灌浆法

对于采用开挖回填法有困难,或危及坝坡稳定,或工程量较大的深层非滑动裂缝和内部裂缝,可采用灌浆处理法。试验证明,合适的浆液对坝体中的裂缝、孔隙或洞穴均有良好的充填作用,同时在灌浆压力作用下对坝内土体有压密作用,使缝隙被压密或闭合。

1.灌浆浆液

一般可采用纯黏土浆液。泥浆要求有足够的流动性;具有适当的凝固时间,在灌注过程中不凝固堵塞,灌注后又能较快凝固并有一定的强度;凝固时体积收缩量小,析出水分少,能与缝壁的土体胶结牢固。适宜的制浆土料以粉质黏土与重粉质壤土比较合适,黏粒含量为20%～30%,砂粒在10%以下,其余为粉粒。

当灌注位置处于浸润线以下,或对坝体内含有大量的砂、砾料渗透较严重的部位,宜采用黏土水泥混合浆液,以加速凝固,提高早期强度,避免浆液被渗流带走并可减少浆液凝固后的体积收缩。水泥掺量为土料重的10%～30%。水泥掺量过大,则浆液凝固后不能适应土石坝变形而产生裂缝。

2.孔位布置及造孔

对于土石坝表层可见的裂缝,孔位一般布置在裂缝的两端、转弯处、缝宽突然变化处及裂缝密集处。但应注意灌浆孔与导渗设施或观测设备之间应有足够的距离,一般不应小于3 m,以防止因串浆而影响其正常工作。对于坝体内部的裂缝,布孔时应根据内部裂缝的分布范围、灌浆压力和坝体结构综合考虑。一般宜在坝顶上游侧布置1～2排,孔距由疏到密,最终孔距以1～3 m为宜,孔深应超过缝深1～2 m。

坝体灌浆的钻孔,一般要求用干钻以保护坝体,钻孔直径可为75～110 mm,堤防钻孔,一般孔径为16～60 mm。钻孔过程中要注意做好取样试验,并详细记录土质及松散程度等资料。

土石坝灌浆技术虽问世不长,但发展极为迅速,近年来已普遍用于土质堤坝除险加固、处理土质堤坝的裂缝和渗漏。并在实践中总结出"粉黏结合"的浆料选择,"先稀后浓"的浆液浓度变换,"先疏后密"的孔序布置,"有限控制"的灌浆压力,"少灌多复"的灌浆次数等先进技术和经验。

【案例】 山东省西庄坝为宽心墙坝,高18 m,坝顶长150 m。因施工质量差,1975年建成第一年蓄水后,坝体先后发生纵向裂缝、横向裂缝数条,一般缝宽5～20 m,并严重渗漏。当水库在正常水位时,外坡浸润线逸出点在坝顶以下7 m处,多处集中渗漏,漏水量

由 15 L/s 逐渐增加到 150 L/s。当时边放水,边在上游坡填土临时堵住漏水通道进口,随即进行灌浆处理。共沿主要纵向裂缝钻孔 14 个,孔距 5 m。灌泥浆 365.5 m^3,折合干土 300 t。通过处理,加固了坝体,提高了防渗能力,浸润线大大降低,当年就蓄水溢洪。经过十几年蓄水考验,未经发现裂缝,处理效果良好。

(三)开挖回填与灌浆结合法

开挖回填与灌浆结合法适用于自表层延伸到坝体深处的裂缝,或当库水位较高、不易全部开挖回填的部位,或全部开挖回填有困难的裂缝。

施工时对上部采用开挖回填,下部采用灌浆处理,即先沿裂缝开挖至一定深度(一般 2～4 m)即进行回填,在回填时预埋灌浆管,回填完毕,采用黏土灌浆,进行坝体下部裂缝灌浆处理。例如某水库土石坝裂缝采用此法处理,沿裂缝开挖深 4 m、底宽 1 m 的大槽。再沿缝口挖一小槽,深、宽各 15～20 cm。在小槽内预埋周围开孔的铁管,两端接钢(铁)管伸至原土面以上。然后在槽内回填黏性土,并分层压密夯实。然后用往复式泥浆泵由一端铁管灌浆。另一端的铁管作为排气、回浆之用,如图 1-65 所示。浆液为黄土水泥浆,黄土中 0.05～0.005 mm 粉粒含量为 67%,小于 0.005 mm 黏粒含量为 15%,灌浆压力控制在 300 kPa 以下,效果很好。

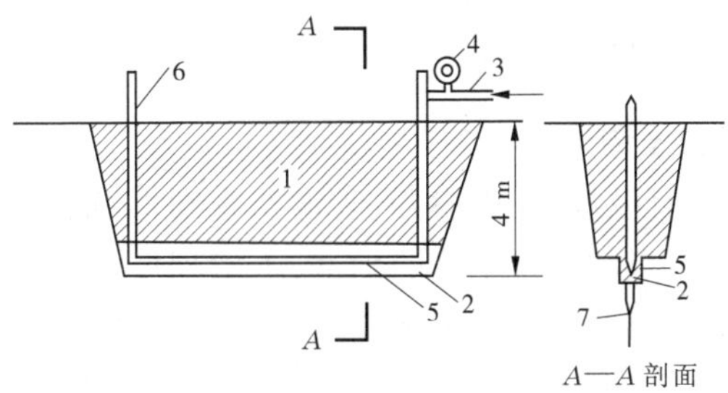

1—开挖后回填土;2—小槽;3—进浆管;4—压力表;5—花管;6—排水孔;7—裂缝

图 1-65　灌浆管埋设方法示意图

子任务三　土石坝的渗漏处理

由于土石坝属于散粒体结构,在坝身土料颗粒之间,仍然存在着较大的孔隙,再加之土石坝对地基地质条件的要求相对较低,在土基或较差的岩基上均可筑坝。因此,水库蓄水后,在水压力的作用下,渗漏现象是不可避免的。渗漏通常分正常渗漏和异常渗漏。如渗漏从原有导渗排水设施排出,其出逸坡降在允许值内,不引起土体发生渗透破坏的则称为正常渗漏;相反,引起土体渗透破坏的称为异常渗漏。异常渗漏往往渗流量较大,水质浑浊,而正常渗漏的渗流量较小,水质清澈,不含土壤颗粒。

一、土石坝渗漏的途径及其危害性

土石坝渗漏除沿地基中的断层破碎带或岩溶地层向下渗漏外,一般均沿坝身土料、坝基土体或绕过坝端渗向下游,即所谓的坝身渗漏、坝基渗漏及绕坝渗漏。这些渗漏过大时将造成以下危害。

(一)损失蓄水量

一般正常的渗漏所损失水量与水库蓄水量相比,其值很小。若对坝基的工程地质和水文地质条件重视不够,未作必要的调查研究,更未作防渗处理,则蓄水后会造成大量渗漏,甚至无法蓄水。

(二)抬高浸润线

严重的坝身渗漏、坝基渗漏或绕坝渗漏,常会导致土石坝坝身浸润线抬高,使下游坝坡出现散浸现象,降低坝体的抗剪强度,甚至造成坝体滑坡。

(三)渗透破坏

渗流通过坝身或坝基时,若渗流的渗透坡降大于临界坡降,将使土体发生管涌或流土等渗透变形,甚至产生集中渗漏,导致土石坝失事。显然,对于土石坝的异常渗漏,一经发现,必须立即查清原因,及时采取妥善的处理措施,有效防止事故扩大。土石坝渗漏处理的具体原则为"上堵下排"。"上堵"即在上游坝身或地基采取措施,堵截渗漏途径,防止入渗,或延长渗径,降低渗透坡降,减少渗透流量;"下排"即在下游做好反滤和导渗设施,将坝内渗水尽可能安全地排出坝外,以达到渗透稳定,保证工程安全运用的目的。

二、坝身渗漏的原因及处理方法

(一)坝身渗漏的形式及原因

坝身渗漏的常见形式有散浸、集中渗漏、管涌及管涌塌坑、斜墙或心墙被击穿等。坝体浸润线抬高,渗漏的逸出点超过排水体的顶部,下游坝坡呈大片湿润状态的现象,称为散浸。而当下游坝坡、地基或两岸山包出现成股水流涌出的现象,则称集中渗漏。坝体中的集中渗漏,逐渐带走坝体中的土粒,自然形成管涌。若没有反滤保护(或反滤设计不当),渗流将把土粒带走,淘成孔穴,逐渐形成塌坑。当集中渗流发生在防渗体(斜墙和心墙)内,亦会使土料随渗流带出,即所谓的心墙(斜墙)击穿。

造成坝身渗漏的主要原因有以下几个方面:

(1)坝身尺寸单薄,特别是塑性斜墙或心墙厚度不够,使渗流水力坡降过大,造成斜墙或心墙被渗流击穿而引起坝体渗漏。

(2)排水体在施工时未按设计要求选用反滤料或铺设的反滤料层间混乱,甚至被削坡的弃土或者因下游洪水倒灌带来的泥沙堵塞等原因,造成坝后排水体失效,而引起浸润线抬高。也有因排水体设计断面太小,排水体顶部不够高,导致渗水从排水体上部逸出坝坡。

(3)坝体施工质量差,如土料含砂砾太多,透水性过大,或者在分层填筑时已压实的土层表面未经刨毛处理,致使上下土层接合不良;或铺土层过厚,碾压不实;或分区填筑的接合部少压或漏压等,施工过程中在坝体内形成薄弱夹层和漏水通道,从而造成渗水从下游坡逸出,形成散浸或集中渗漏。

(4)坝体不均匀沉陷引起横向裂缝;或坝体与两岸接合不好而形成渗漏途径;或坝下压力涵管断裂,在渗流的作用下,发展成管涌或集中渗漏的通道。

(5)管理工作中,对白蚁、獾、鼠等动物在坝体内的孔穴未能及时发现并进行处理,以

致发展成为集中渗漏通道。

(6)冬季施工中，填土碾压前冻土层没有彻底处理，或把大量冻土填入坝内，形成软弱夹层，发展成坝体渗漏的通道。

(二)坝身渗漏的处理方法

坝身渗漏的处理，应按照"上堵下排"的原则，针对渗漏的原因，结合具体情况，采取以下不同的处理措施。

1. 斜墙法

斜墙法即在上游坝坡补做或加固原有防渗斜墙，堵截渗流，防止坝身渗漏。此法适用于大坝施工质量差，造成了严重管涌、管涌塌坑、斜墙被击穿、浸润线及其逸出点抬高、坝身普遍漏水等情况。具体按照所用材料的不同，分为黏土斜墙、沥青混凝土斜墙及土工膜防渗斜墙。

1)黏土防渗斜墙

修筑黏土斜墙时，一般应放空水库，揭开护坡，铲去表土，再挖松 10 ~ 15 cm，并清除坝身含水量过大的土体，然后填筑与原斜墙相同的黏土，分层夯实，使新旧土层接合良好。斜墙底部应修筑截水槽，深入坝基至相对不透水层。对黏土防渗斜墙的具体要求为：①所用土料的渗透系数应为坝身土料渗透系数的 1% 以下；②斜墙顶部厚度(垂直于斜墙坡面)应不小于 0.5 ~ 1.0 m，底部厚度应根据土料容许水力坡降而定，一般不得小于作用水头的 1/10，最小不得少于 2 m；③斜墙上游面应铺设保护层，用砂砾或非黏性土料自坝底铺到坝顶。厚度应大于当地冰冻层深度，一般为 1.5 ~ 2.0 m。下游面通常按反滤要求铺设反滤层。

如果坝身渗漏不太严重，且主要是施工质量较差引起的，则不必另做新斜墙，只需降低水位，使渗漏部分全部露出水面，将原坝上游土料翻筑夯实即可。

当水库不能放空，无法补做新斜墙时，可采用水中抛土法处理，即用船载运黏土至漏水处，从水面均匀抛下，使黏土自由沉积在上游坝坡，从而堵塞渗漏孔道，不过效果没有填筑斜墙好。

对于坝体上游坡形成塌坑或漏水喇叭口，而其他坝段质量尚好的情况下，可用黏土铺盖进行局部处理，注意在漏水口处预埋灌浆管，最后采用压力灌浆充填漏水孔道，如图 1-66所示。

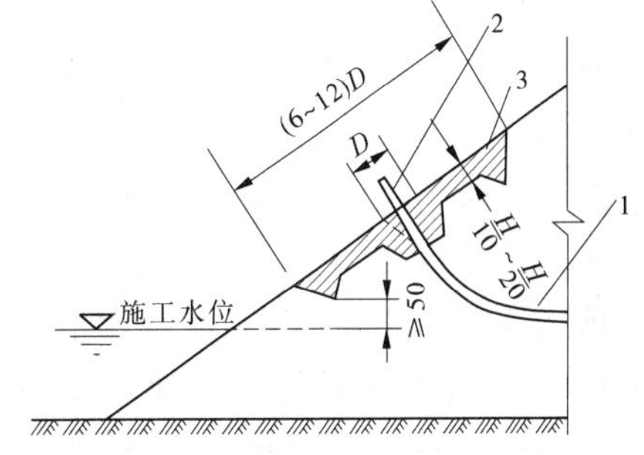

D—漏水喇叭口直径；H—设计水头；
1—漏水通道；2—预埋灌浆管；3—黏土铺盖(夯实)

图 1-66　漏水喇叭口处理示意图　(单位：cm)

2)沥青混凝土斜墙

在缺乏合适的黏土土料，而有一定数量的合适沥青材料时，可在上游坝坡加筑沥青混凝土斜墙。沥青混凝土几乎不透水，同时能适应坝体变形，不致开裂，抗震性能好，工程量小(因其厚度为黏土斜墙厚度的 1/40 ~ 1/20)，投资省，工期短。我国在修筑沥青混凝土斜墙方面已积累了相当丰富的经验，故近年来，用沥青混凝土做斜墙处理坝身渗漏已受到广泛的重视。

3)土工膜防渗斜墙

土工膜的基本原料是橡胶、沥青和塑料。当对土工膜有强度要求时,可将抗拉强度较高的绵纶布、尼龙布等作为加筋材料,与土工膜热压形成复合土工膜,成品土工膜的厚度一般为0.5~3.0 mm,它具有质量轻、运输量小、铺设方便的特点,而且具有柔性好,适应坝体变形,耐腐蚀,不怕鼠、獾、白蚁破坏等优点。土工膜防渗墙与其他材料防渗斜墙相比,其施工简便,设备少,易于操作,节省造价,而且施工质量容易保证。

土工膜与坝基、岸坡、涵洞的连接以及土工膜本身的接缝处理是整体防渗效果的关键,沿迎水坡坝面与坝基、岸坡接触边线开挖梯形沟槽,然后埋入土工膜,用黏土回填;土工膜与坝内输水涵管连接,可在涵管与土石坝迎水坡相接段增加一个混凝土截水环,由于迎水坡面倾斜,可将土工膜用沥青粘在斜面上,然后回填保护层土料;土工膜本身的连接方式常有搭接、焊接、黏结等,其中焊接和黏结的防渗效果较好。

近年来,土工膜材料品种不断更新,应用领域逐渐扩大,施工工艺亦越来越先进,已从低坝向高坝发展。

【案例】 北京密云县放马峪水库库容46万m^3,大坝于1965年修建,为黏土心墙坝,以后于1969年和1979年两次扩建加高,加高部分的防渗体为黏土斜墙,总坝高13.5 m。1973年,水库蓄水后大坝在靠近左坝端高程208 m附近发生塌坑5处,最大塌坑长5 m、宽3 m、深1.2 m。1974年,将塌坑开挖回填重新填筑斜墙,放缓坝坡。1982年7月,在上游坝坡原塌坑附近又出现长9 m、宽5 m、深1.5 m的塌坑,并在下游坡脚处向外冒浑水,水库出现险情。经开挖检查,发现塌坑的原因是:1969年大坝加高扩建时,大坝防渗体在黏土心墙和斜墙相连接处黏土厚度不够,仅0.54~0.8 m;同时,黏土直接铺设在老坝体下游坡碎石碴上,黏土与石碴之间无反滤层,在渗漏作用下土粒通过石碴流失而造成塌坑。大坝进行加固处理时曾考虑在上游坡大开挖,重新铺筑黏土斜墙和反滤层,但因工程量太大,受投资和施工时间限制而未能采用。最后决定采用土工薄膜防渗的处理方案,在现有坝坡上将砂壳拆除,露出黏土面,在黏土层上铺设三层厚0.1 mm的聚乙烯薄膜;膜上铺20 mm厚的砂,再铺垫层和干砌石,铺膜范围从206 m直到坝顶,水库治理后下游无渗水现象,而当年收益。

2.充填式灌浆法

充填式灌浆法的主要优点是水库不需要放空,可在正常运用条件下施工,工程量小,设备简单,技术要求不复杂,造价低,易于就地取材。充填式灌浆法适用于均质土石坝,或者是心墙坝中较深的裂缝处理。具体方法与裂缝灌浆法相同。

【案例】 某均质坝,坝高37 m,因坝体压实质量差而造成渗漏,经研究分析,采用坝体灌浆处理。灌纯黏土浆,灌浆孔一排,孔距2 m,采用分段灌注,每段5 m。第一段灌浆压力为70~100 kPa,以后深度每增加1 m,压力提高10 kPa,但控制最高压力不超过300 kPa,灌浆期间水库最大水头为27.5 m。经过处理后渗流量减少73%~86%,坝体浸润线也明显下降。某土石坝灌浆前、后侵润线如图1-67所示。

3.防渗墙法

防渗墙法即用一定的机具,按照相应的方式造孔,然后在孔内填筑具体的防渗材料,最后在地基或坝体内形成一道防渗体,以达到防渗的目的。具体包括混凝土防渗墙、黏土

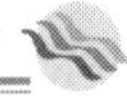

防渗墙两种。

(1)混凝土防渗墙。一般是用专门的造孔机械(如冲击钻或振动钻)在坝身打孔,直径为0.5~1.0 m,将若干圆孔连成槽型,用泥浆固壁,然后在槽孔内浇筑混凝土,形成一道整体混凝土防渗墙。这种防渗墙可以适应各种不同材料的坝体和复杂的地基。与其他防渗措施相比,具有施工进度快、节省材料、防渗效果好等优点。

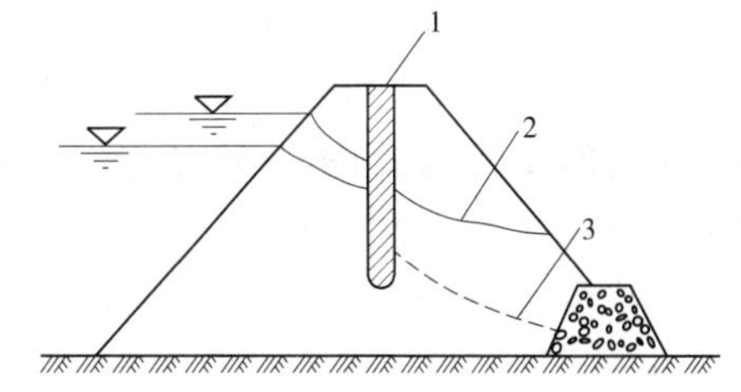

1—灌浆帷幕;2—灌浆前实测侵润线;3—灌浆后实测侵润线

图1-67　某土石坝灌浆前、后侵润线

(2)黏土防渗墙。利用冲抓式打井机具,在土石坝或堤防渗漏范围的防渗体中造孔,用黏性土料分层回填夯实,形成一个连续的黏土防渗墙。同时,在回填夯击时,对井壁土层挤压,使其井孔周围土体密实,提高坝体质量,从而达到防渗加固的目的。此项技术由浙江省温岭县在处理险坝中首创,近年来已不断得到完善和发展,并逐步推广应用。

【案例】　浙江省温岭县太湖水库大坝为黏土心墙砂壳坝,最大坝高24 m,坝顶长633 m,坝体填筑质量很差,漏水比较严重,1977年全坝采用冲抓套井黏土回填防渗。处理后,经过1981年8月最高洪水位15.54 m和1982年11~12月持续25 d水库水位超过14 m的考验,原漏水部位未发现渗水,处理效果较好,如图1-68所示。

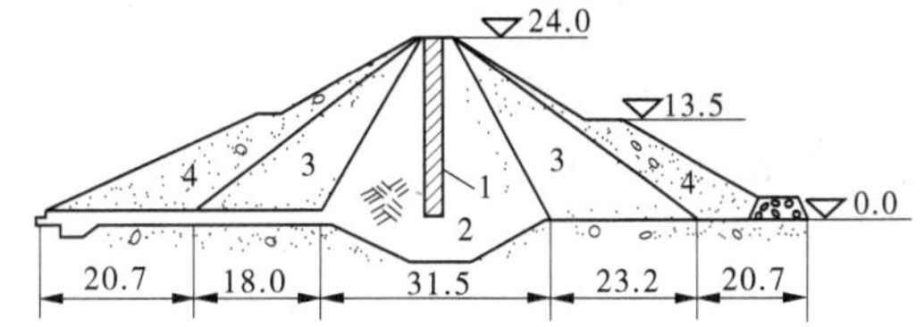

1—黏土防渗墙;2—黏土心墙;3—沙壤土;4—砂砾石

图1-68　温岭县太湖水库黏土防渗墙示意图　(单位:m)

实践证明,黏土防渗墙法具有机械设备简单、施工方便、工艺易掌握、工程量小、工效高、造价低、防渗效果好等优点。需注意的是,此法仅适用于坝体渗漏处理,孔深一般不超过25 m,过深易发生偏斜。

4.劈裂灌浆法

所谓劈裂灌浆法,就是应用河槽段坝轴线附近的小主应力面一般平行于坝轴线的铅垂面的规律,沿坝轴线单排布置相距较远的灌浆孔,利用泥浆压力,沿坝轴线劈开坝体并充填泥浆,从而形成连续的浆体防渗帷幕。

劈裂灌浆具有效果好、投资省、设备简单等优点,多采用全孔灌注法。全孔灌注法分孔口注浆和孔底注浆两种。实践证明,孔底注浆法在施加较大压力和灌入较多浆料的情况下,外部变形缓慢,容易控制,能基本实现“内劈外不劈”。

对于均质坝及宽心墙坝,当坝体比较松散,渗漏、裂缝众多或很深,开挖回填困难时,可选用劈裂灌浆法处理。

5.导渗法

导渗法主要针对已经进入坝体的渗水,通过改善和加强坝体排渗能力,使渗水在不致引起渗透破坏的条件下,安全通畅地排出坝外。按具体不同情况,可采用以下几种形式:

(1)导渗沟法。当坝体散浸不严重,不致引起坝坡失稳时,可在下游坝坡上采用导渗法处理。导渗沟在平面上可布置成垂直于坝轴线的沟或人字形沟(一般45°角),也可布置成两者结合的Y形沟,如图1-69所示。三种形式相比,渗漏不十分严重的坝体,常用I形导渗沟;当坝坡、岸坡散浸面积分布较广,且逸出点较高时,可采有Y形导渗沟;而对于散浸相对较严重,且面积较大的坝坡及岸坡,则需用W形导渗沟。

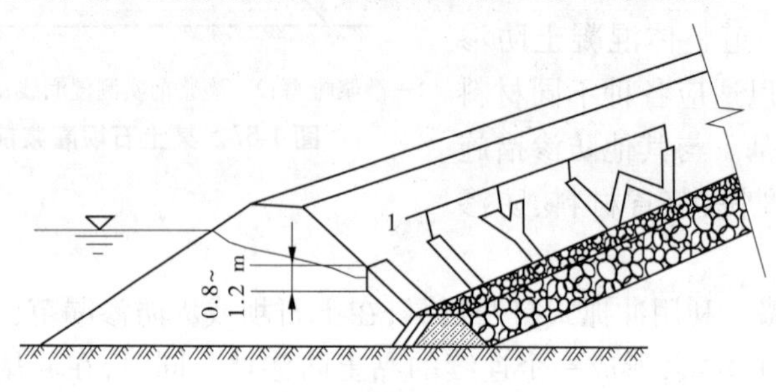

1—导渗沟

图1-69 导渗平面形状示意图

几种导渗沟的具体做法和要求为:①导渗沟一般深0.8~1.2 m、宽0.5~1.0 m,沟内按反滤层要求填砂、卵石、碎石或片石。②导渗沟的间距可视渗漏的严重程度,以能保持坝坡干燥为准,一般为3~10 m。③严格控制滤料质量,不得含有泥土或杂质,不同粒径的滤料要严格分层填筑,其细部构造和滤料分层填筑的步骤如图1-70所示。④为避免造成坝坡崩塌,不应采用平行于坝轴线的纵向或类似纵向(如口形、T形等)导渗沟。⑤为使坝坡保持整齐美观,免受冲刷,导渗沟可做成暗沟。

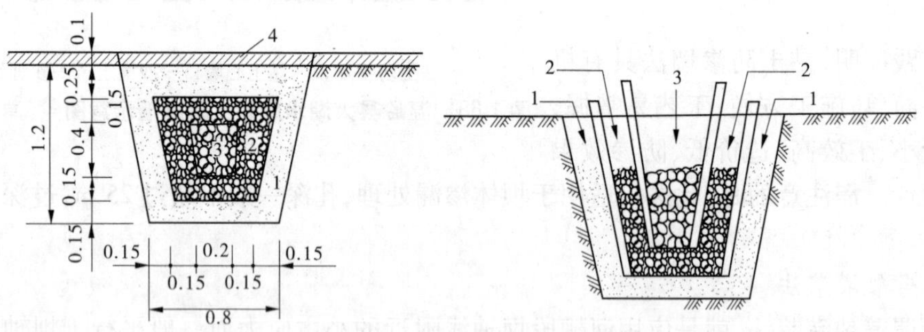

1—砂;2—卵石或碎石;3—片石;4—护坡

图1-70 导渗沟构造图 (单位:m)

(2)导渗砂槽法。对局部浸润线逸出点较高和坝坡渗漏较严重,而坝坡又较缓,且具有褥垫式滤水设施的坝段,可用导渗砂槽处理。它具有较好的导渗性能,对降低坝体浸润线效果亦比较明显。其形状如图1-71所示。

(3)导渗培厚法。当坝体散浸严重,出现大面积渗漏,渗水又在排水设施以上出逸,坝身单薄,坝坡较陡,且要求在处理坝面渗水的同时增加下游坝坡稳定性时,可采用导渗培厚法。

导渗培厚即在下游坝坡贴一层砂壳,再培厚坝身断面,如图1-72所示。这样,一可导渗排水,二可增加坝坡稳定。不过,需要注意新、老排水设施的连接,确保排水设备有效和

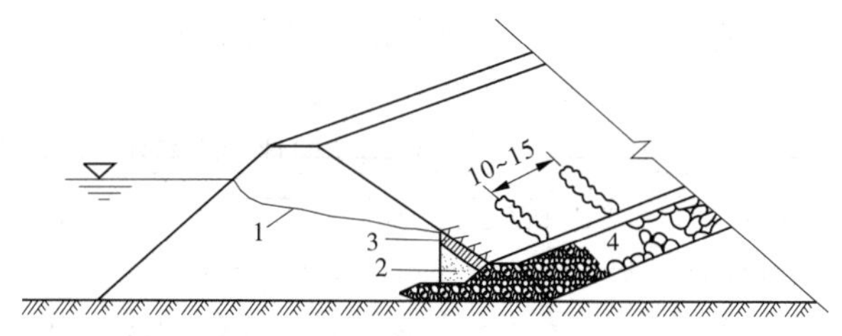

1—浸润线;2—砂;3—回填土;4—滤水体

图1-71　导渗砂槽示意图　(单位:m)

畅通,达到导渗培厚的目的。

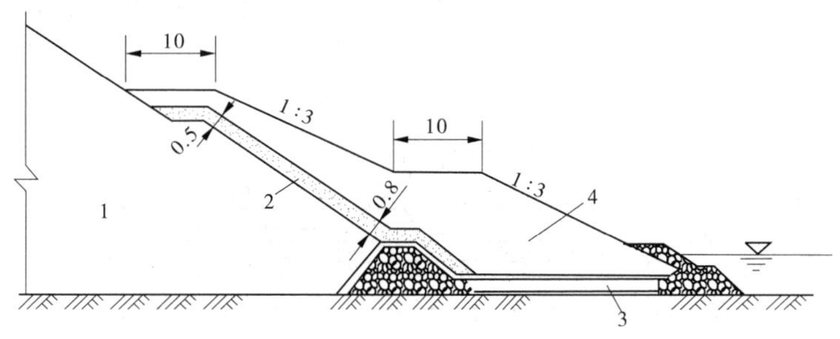

1—原坝体;2—砂壳;3—排水设施;4—培厚坝体

图1-72　导渗培厚法示意图　(单位:m)

三、坝基渗漏的原因及处理方法

(一)坝基渗漏的现象及原因

坝基渗漏是通过坝基透水层从坝脚或坝脚以外覆盖层薄弱的部位逸出的现象。不同类型坝基渗漏造成的破坏现象也略有不同,主要可归纳为如下三类。

(1)单层结构坝基。坝基为渗透性大致相同的砂土或砂砾石层。当防渗措施不良,使渗流出逸坡降超过地基土的允许水力坡降而发生破坏时,下游坝脚地基表面将出现翻水带砂现象。开始时,水流带出的砂粒沉积在附近,逐渐形成砂环,随着时间的推移,砂环越来越大。当砂环发展到一定程度就不再增大,因砂子被较大的渗流带走而不能沉积下来,这种现象若不及时处理,就将很快发展为集中渗流的通道,危及坝的安全。

(2)双层结构坝基。坝基土层为不透水或弱透水层,下层为强透水层或透水性递增的透水层。这种坝基往往因上层较薄,易被渗流击穿而造成下游涌水翻砂,渗流量增大的现象如图1-73所示。

具体随水头的变化,分为三个阶段:①水头较低时,下游局部出现泉眼,渗出清水,不加处理则不断发展。②当水头增加到一定程度,在渗透压力的作用下,若表层为黏性土,产生明显的隆起现象;表层为砂性土时,将有明显的松动现象;且此时有些泉眼被堵塞,有些则变为涌砂。③当水头继续增大,则表层被渗流彻底击穿,从而看到大量冒水翻砂现象。

(3)多层结构坝基。坝基透水层中间有连续的或不连续的黏性土夹层。这种坝基主

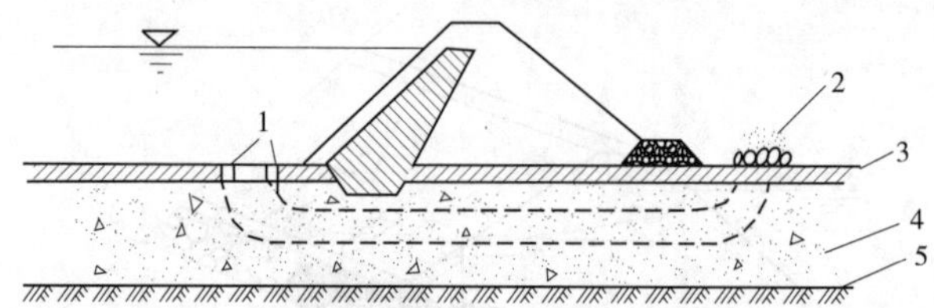

1—铺盖穿孔;2—涌水翻砂;3—弱透水层;4—强透水层;5—透水层

图1-73　双层结构坝基破坏现象

要是利用了不连续性黏土做隔水层而造成坝基渗漏。如果地基表层为均质砂层,则坝后渗透破坏亦表现为翻水带砂,具体过程同单层结构坝基。多层结构坝基渗漏破坏如图1-74所示。

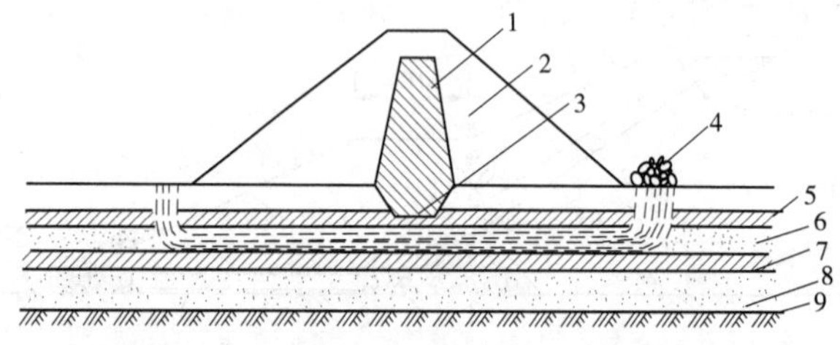

1—黏土心墙;2—坝壳;3—截水槽;4—涌砂;5—不连续夹层;

6—透水层;7—连续夹层;8—透水层;9—不透水层

图1-74　多层结构坝基渗漏破坏示意图

由上述可知,坝基渗漏的根本原因是坝址处的工程地质条件不良,而直接的原因还是存在于设计、施工和管理三个方面。

(1)设计方面。对坝址的地质勘探工作做得不够,没有详细弄清坝基情况,未能针对性地采取有效的防渗措施,或防渗设施尺寸不够。薄弱部位未做补强处理,给坝基渗漏留下隐患。

(2)施工方面。①对地基处理质量差,如岩基上部的冲积层或强风化层及破碎带未按设计要求彻底清理,垂直防渗设施未按要求做到新鲜基岩上。②施工管理不善,在库内任意挖坑取土,天然铺盖被破坏。③各种防渗设施未按设计要求严格施工,质量差。

(3)管理方面。①运用不当,库水位消落,坝前滩地部分黏土铺盖裸露暴晒开裂,或在铺盖上挖坑取土打桩等引起渗漏。②对导渗沟、减压井养护维修不善,出现问题未及时处理,而发生渗透破坏。③在坝后任意取土、修建鱼池等也可能引起坝基渗漏。

显然,合理的设计、严格的施工及正确的运用管理是防止坝基渗漏的重要因素。

(二)坝基渗漏的处理措施

坝基渗漏处理的原则仍可归纳为"上堵下排",即在上游采取水平防渗(如黏土铺盖)和垂直防渗(如截水槽、防渗墙等)两种措施,阻止或减少渗流通过坝基。在下游用导渗措施(如排水沟、减压井等)把已经进入坝基的渗流安全排走,不致引起渗透破坏。

下面分别介绍坝基渗漏常用的防渗、导渗措施。

1. 黏土截水槽

黏土截水槽,是在透水地基中沿坝轴线方向开挖一条槽形断面的沟槽,槽内填以黏土

夯实而成，是坝基防渗的可靠措施之一，如图 1-75 所示。

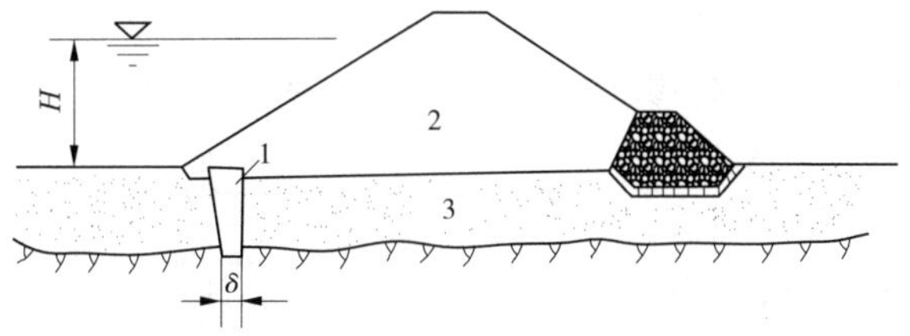

1—黏土截水槽；2—坝体；3—透水层

图 1-75　黏土截水槽

对于均质坝或斜墙坝，当不透水层埋置较浅（10 ~ 15 m 以内）、坝身质量较好时，应优先考虑这一方案。不过当不透水层埋置较深，而施工时又不便放空水库时，切忌采用，因施工排水困难，投资增大，不经济。对于均质坝和黏土斜墙坝，应注意使坝身或斜墙与截水槽的可靠连接，新挖截水槽与坝身或斜墙的连接如图 1-76 所示。

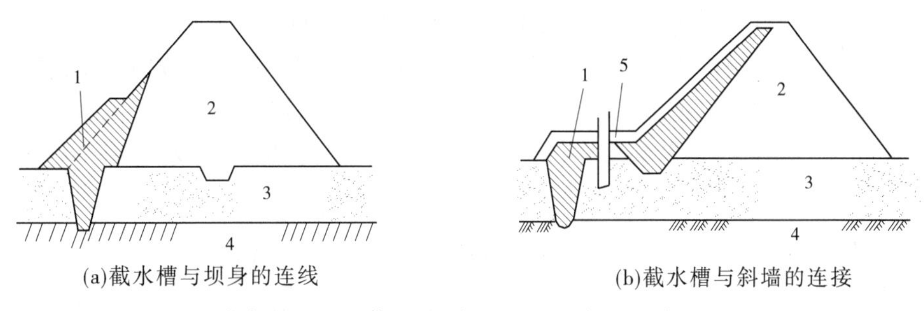

1—截水槽；2—原坝体；3—透水层；4—不透水层；5—保护层

图 1-76　新挖截水槽与坝身或斜墙的连接

2. 混凝土防渗墙

如果覆盖层较厚，地基透水层较深，修建黏土截水槽困难大，则可考虑采用混凝土防渗墙。其优点是不必放空水库，施工速度快，节省材料，防渗效果好。

混凝土防渗墙即在透水地基中用冲击钻造孔，钻孔连续套接，孔内浇注混凝土，形成的封闭防渗的墙体。其上部应插入坝内防渗体，下部和两侧应嵌入基岩，如图 1-77 所示。

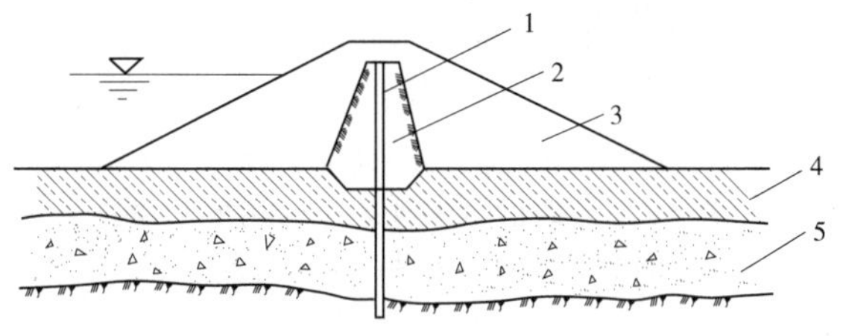

1—防渗墙；2—黏土心墙；3—坝壳；4—覆盖层；5—透水层

图 1-77　混凝土防渗墙的一般布置

3. 灌浆帷幕

所谓灌浆帷幕，是在透水地基中每隔一定距离用钻机钻孔（达基岩下 2 ~ 5 m），然后在钻孔中用一定压力把浆液压入坝基透水层中,使浆液填充地基土中孔隙,使之胶结成不透水的防渗帷幕,如图1-78所示。当坝基透水层厚度较大,修筑截水槽不经济;或透水层中有较大的漂石、孤石,修建防渗墙较困难时,可优先采用灌浆帷幕。另外,当坝基中局部地方进行防渗处理时,利用灌浆帷幕亦较灵活方便。灌注的浆液一般有黏土浆、水泥浆、水泥黏土浆、化学灌浆材料等。在砂砾石地基中,多采用水泥黏土浆,对于中砂、细砂和粉砂层,可酌情采用化学灌浆,但其造价较高。

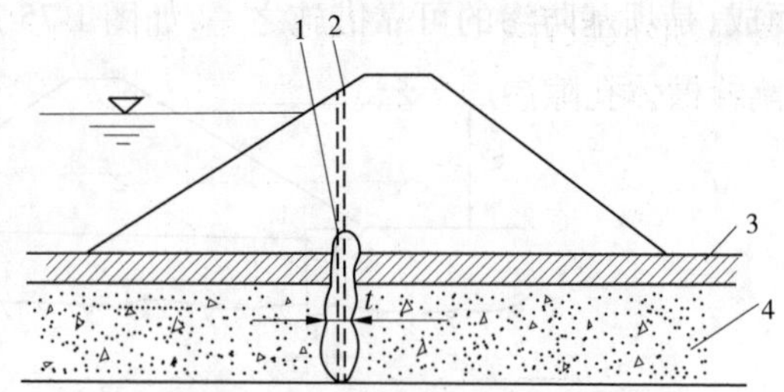

1—帷幕体;2—钻孔;3—覆盖层;4—透水层

图1-78　灌浆帷幕示意图

4. 砂浆板桩

砂浆板桩,就是用人力或机械把20~60号的工字钢打入坝基内,一组(7~10根)由打桩机在前面打,一组由拔桩机在后面拔,工字钢腹板上焊一条直径32 mm的灌浆管,在拔桩的同时开动泥浆泵,把水泥砂浆经灌浆管注入地基内,以充填工字钢拔出后所留下的孔隙。待工字钢全部拔出并灌浆后,整个坝基防渗砂浆板桩即告完成,如图1-79所示。

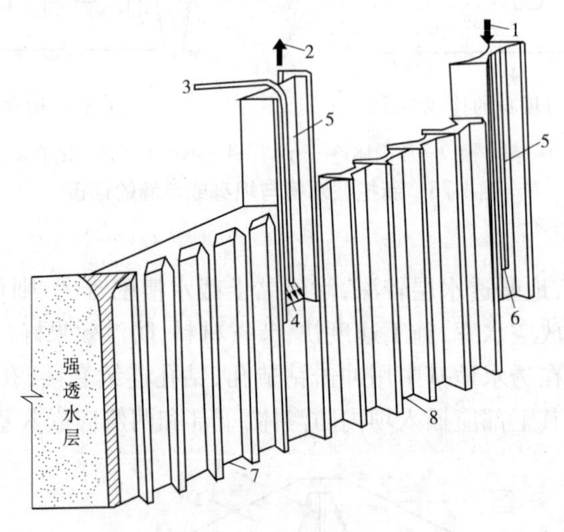

1—打桩;2—拔桩;3—接泥浆泵;4—灌注砂浆板柱;5—灌浆管;
6—栓塞;7—已灌注好的板桩;8—已打好的工字钢

图1-79　砂浆板柱施工示意图

砂浆板桩主要适用于粉砂、淤泥等软基渗漏处理,是一种简单、价廉的浅基防渗措施,一般处理深度不超过15 m。目前,国内最深的砂浆板桩为18 m,在河南省徐芽河水库坝基渗漏处理中采用过。

5. 高压定向喷射灌浆

高压定向喷射灌浆是采用高压射流冲击破坏被灌地层结构,使浆液与被灌地层的土

颗粒掺混，形成设计要求的凝结体。除沟槽掺搅形成凝结体外，浆液向沟槽两侧土水气射流切割缝槽体孔隙渗透形成凝结过渡层，也有着较强的防渗性，如图 1-80 所示。

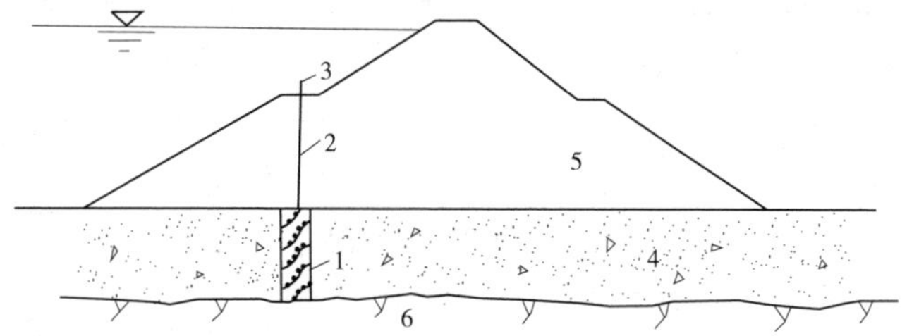

1—喷射帷幕;2—施工轴线;3—施工平台;4—透水层;5—坝体;6—不透水层

图 1-80　高压喷射帷幕示意图

高压定向喷射灌浆技术是近年来发展起来的一项新技术，适用于在各种松散地层（如砂层、淤泥、黏性土、壤土层和砂砾层）中，构筑防渗体。能在狭窄场地、不影响建筑物上部结构条件下施工，与其他基础处理技术相比，具有适用范围广、设备简单、施工方便、工效高、有较好的耐久性、料源广、价格低、比较经济等优点。如 1983 年，山东省大冶水库用此法补做坝基防渗设施，效果良好，其造价仅相当于混凝土防渗墙的 1/6 ~ 1/3。另外，它能定向形成板墙，是静压帷幕灌浆所无法比拟的，因此成为一种有发展前途的坝基加固补强措施。目前，已在我国 23 个省（直辖市、自治区）的 100 余项工程中应用。营造防渗板墙约 100 万 m^2，节约了大量资金。需注意的是，高压喷射灌浆作为一项新技术问世时间不长，在施工设备、工艺以及作用原理和防渗体的稳定计算方法上尚缺乏深入研究，有待进一步完善。

6. 黏土铺盖

黏土铺盖是常用的一种水平防渗措施，是利用黏土在坝上游地基面分层碾压而成的防渗层，如图 1-81 所示。其作用是覆盖渗漏部位，延长渗径，减小坝基渗透坡降，保证坝基稳定。黏土铺盖的特点是施工简单、造价低廉、易于群众性施工，但需在放空水库的情况下进行，同时要求坝区附近有足够合乎要求的土料。另外，采用铺盖防渗虽可以防止坝基渗透变形并减少渗漏量，但却不能完全杜绝渗漏，故黏土铺盖一般在不严格要求控制渗流量、地基各向渗透性比较均匀、透水地基较深，且坝体质量尚好、采用其他防渗措施不经济的情况下采用。

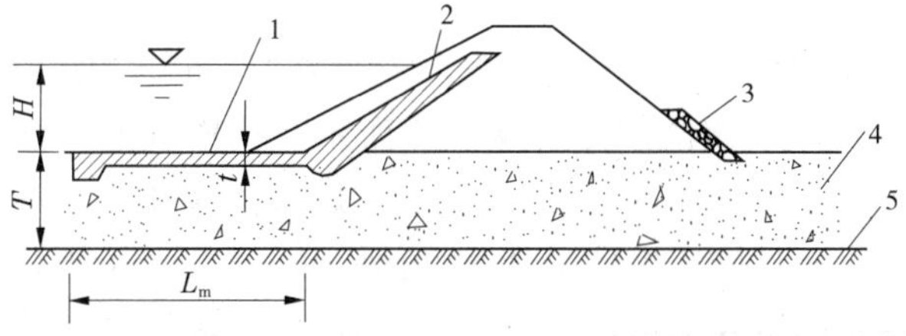

1—黏土铺盖;2—斜墙;3—坝坡排水;4—砂卵石质;5—不透水层

图 1-81　黏土铺盖示意图

7. 排渗沟

排渗沟是坝基下游排渗的措施之一，常设在坝下游靠近坝趾处，且平行于坝轴线，如图 1-82 所示。其目的是：一方面，有计划地收集坝身和坝基的渗水，排向下游，以免下游坡脚积水；另一方面，当下游有不厚的弱透水层时，尚可利用排水沟排水减压。

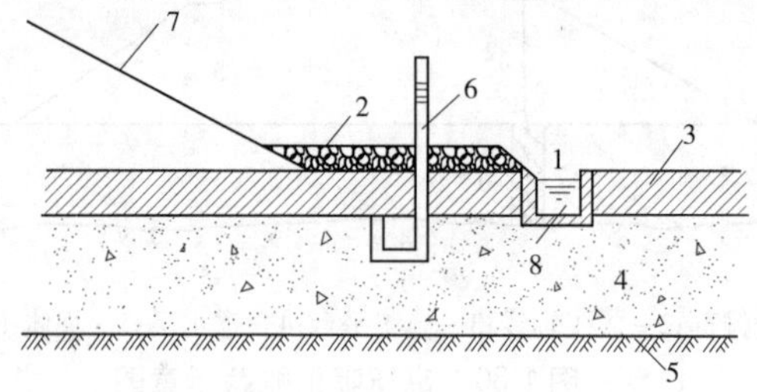

1—排渗沟；2—透水盖重；3—弱透水层；4—透水层；5—不透水层；6—测压管；7—下游坝坡；8—反滤层

图 1-82　排渗沟示意图

对一般均质透水层沟只需深入坝基 1～1.5 m；对双层结构地基，且表层弱透水层不太厚时，应挖穿弱透水层，沟内按反滤材料设保护层；当弱透水层较厚时，不宜考虑其导渗减压作用。

为了方便检查，排渗沟一般布置成明沟；但有时为防止地表水流入沟内造成淤塞，亦可做成暗沟，但工程量较大。

8. 减压井

减压井是利用造孔机具，在坝址下游坝基内，沿纵向每隔一定距离造孔，并使钻孔穿过弱透水层，深入强透水层一定深度而形成，如图 1-83 所示。

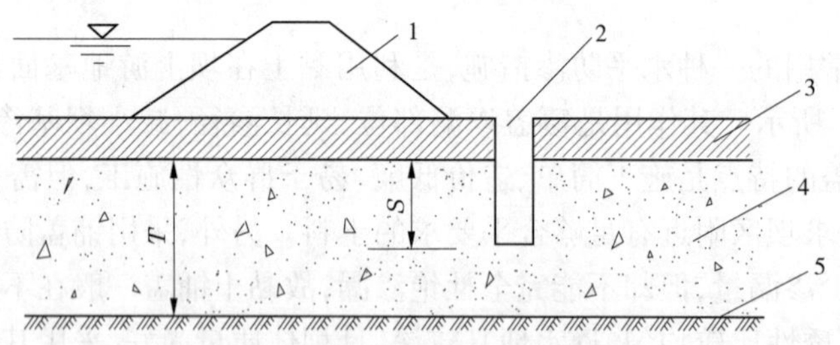

1—坝体；2—减压井；3—弱透水层；4—强透水层；5—不透水层

图 1-83　减压井示意图

减压井的结构是在钻孔内下入井管（包括导管、花管、沉淀管），管下端周围填以反滤料，上端接横向排水管与排水沟相连，如图 1-84 所示。这样可把地基深层的承压水导出地面，以降低浸润线，防止坝基渗透变形，避免下游地区沼泽化。当坝基弱透水层覆盖较厚，开挖排水沟不经济，而且施工也较困难时，可采用减压井。减压井是保证覆盖层较厚的砂砾石地基渗流稳定的重要措施。

减压井虽然有良好的排渗降压效果，但施工复杂，管理、养护要求高，并随时间的推移，容易出现淤堵失效的现象，所以一般仅适用于下列情况：

（1）上游铺盖长度不够或天然铺盖遭破坏，渗透逸出坡降升高，同时坝基为复式透水

地基，用一般导渗措施不易施工，或其他措施处理无效。

(2)不能放空水库，采用“上堵”措施有困难，且在运用上允许在安全控制地基渗流条件下损失部分水量。

(3)原有减压井群中部分失效，或减压井间距过大，致使渗透压力亦过大，需要插补。

(4)在施工、管理运用和技术经济方面，都比其他措施优越。

9. 透水盖重

透水盖重是在坝体下游渗流出逸地段的适当范围内，先铺设反滤料垫层，然后填以石料或土料盖重，它既能使覆盖层土体中的渗水导出又能给覆盖层土体一定的压重，抵抗渗压水头，故又称压渗，如图 1-85 所示。

常见的压渗型式有两种：

(1)石料压渗台。主要适用于石料较多的地区、压渗面积不大和局部的临时紧急救护，如图 1-86(a)所示。如果坝后有挟带泥沙的水流倒灌，则压渗台上面需用水泥砂浆勾缝。

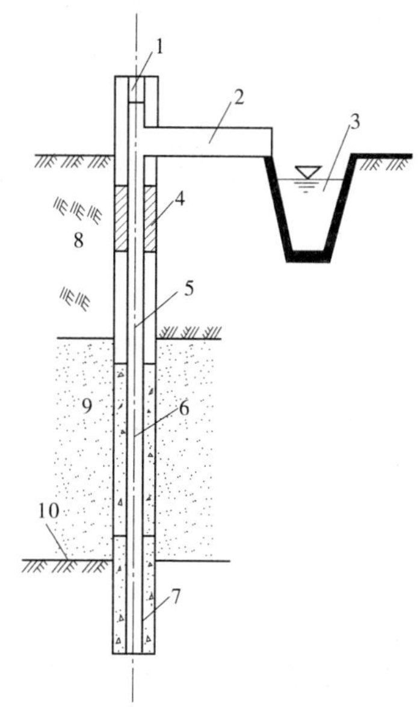

1—井帽；2—出水管；3—排水沟；4—黏土或混凝土封闭；5—导管；6—有孔花管；7—沉淀管；8—弱透水层；9—透水层；10—不透水层

图 1-84　减压井结构示意图

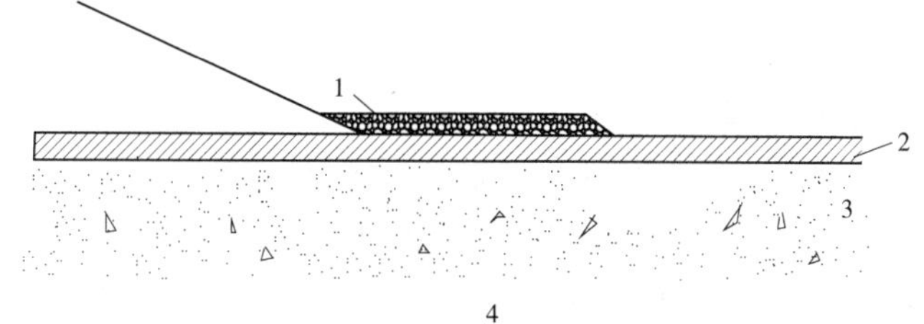

1—透水盖重；2—弱透水层；3—透水层；4—不透水层

图 1-85　透水盖重示意图

(2)土料压渗台。适用于缺乏石料、压渗面积较大、要求单位面积压渗重量较大的情况。需注意在滤料垫层中每隔 3 ~ 5 m 加设一道垂直于坝轴线的排水管，以保证原坝脚滤水体排出通畅，如图 1-86(b)所示。

10. 垂直铺塑防渗

垂直铺塑技术是运用专门开沟造槽的机械，开出一定宽度和深度的沟槽，在沟槽内垂直铺设土工膜，再用土回填沟槽，形成以土工膜为主体的垂直防渗墙。此技术是由山东省水利科学研究院开发的，已成功应用于基础渗漏处理。例如，山东省东营市孤河水库和新疆大海子水库坝基防渗，还有江苏省骆马湖大堤的堤基防渗。土工膜具有良好的隔水性和适应变形的能力，垂直铺膜不受紫外线和人畜的破坏，使用寿命长。目前开挖的槽宽可

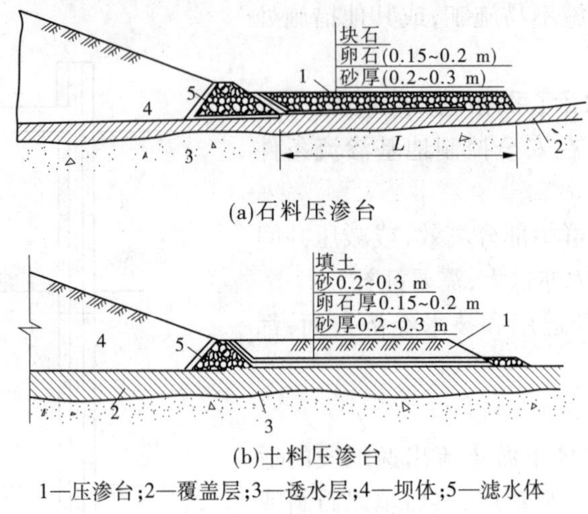

(a)石料压渗台

(b)土料压渗台

1—压渗台;2—覆盖层;3—透水层;4—坝体;5—滤水体

图 1-86 压渗台示意图

做到仅 20 cm,深度达 12 m。但在砂基中开槽,槽壁容易塌落,对铺膜来说槽宽仍偏大,深度偏小,有待于进一步改进。

四、绕坝渗漏的原因及处理方法

(一)绕坝渗漏的原因

水库的蓄水绕过土石坝两岸坡或沿坝岸接合面渗向下游的现象,称为绕坝渗漏。

绕坝渗漏将使坝端部分坝体内浸润线抬高,岸坡背后出现洇湿、软化和集中渗漏,甚至引起岸坡塌陷和滑坡,直接危及土石坝安全。

产生绕坝渗漏的主要原因如下:

(1)两岸地质条件过差。如两岸岸坡覆盖层单薄,且有砂砾层和卵石透水层,坡积层太厚,且为含石块泥土;风化岩层过深,透水性大;岩体破碎,节理裂隙发育以及有断层、岩溶、井泉等不利地质条件,而施工中未能妥善处理,极易造成绕坝渗漏。

(2)坝岸接头防渗措施不当。由于对两岸地质条件缺乏深入的了解,未能提出合理的防渗措施,从而不进行防渗处理,或盲目进行防渗处理,如采用截水槽方案,不但没有切入不透水层,反而挖穿了透水性较小的天然铺盖,暴露出内部强透水层,加剧了绕坝渗漏。

(3)施工质量不符合要求。施工中由于开挖困难或工期紧迫等原因,未按设计要求施工,例如岸坡段坝基清基不彻底、坝端岸坡开挖过陡、截水槽回填质量较差等,均将影响坝岸接合质量,形成绕坝渗漏。

(4)施工期任意在坝端上游岸坡取土或蓄水后风浪的不断淘刷,破坏了上游岸坡的天然铺盖,增大了岸坡土层的渗透系数,缩短了渗透途径,增加了渗透坡降,造成绕坝渗漏。

(5)喀斯特、生物洞穴以及植物根茎腐烂后形成的孔洞,亦会造成绕坝渗漏。

(二)绕坝渗漏的处理措施

绕坝渗漏的处理原则仍为“上堵下排”。具体处理时应首先观测渗漏现象,查清渗漏部位,分析渗漏原因,研究渗漏与库水位及降雨量的关系;了解水文地质条件,调查施工接

头处理措施和质量控制等方面的情况，然后对症下药，以堵为主，结合下排，一般采取的具体措施如下：

(1)截水墙。对于心墙坝，当岸坡存在强透水层引起绕坝渗漏时，可在坝端开挖深槽切断强透水层，回填黏土形成黏土截水墙，或做混凝土防渗齿墙，防止绕坝渗漏，如图1-87所示。这种方法比较可靠，但要注意，截水墙必须和坝身心墙连接。

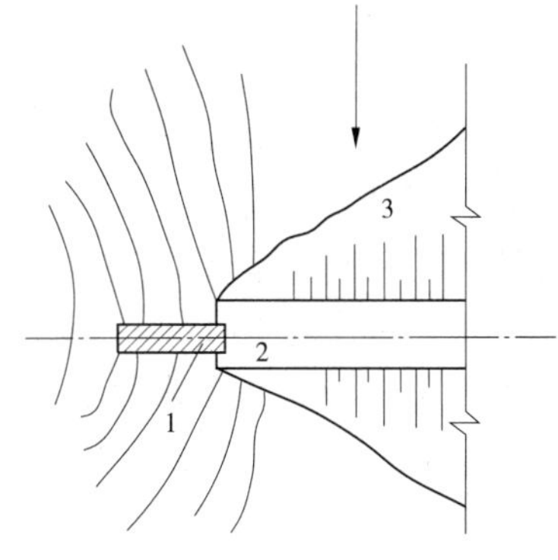

1—坝端截水墙；2—坝顶；3—上游坝坡

图1-87　坝端截水墙示意图

(2)防渗斜墙。

(3)黏土铺盖混凝土、钢筋混凝土或浆砌石材料，结合护坡，在渗漏岩层段的上游面做衬砌防渗。

(4)灌浆帷幕。

(5)堵塞回填。

(6)下游导渗排水。

【案例】　黄羊河水库为厚心墙土石坝，最大坝高52 m，坝顶长126 m，其心墙系用黄土状粉质壤土筑成，顶宽4 m，底宽101 m，上下游边坡比1∶1。坝基为10 m厚的含孤石的砂砾石层，采用截水槽防渗。但施工中右端长61 m的坝段的截水槽只修了4 m深，下部仍留有6 m的透水层，如图1-88所示，大坝于1960年建成蓄水，1962年当上下游水位差达27 m时，坝后渗出浑水。此后，库水位升高就渗流浑水，前后共计15次，最大渗流量达0.15 m^3/s。1970年，在下游坝坡上产生大塌坑，漏斗直径约20 m，深2 m，并继续发展，严重危及大坝安全。由于漏水处主要位于心墙底部，其他方案处理困难，只好于1973～1974年采用由坝顶造孔浇筑混凝土防渗墙的方法进行处理。

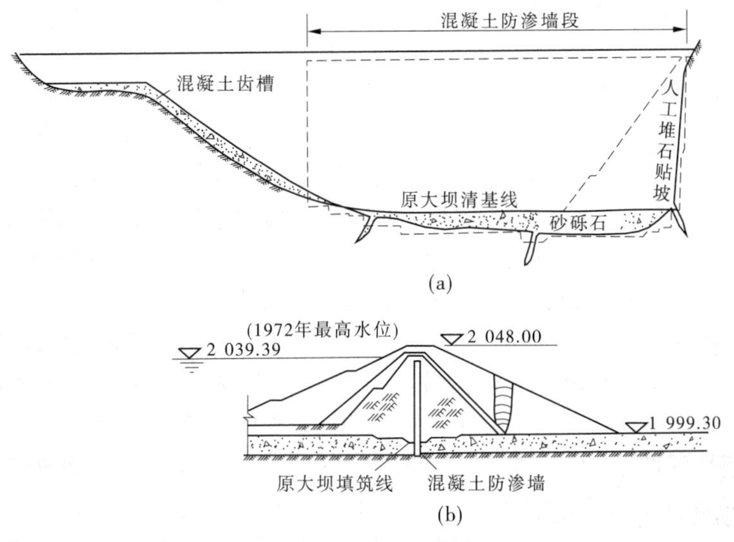

图1-88　黄羊河水库坝基渗漏处理示意图

防渗墙总长75.8 m,厚0.8 m,钻孔最深64 m,穿过心墙和坝基透水层,嵌入基岩0.5 m以上,施工中采用乌卡斯-30型冲击钻造孔,黏土泥浆固壁,回填黏土混凝土形成防渗墙,其黏土掺量为水泥重量的25%,28 d强度达1 080 N/cm^2,抗渗标号大于S_8均达到设计要求。

防渗墙完成后,墙后下游观测孔水位一般降低2.3~5.3 m,渗流量较1972年时减少41%~90%,且未渗出浑水。

【案例】 官亭水库为27.5 m高的均质土石坝。坝基为砂卵石和黏土互层,每层厚约2 m,最大总深度达15 m,一般为8 m左右。砂卵石上面部分有淤泥覆盖,施工时对淤泥未做彻底处理,也未做截水槽。运转后不久,大坝下游坡基础有集中冒水和散浸现象,在下游及时地增设了导渗设施和9条排渗沟,集中导渗排水,才防止了坝基产生渗透变形,如图1-89所示。

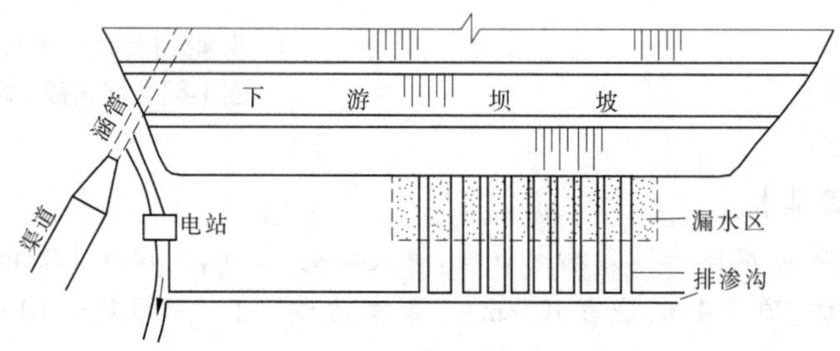

图1-89 官亭水库坝基渗漏处理示意图

子任务四 土石坝的滑坡处理

土石坝坝坡的一部分土体,由于各种原因失去平衡,发生显著的相对位移,脱离原来位置向下滑移的现象,称为滑坡。

滑坡也是土石坝常见的病害之一。对于土石坝滑坡,如能及时注意,并采取适当的处理预防,则损害将会大大减轻;如不及时采取适当措施,将会影响水库发挥其应有效益,严重的也可能造成垮坝事故。

一、滑坡的种类

土石坝滑坡按其性质不同可分为剪切性滑坡、塑流性滑坡和液化性滑坡;按滑动面形状不同可分为圆弧滑坡、折线滑坡和混合滑坡;按其部位不同分为上游滑坡和下游滑坡。下面主要讲述剪切破坏型、塑性破坏型及液化破坏型的特征。

(一)剪切破坏型

坝坡与坝基上部分滑动体的滑动力超过了滑动面上的抗滑力,失去平衡向下滑移的现象,即剪切性滑坡。当坝体与坝基土层是高塑性以外的黏性土,或粉砂以外的非黏性土时,多发生剪切性滑坡破坏。

这类滑坡的主要特征为:滑动前在坝面出现一条平行于坝轴线的纵向裂缝,然后随裂缝的不断延伸和加宽,两端逐渐向下弯曲延伸,形成曲线形。滑动时,主裂缝两侧便上下错开,错距逐渐加大。同时,滑坡体下部出现带状或椭圆形隆起,末端向坝脚方向推移,如

图 1-90 所示。初期发展较慢,后期突然加快,移动距离可由数米至数十米不等,一般直到滑动力与抗滑力经过调整达到新的平衡以后。

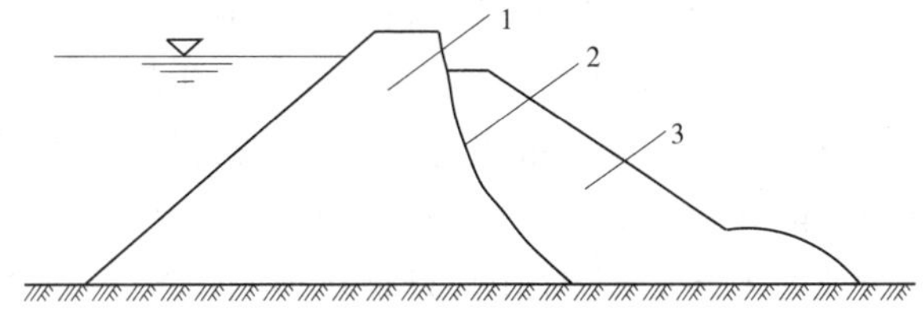

1—原坝体;2—滑弧线;3—滑动体

图 1-90　剪切型滑坡示意图

(二)塑流破坏型

塑流型滑坡多发生于含水量较大的高塑性黏土填筑的坝体中。其主要原因是土的蠕动作用(塑性流动),即高塑性黏土石坝坡,由于塑性流动(蠕动)的作用,即使剪应力低于土的抗剪强度,土体也将不断产生剪切变形,以致产生显著的塑性流动而滑坡,土体的蠕动一般进行得十分缓慢,发展过程较长,较易察觉,并能及时防护和补救。但当高塑性土的含水量高于塑限而接近流限时,或土体接近饱和状态而又不能很快排水固结时,塑性流动便会出现较快的速度,危害性也较大。如水中填土石坝、水力冲填坝,在施工期由于自由水不能很快排泄,很容易发生塑流型滑坡。

塑流型滑坡发生前,不一定出现明显的纵向裂缝,而通常表现为坡面的水平位移和垂直位移连续增长,滑坡体的下部土被压出或隆起,如图 1-91 所示。只有当坝体中间有含水量较大的近乎水平的软弱夹层,而坝体沿该层发生塑流型破坏时,滑坡体顶端在滑动前也会出现纵向裂缝。

(三)液化破坏型

对于级配均匀的中细砂或粉砂坝体或坝基,在水库蓄水砂体达饱和状态时,突然遭受强烈振动(如地震、爆炸或地基土层剪切破坏等),砂的体积急剧收缩,砂体中的水分无法流泄,这种现象即液化型滑坡,如图 1-92 所示。

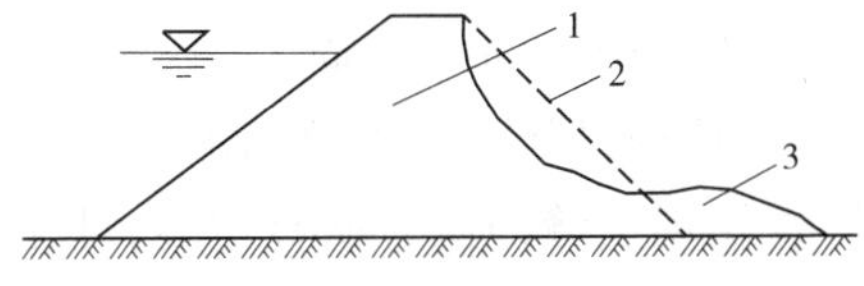

1—原坝体;2—原坝坡线;3—隆起体

图 1-91　塑流型滑坡示意图

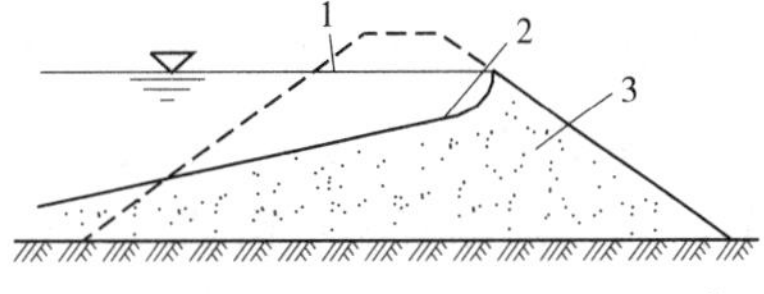

1—原坝坡线;2—滑动面;3—原坡体

图 1-92　液化型滑坡示意图

显然,液化型滑坡发生时间短促,事前没有预兆,大体积坝体倾刻之间便液化流散,很难观测、预报或抢护。例如美国的福特帕克水力冲填坝,坝壳砂料的有效粒径为 0.13 mm,控制粒径为 0.38 mm,由于坝基中发生黏土层的剪切滑动,引起部分坝体液化,10 min 之内塌方达 380 万 m^3。

上述三类滑坡以剪切破坏最为常见,需重点分析这种滑坡产生的原因及处理措施。而塑流破坏型滑坡的处理基本与剪切破坏型滑坡相同。对于液化破坏型滑坡,则应在建坝前进行周密的研究,并在设计与施工中采取防范措施。

二、滑坡的原因

滑坡的根本原因在于滑动面上土体滑动力超过了抗滑力。滑动力主要与坝坡的陡缓有关,坝坡越陡,滑动力越大;抗滑力主要与填土的性质、压实的程度以及渗透水压力的大小有关。土粒越细、压实程度越差、渗透水压力越大,抗滑力就越小。另外,较大的不均匀沉陷及某些外加荷载也可能导致抗滑力的减小或滑动力的增大。总之,造成滑动力大于抗滑力而引起土石坝滑坡的因素是多方面的,只是在不同情况下占主导地位的决定因素有所不同。一般可归纳为以下几个方面。

坝体产生滑坡的根本原因在于坝体内部,如勘测设计、施工方面存在问题等。而外部因素如管理过程中水位控制不合理等,能够诱发、促使或加快滑坡的发生和发展。

(一)勘测设计方面的原因

某些设计指标选择过高,坝坡设计过陡,或对土石坝抗震问题考虑不足;坝端岩石破碎或土质很差,设计时未进行防渗处理,因而产生绕坝渗流;坝基内有高压缩性软土层、淤泥层,强度较低,勘测时没有查明,设计时也未作任何处理;下游排水设备设计不当,使下游坝坡大面积散浸等。

(二)施工方面的原因

施工时为赶速度,土料碾压未达标准,干密度偏低,或者是含水量偏高,施工孔隙压力较大;冬季、雨季施工时没有采取适当的防护措施,影响坝体施工质量;合龙段坝坡较陡,填筑质量较差;心墙坝坝壳土料未压实,水库蓄水后产生大量湿陷等。

(三)运用管理方面的原因

水库运用中若水位骤降,土体孔隙中水分来不及排出,致使渗透压力增大;坝后排水设备堵塞,浸润线抬高;白蚁等害虫、害兽打洞,形成渗流通道;在土石坝附近爆破或在坝坡上堆放重物等均会引起滑坡。

另外,在持续暴雨和风浪淘涮下,在地震和强烈振动作用下也能产生滑坡。

三、滑坡的征兆

土石坝滑坡前都有一定的征兆出现,经分析归纳为以下几个方面:

(1)产生裂缝。当坝顶或坝坡出现平行于坝轴线的裂缝,且裂缝两端有向下弯曲延伸的趋势,裂缝两侧有相对错动,进一步挖坑检查发现裂缝两侧有明显擦痕,且在较深处向坝趾方向弯曲,则为剪切型滑坡的预兆。应注意对滑坡型裂缝挖坑检查会加速滑坡的发展,故需慎重。

(2)变形异常。在正常情况下,坝体的变形速度是随时间而递减的。而在滑坡前,坝体的变形速度却会出现不断加快的异常现象。具体出现上部垂直位移向下、下部垂直位移向上的情况,则可能发生剪切破坏型滑坡。例如山西漳泽大坝,滑坡前即有坝顶明显下陷和坡脚隆起现象。若坝顶没有裂缝,但垂直位移和水平位移却不断增加,可能会发生塑流破坏型滑坡。

(3)孔隙水压力异常。土石坝滑坡前,孔隙水压力往往会出现明显升高的现象。例如山西文峪河水库土石坝,滑坡前孔隙水压力高,其值超过设计值的23.5%~36.3%。

因此，实测孔隙水压力高于设计值时，可能会发生滑坡。

(4)浸润线、渗流量与库水位的关系异常。一般情况下，随库水位的升高，浸润线升高，渗流量加大。可是，当库水位升高、浸润线亦升高，但渗漏量显著减少时，可能是反滤排水设备堵塞，而当库水位不变、浸润线急剧升高，渗漏量亦加大时，则可能是防渗设备遭受破坏。上述两种情况若不采取相应措施，亦会造成下游坝坡滑坡。

四、滑坡的处理

(一)滑坡的抢护

当发现滑坡征兆后，应根据情况进行判断，若还有一定的抢护时间，则应竭尽全力进行抢护。抢护就是采取临时性的局部紧急措施，排除滑坡的形成条件，从而使滑坡不继续发展，并使得坝坡逐步稳定。其主要措施如下：

(1)改善运用条件。例如，若在水库水位下降时发现上游坡有弧形裂缝或纵向裂缝；应立即停止放水或减小放水量以减小降落速度，防止上游坡滑坡。当坝身浸润线太高，可能危及下游坝坡稳定时，应降低水库运行水位和下游水位，以保安全。当施工期孔隙水压力过高可能危及坝坡稳定时，应暂时停止填筑或降低填筑速度。

(2)防止雨水入渗。导走坝外地面径流，将坝面径流排至可能滑坡范围之外。做好裂缝防护，避免雨水灌入，并防止冰冻、干缩等。

(3)坡脚压透水盖重，以增加抗滑力并排出渗水。

(4)在保证土石坝有足够挡水断面的前提下，亦可采取上部削土减载的措施。

(二)滑坡的处理

当滑坡已经形成且坍塌终止，或经抢护已经进入稳定阶段后，应根据具体情况研究分析，进行永久性处理。其基本原则是“上部减载，下部压重”并结合“上截下排”，具体措施如下。

(1)堆石(抛石)固脚。在滑坡坡脚增设堆石体，是防止滑动的有效方法。如图1-93所示，堆石的部位应在滑弧中的垂线 *OM* 左边，靠滑弧下端部分(增加抗滑力)，而不应将堆石放在滑弧的腰部，即垂线 *OM* 与 *ND* 之间(因虽然增加了抗滑力，但也加大了滑动力)，更不能放在垂线 *ND* 以右的坝顶部分(因主要增加滑动力)。

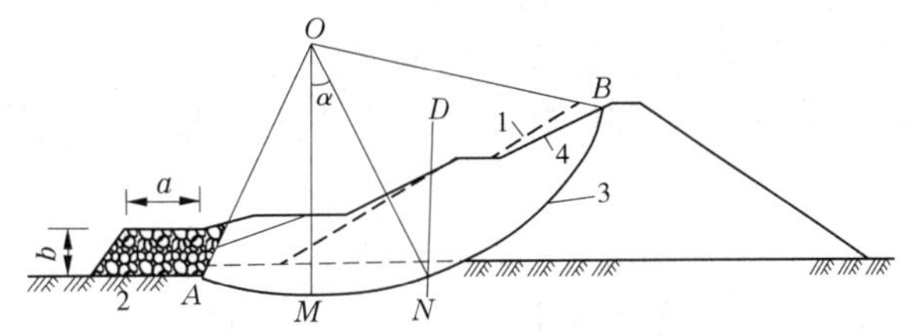

1—原坝坡；2—堆石固脚；3—滑动圆弧；4—放缓后坝坡

图1-93　堆石固脚示意图

如果用于处理上游坝坡的滑坡，在水库有条件放空时，可用块石浆砌而成，具体尺寸应根据稳定计算确定。当水库不能放空时，可在库岸上用经纬仪定位，用船向水中抛石固脚。同时注意，上游坝坡滑坡时，原护坡的块石常大量散堆于滑坡体上，可结合清理工作，把这部分石料作为堆石固脚的一部分。如果用于处理下游的滑坡，则可用块石堆筑或干砌,以利于排水。堆石固脚的石料应具有足够的强度,一般不低于 40 MPa,并具有耐水、耐风化的特性。

(2)放缓坝坡。当滑坡是由边坡过陡所造成时,放缓坝坡才是彻底的处理措施,即先将滑动土体挖除,并将坡面切成阶梯状,然后按放缓的加大断面,用原坝体土料分层填筑,夯压密实。必须注意,在放缓坝坡时,应做好坝脚排水设施,如图 1-94 所示。

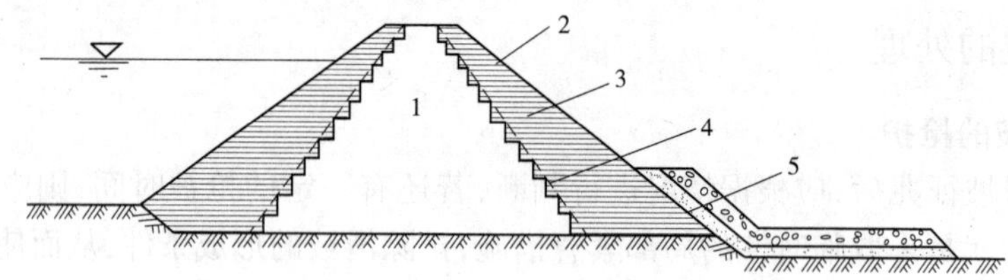

1—原坝体;2—新坝坡;3—培厚坝体;4—原坝坡;5—坝脚排水

图 1-94　放缓坝坡示意图

(3)开沟导渗滤水还坡。对于坝体原有的排水设施质量差或排水失效后浸润线抬高,使坝体饱和,从而增加了坝坡的滑动力,降低了阻滑能力,引起滑坡者,可采用开沟导渗滤水还坡法进行处理。具体做法为:从开始脱坡的顶点到坝脚,开挖导渗沟,沟中填导渗材料,然后将陡坎以上的土体削成斜坡,换填砂性土料,使其与未脱坡前的坡度相同,夯填密实,如图 1-95 所示。

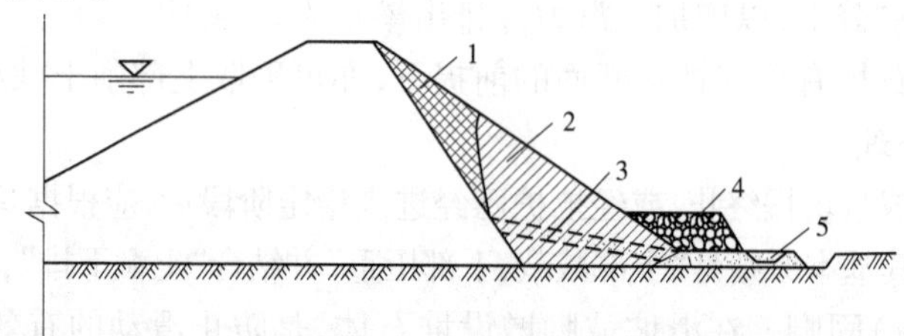

1—削坡换填砂性土;2—还坡部分;3—导渗沟;4—堆石固脚;5—排水暗沟

图 1-95　滤水还坡示意图

(4)清淤排水。对于地基存在淤泥层、湿陷性黄土层或液化的均匀细砂层,施工时没有清除或清除不彻底而引起的滑坡,处理时应彻底清除这些淤泥、黄土和砂层。同时,可采用开导渗沟等排水措施,也可在坝脚外一定距离修筑固脚齿槽,并用砂石料压重固脚,增加阻滑力。

(5)裂缝处理。对土石坝伴随滑坡而产生的裂缝必须进行认真处理。因为土体产生滑动以后,土体的结构和抗剪强度都发生了变化,加上裂缝后雨水或渗透水流的侵入,使土体进一步软化,将使与滑动体接触面处的抗剪强度迅速减小,稳定性降低。处理滑坡裂缝时应将裂缝挖开,把其中稀软土体挖除,再用与原坝体相同土料回填夯实,达到原设计干容重要求。

五、滑坡处理注意事项

滑坡处理应注意事项有以下几方面:

(1)滑坡体的开挖与填筑,应符合上部减载、下部压重的原则,切忌在上部压重。开挖填筑应分段进行,保持允许的边坡,以利于施工安全。开挖中对松土稀泥、稻田土、湿陷性黄土等,应彻底清除,不得重新上坝。对新填土应严格掌握施工质量,填土的含水量和干容重必须符合要求。新旧土体的接合面应刨毛,以利于接合。

(2)对于滑坡主裂缝,原则上不应采用灌浆方法。因为浆液中的水将渗入土体,降低滑坡体之间的抗剪强度,对滑坡体的稳定不利,灌浆压力更会增加滑坡体的下滑力。

(3)滑坡处理前,应严格防止雨水、地面水渗入缝内,可采用塑料薄膜、油毡、油布等加以覆盖。同时,应在裂缝上方修截水沟,拦截或引走坝面雨水。

(4)不宜采用打桩固脚的方法处理滑坡。因为桩的阻滑作用很小,土体松散,不能抵挡滑坡体的推力,而且因打桩连续的震动,反而促使滑坡体滑动。

(5)对于水中填土石坝、水力冲填坝,在处理滑坡阶段进行填土时,最好不要采用碾压法施工,以免因原坝体固结沉陷而开裂。

【案例】　河北省某水库为碾压均质土石坝,坝高 51.5 m。1974 年 6 月,随着库水位的下降,陆续发现主坝南北两岸黄土台地上游铺盖有严重的塌沟、塌坑、洞穴和裂缝。过了 2 个多月,又发现主坝上游坡有两段明显裂缝,挖试坑检查,发现土体有下滑错动,并在裂缝范围上部有明显凹陷现象,在其下部有局部隆起。此外,其他坝段护坡存在不平整情况及相似的问题。分析判断坝坡局部滑动。根据钻探试验,分析滑坡原因主要是:地基中存在软弱层,且施工质量较差。采取的处理措施是:一是在两个裂缝滑坡段的上游坡,采用红土砾石压坡固脚至 125 m 高程,并在底部铺卵石挤淤,用压力水冲淤。同时,在压坡体内高程 120 m 处垂直坝轴线布设卵石排水暗沟,并与原坝坡的卵石、砂砾层相连。二是采用开挖回填法处理坝坡裂缝。三是加固两岸上游铺盖等措施。

【案例】　某水库于 1957 年修建均质土石坝,先后 6 次加高,1975 年达现有坝高 32 m,库容 286 万 m^3,坝长 145 m。由于修建时几次加高,新旧坝体接合面及部分土料回填质量差等原因,在修建过程中,大坝内外坡曾有 4 次不同程度的裂缝和沉陷。大坝于 1987 年 6 月自坝顶偏上游产生严重内滑坡,缝长 100 m,滑坡体最大垂直位移 2.16 m,水平位移 3.82 m,在内坡 504.3 m 高程处,可见部分隆起。经查,此属未伸入基础的浅层滑坡,但坝前淤泥层厚 8 ~ 14.6 m,若要彻底清基,砌石固脚,工程量很大,同时受工期限制。经多方案比较,采用坝体上部削坡减裁,清除部分滑动体,下部不清基,而用条石框格,框格中人工干砌块石压重的方法,即将库内水用抽水机排干,之前用木船将块石运至压重体范围内抛入基础淤泥中,进行块石换基,块石下沉,待水排干后,在其上面从高程 500.293 m 开始砌筑压重体。竣工后,经 5 年高水位蓄水、放水运行,大坝稳定,效果很好。

子任务五　土石坝的护坡破坏处理

我国已建土石坝护坡的形式,多数的迎水坡为干砌块石护坡,背水坡为草皮或干砌石护坡。少数土石坝迎水坡有用浆砌块石、混凝土预制板、沥青渣油混凝土和抛石等形式护坡。

一、土石坝护坡破坏的类型及原因

常见护坡破坏的类型有脱落破坏、塌陷破坏、崩塌破坏、滑动破坏、挤压破坏、鼓胀破坏、溶蚀破坏等。护坡的破坏原因是多方面的，观察和归纳后主要有以下几个方面：

（1）由于护坡块石设计标准偏低或施工用料选择不严，块石重量不够，粒径小，厚度薄，有的选用石料风化严重。在风浪的冲击下，护坡产生脱落，垫层被淘刷，上部护坡因失去支撑而产生崩塌和滑移，如图 1-96 所示。

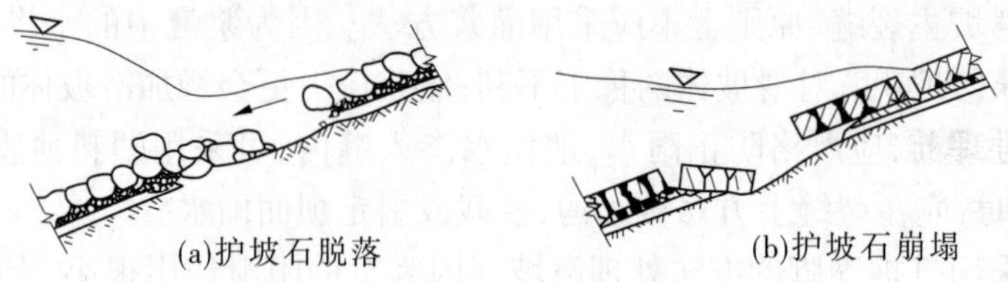
(a)护坡石脱落　(b)护坡石崩塌

图 1-96　护坡在风浪作用下的破坏形式

（2）护坡的底端和护坡的转折处未设基脚，结构不合理或深度不够，在风浪作用下基脚被淘刷，护坡会失去支撑而产生滑移破坏，如图 1-97 所示。

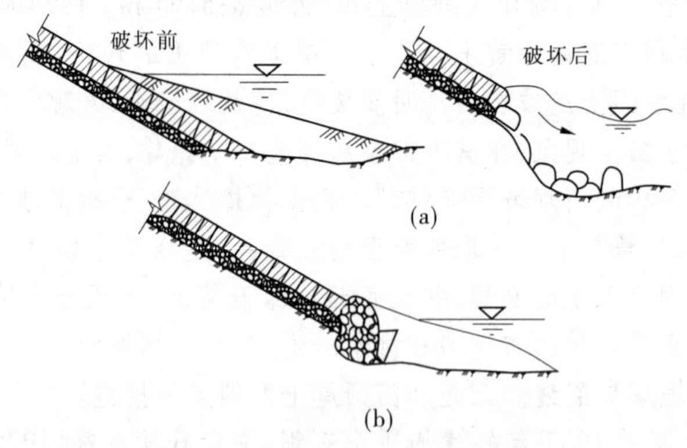

(a)

(b)

图 1-97　护坡基脚淘刷破坏

（3）砌筑质量差。砌筑块石时，块石上下竖向缝口没有错开，出现通缝，这样砌筑就失去了块石互相连锁的作用。块石砌筑的缝隙较大，底部架空，搭接不牢。受到风浪淘刷，块石极易松动脱出，遭到破坏。

（4）没有垫层或垫层级配不好。护坡垫层材料选择不严格，未按反滤原则设计施工，级配不好，层间系数大（$D_{50}/d_{50}>10$），起不到反滤作用。在风浪作用下，细粒在层间流失，护坡被淘空，引起护坡破坏。

（5）在严寒地区，冻胀使护坡拱起，冻土融化，坝土松软，使护坡架空；水库表面冰（盖与护坡冻结在一起，冰温升降对护坡产生推拉力，使护坡破坏。

（6）在土石坝运用中，水位骤降和遭遇地震，均易造成护坡滑坡的险情。

二、护坡的检查

土石坝护坡的检查项目主要包括以下几个方面：

（1）靠近护坡处的水质是否变浑，护坡下面的垫层是否流失，垫层下面的土体是否松软、滑动和淘刷。

（2）坝面排水沟是否畅通，坝坡表面雨水有无集中流动冲刷，排水沟有无冲刷破坏，

雨水能否从排水沟排出。

(3)护坡表面是否风化剥落、松动、裂缝、隆起、塌陷、架空和冲走，有无杂草、灌木丛、雨淋沟、空隙、兽洞或蚁穴。

三、护坡的抢护和修理

土石坝护坡的抢护和修理分为临时紧急抢护和永久加固修理两类。

(一)临时紧急抢护

当护坡受到风浪或冰凌破坏时，为了防止险情继续恶化，破坏区不断扩大，应该采取临时紧急抢护措施。临时抢护措施通常有砂袋压盖、抛石抢护和铅丝石笼抢护等几种。

(1)砂袋压盖。适用于风浪不大，护坡局部松动脱落，垫层尚未被淘刷的情况，此时可在破坏部位用砂袋压盖两层，压盖范围应超出破坏区 0.5 ~ 1.0 m 范围。

(2)抛石抢护。适用于风浪较大，护坡已冲掉和坍塌的情况，这时应先抛填 0.3 ~ 0.5 m 厚的卵石或碎石垫层，然后抛石，石块大小应足以抵抗风浪的冲击和淘刷。

(3)铅丝石笼抢护。适用于风浪很大，护坡破坏严重的情况。装好的石笼用设备或人力移至破坏部位，石笼间用铅丝扎牢，并填以石块，以增强其整体性和抵抗风浪的能力。

(二)永久加固修理

永久加固修理的方法通常有局部翻砌、框格加固、砾石混凝土或砂浆灌注、全面浆砌块石、块石混凝土护坡等。

(1)局部翻砌。这种方法适用于原有设计比较合理，只是由于土石坝施工质量差，护坡产生不均匀沉陷，或由于风浪冲击，局部遭到破坏，可按原设计恢复。在翻砌前，先按坝原断面填筑土料和滤水料的垫层，再进行块石砌筑。要求做到：①在砌筑块石时，须预先试行安放，以测试块石应锤击修凿的部位。修凿的程度，要求达到接缝紧密，块石间能有较大的缝隙，一般称“三角缝”。②块石应立砌，其间互相锁定牢固，不应平砌或块石大面向上，底部架空。③砌筑的竖向缝必须错开，不应有直缝。④砌石缝的底部如有较大空隙，应用碎石填满塞紧，要做到底实上紧，避免垫层砂砾料由石缝被风浪吸出，造成护坡塌陷破坏。⑤防止护坡因块石松动，淘刷垫层，而使整体护坡向下滑动。为此，有的在迎水坡上顺轴线方向设置浆砌石齿墙的阻滑设施，如图 1-98 所示。通过实践证明，采取了这一措施，效果显著。

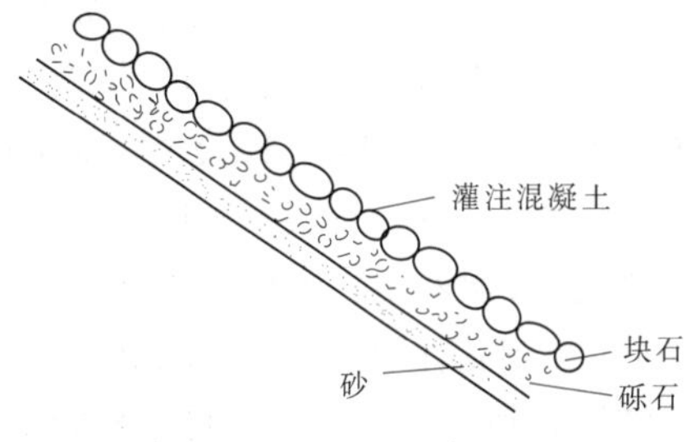

图 1-98　浆砌石框架护坡示意图

(2)浆砌石(或混凝土)框格加固。由于河、库面较宽，风程较大，或因严寒地区结冰的推力，护坡大面积破坏，需全部进行翻砌，仍解决不了浪击冰推破坏时，可利用原护坡较小的块石浆砌框格，起到固架作用，中间再砌较大块石。框格型式可筑成正方形或菱形。框格大小，视风浪和冰情而定。如风浪淘刷或冰凌撞击破坏较严重，可将框格网缩小，或将框格带适当加宽；反之，可以将框格放大，以减少工程量和水泥的消耗。在采用框格网加固护坡时，为避免框格带受坝体不均匀沉陷裂缝，应留伸缩缝。在严寒地区，框格带的深度应大于当地最大冻层的厚度，以免土体冻胀，框格带产生裂缝，破坏框架作用。河南省某水库，曾采用正方形浆砌块石框格加固护坡，浆砌石带框格宽1 m，框格内干砌块石长、宽各2 m。经过两次6～7级风浪淘刷，均未破坏。

(3)砾石混凝土或砂浆灌注。在原有护坡的块石缝隙内灌注砾石混凝土或砂浆，将块石胶结起来，连成整体，可以增强抗风浪和冰推的能力，减免对护坡的破坏。当前，有的护坡垫层厚度和级配符合要求，但块石普遍偏小；有的护坡块石大小符合要求，但垫层厚度和级配不合规定，经常遭遇风浪或冰冻，破坏了护坡。如更换块石或垫层，工程量都很大，采用上述浆砌框格加固，又不能避免破坏，可考虑采用这种措施加固护坡。一般处理范围，可在水位变化的区域内进行，通过实践，效果较好。具体的方法，先将坡面的脏物、杂草等清除干净，用水冲洗石缝，保证块石与混凝土或水泥浆结合牢固。在初凝前，将灌注的缝隙表面用水泥砂浆勾成平缝。为了排除护坡内渗水，一般在一定的面积内应留细缝或小孔作为渗水排除通道。灌缝混凝土应选用适合石缝大小的砾石作骨料，混凝土标号不宜过高，以节约水泥。如遇石缝较小，可改用砂浆灌入，一般使用M8砂浆，水灰比为0.6，水泥与砂料比为1∶4，如图1-99所示。

(4)全面浆砌块石。当采用混凝土或砂浆灌注石缝加固，不能抗御风浪淘刷和结冰挤压时，可利用原有护坡的块石进行全面浆砌。如广东省某水库干砌石护坡，最后采取了这一加固措施，解决了风浪的淘刷。在砌筑前，将原有的块石洗干净，以利于块石与砂浆紧密结合。砌筑块石时，必须保护好下边垫层，防止水泥砂浆灌入，一般采用M5砂浆，勾缝为M8砂浆，并一律采用块石立砌。为适应土石坝边坡不均匀沉陷和有利于维修工作，应分块砌筑，并设置伸缩缝。一般分块的面积以5～6 m^2为宜，并应留一个排水孔或排水缝以利于排除土体内渗水。

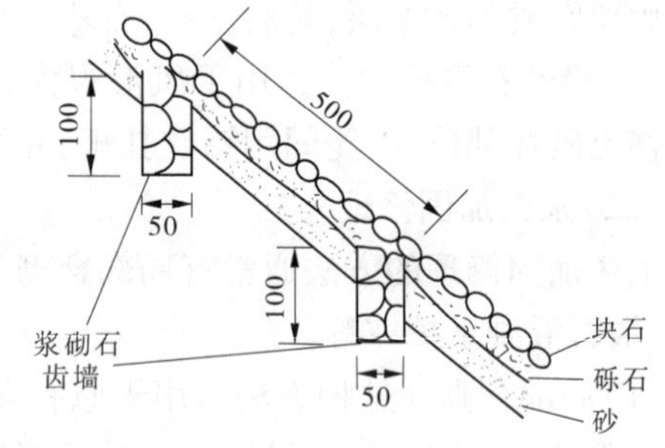

图1-99　干砌石灌注混凝土护坡示意图　(单位:cm)

(5)块石混凝土护坡。使用这种加固方法，可以利用原护坡块石，就地分块浇筑混凝土护坡，也有用预制混凝土板护坡的，并做好接缝处理和排水孔(缝)。采用这种护坡，比全面浆砌方法的优点，能抗御较大风浪的淘刷，耐冻性强，可就地使用块石。但也有缺点，需要较多的水泥、砂、碎石，工程造价高，工期较长。在我国沿海附近地区的土石坝护坡，遭受飓风袭击，如采用浆砌块石护坡，仍遭受破坏时，常采用这一加固措施。

(6)土工织物作反滤层。北方地区冬季寒冷，不少的护坡结构常常因风浪淘刷而遭到严重破坏。目前，已有20余座土石坝采用土工织物作护坡的滤层，保证护坡有足够的抗御风浪和冰推能力。

【案例】　黑龙江省青岗县胜利水库均质土石坝，土质属中粉质和重粉质土壤，最大坝高10.6 m，上游坡1∶3。1976年在兴利水位以下做了渣油混凝土护坡。但由于坝体冻胀，沥青混凝土冻融、老化和冰推等原因，出现了许多纵横裂缝，间距3～4 m，缝宽5～10 mm，并深入坝体。每年春季坝面均遭受风浪淘刷、沉陷，特别是1983年发生18处总面积达2 000 m^2的严重破坏，最大冲深0.8～2.0 m，严重影响工程安全和正常运行。1984年

开始全面翻修护坡，共有 1.38 m^2 采用土工织物做反滤垫层，护坡结构形式为：坝坡上铺一层土工织物，在土工织物上又铺 20 cm 厚的碎石，在碎石上再铺 20 cm 厚混凝土板护坡。由于本区砾石料缺乏，土工织物滤层比砂粒料滤层护坡每平方米均降低造价 42%，该护坡已运行多年，经受了坝坡最大冻胀量达 22 cm 和 8 级风浪作用，至今无损坏。

案例分析

案例一：三角塘水库（黏土斜墙堆石坝）的除险加固内容

1. 工程存在病险问题

三角塘水库位于怀化通道县临口镇官团村。水库以灌溉为主，兼顾发电、防洪、养殖等综合利用效益。该水库的防洪效益十分显著，担负保护下游 2 000 人的生命财产安全，保护耕地面积 2 500 亩。

（1）大坝右边距岸坡 20 m 上游坝坡塌陷，坝坡凹凸不平，外坡过陡。大坝坝基存在较严重的渗漏现象，外坡脚有水流出，总渗漏量为 50 L/s。大坝坝顶宽度不够，高程不够。引水坝表面浆砌石冲毁严重，引水坝下游存在冲坑。

（2）溢洪道溢流堰老化，表面混凝土大部分剥落。溢洪道控制段导墙高程不满足要求。泄槽底板冲毁严重，边墙顶部高程不够。消能设施不完善。

（3）输水建筑物放空底涵为混凝土圆管结构。由于基础没有落至基岩，涵管施工质量差，变形破坏大，渗漏严重。灌溉发电管管身由于运行快四十年，混凝土表面老化破损较严重，存在安全隐患。引水渠由两扇 3.8 m×3.1 m（宽×高）木闸门控制，木闸门运行多年，启闭不便。引水渠木闸门启闭机房破烂不堪。

（4）其他。①大坝无任何观测设施；②防汛公路仅为 3 m 宽的泥结石路；③管理所破烂得不能正常使用，大坝坝区无防汛仓库，防汛物资无处存放。

2. 主要建设内容

（1）对坝基及坝肩、溢洪道进行帷幕灌浆处理。对坝体上游坡铺设土工膜。

（2）上游坝坡进行培厚放缓，上游坝坡设预制混凝土六棱块护坡，下游坝坡培厚，草皮护坡，并设排水沟；下游坝坡新修踏步和排水沟。

（3）封堵原底涵，新建放水卧管设施及放水隧洞，拆除原灌溉发电管，新修灌溉发电管。

（4）对引水坝体铺设防渗面板，在引水坝下游修建钢筋混凝土护坦。

（5）对溢洪道进行整形、护砌并完善下游消能设施。

（6）更换引水渠闸门和启闭设施，新建启闭机房。

（7）增加大坝安全监测和水文观测设施，完善通信设施。

（8）改造防汛公路，新建防汛仓库，改造管理用房。

案例二：瀑河水库土石坝的病害处理

1. 基本情况

瀑河水库地处海河流域大清河系瀑河的中游，控制流域面积 263 km^2，1958 年兴建，是一座以防洪、灌溉为主，综合利用的中型水库。水库自建成以来经历过1963年大水时副坝扒口分洪、1964年水毁工程修复、1973年溢洪道衬砌和1977年大坝戴帽加高，现状总库容0.975亿m^3，正常蓄水位41.0 m，设计洪水位46.03 m。水库枢纽由主坝、副坝、右岸溢洪道和右岸输水洞4个建筑物组成。建筑物等级3级，水库大坝防洪标准为100年一遇设计，2 000年一遇校核。主、副坝都是均质土石坝，坝线总长5 843.0 m，其中0+000~0+200为主坝，横跨主河床及一级阶地，坝顶高程49.5 m，最大坝高21.0 m；0+200~5+843为副坝，坐落于河道左岸二级阶地上，阶面开阔，坡降平缓，地面高程自南向北由41.5 m渐升至47.5 m，坝上游侧二级阶地遭人为破坏较严重。副坝沿坝线有数条近东西向的较大冲沟与之横穿，冲沟宽度20~50 m，沟坎陡立，坎高3~5 m。左、右坝肩基岩裸露，呈剥蚀残丘状，左坝肩丘顶高程102 m，右坝肩丘顶高程142.6 m。溢洪道建于右坝头基岩上，并与主坝相接。

2. 工程存在的主要问题

长期以来，瀑河水库主、副坝坝基渗漏严重，致使工程不能正常发挥效益。1973年10月至1974年3月关闸蓄水期间，库水位由39.4 m降至36.0 m，总渗透量达1 300万m^3，占总蓄水量的71%。在坝基渗漏的同时，坝后曾多次伴随出现管涌、流沙和大面积沼泽化现象。1960年6月，当库水位达到40.0 m时主坝后发生管涌，河滩出现涌泉，位于下游3 km处的户本、南城村一带出现大范围沼泽化，井水外流，部分村民住房地面渗水。1963年8月8日，当库水位达到45.18 m时桩号1+050坝后反滤沟出现管涌13处，冒出带砂的浑水。

1977年8月27日，当库水位达到40.38 m时在坝后反滤沟始端，即桩号0+406，距坝轴58.75 m，高程33.83 m处发生管涌。为保证大坝安全，不得不采取应急弃水降低库水位的措施。1个月之后当库水位上升到40.38 m时，上述位置再次出现管涌。1978~1979年为了度汛的安全，曾用反滤料对管涌部位进行临时处理，将反滤沟改为盲沟。1979年8月20日至12月10日的4个月内，库水位保持在40.13~40.4 m，坝后未再发生管涌，但坝后地下水位明显升高，最高水位达38.56 m，并与上游库水位几乎同步变化。种种迹象表明，大坝存在严重的渗流破坏隐患。

3. 坝基渗漏、坝后管涌和下游沼泽化原因分析

(1)桩号0+100~0+380段河床砂卵石与下部卵砾石层连通，下部卵砾石层不仅厚度大，而且分布在库区、坝基和库外的广大范围内，形成库内外连通的良好渗漏通道。

(2)桩号2+080~3+220段表层黄土状壤土中所夹粗砂层，层厚4~6 m，埋深3~11 m，顶板高程32~39.5 m，与河漫滩卵砾石层相通，库内外亦连通。该砂层遇枯水年无水，当库水位上升时即成为集中渗漏段。

(3)桩号4+200~5+700段砂卵石层埋深2~10 m，顶板高程34.6~44.0 m，与河漫滩卵砾石层相通，库内外亦连通。该层厚度大，且与4+200段以前的深层砂卵石层为一层。库水位一旦上升，将成为集中渗漏带，其渗漏量远比上一段大。

(4)范村(旧址)以北地表以下6~7 m，广泛分布有粗砂层透镜体，回水淹没后易形成水平渗漏。1985年勘探时，在桩号0+500~0+800段发现埋深8.0 m、厚0.8 m的透水砂带。按其走向和高程分布此砂带从坝前一直延伸到坝后，副坝坝后管涌与该透水砂带有关。

(5)桩号0+100~4+200段深层砂卵石层埋深9~26 m,顶板高程17~44 m。虽然埋深较大,但其上覆的黄土状壤土夹有透水性较好的砂卵石透镜体。库水通过透镜体仍可补给深部砂卵石层。在地势低洼地带,尤其是冲沟部位黄土状壤土很薄,也会形成渗流通道。

总之,瀑河水库坝基渗漏的主要原因是坝基存在厚度较大、具强透水性的砂卵石层,且分布连续广泛,并与库区河床砂卵石层相通。根据工程地质报告,主、副坝坝基上部覆盖层为黄土状壤土和砂卵石层,局部夹砂层。砂卵石层厚度15~47.0 m,平均渗透速度为0.22 cm/s。坝基底部基岩为白云岩,有溶蚀现象,最大埋深83.6 m,不排除透水砂卵石层与基岩破碎岩溶相连通的情况。库区河床靠上游段淤积土层较薄,局部卵石出露;左岸二级阶地坎下局部出露砂层或掩盖砂层的土体较薄;坝前天然铺盖厚度不均,具中等透水性,存在较大范围的垂直入渗条件。库水垂直入渗后通过砂卵石层向库外排泄,致使坝基出现严重渗漏。同时,由于渗流通道的存在,上下游水位几乎同步升降。当库水位较高时,因入渗坡降削减水头的作用相当微弱,大部分水头通过砂卵石层直接作用在库区外较薄的壤土层上,导致该部位渗透坡降大于其允许出逸坡降,从而发生管涌;并在下游远处透水层埋深较浅的区域出现沼泽化现象。

4. 加固处理措施

针对水库地形地质条件和坝基渗漏的特点,进行了坝前土工膜水平防渗、壤土水平防渗和垂直防渗3个方案比较:①土工膜水平防渗方案,防渗效果好,投资最少,不减小库容,但工程管理要求较高。②壤土水平防渗方案的防渗效果不如土工膜方案,投资较大,减小库容。③垂直防渗方案的防渗效果最好,但投资大,施工难度很大。经综合比较,推荐采用土工膜水平防渗方案。

水库水平防渗的目的是要最大限度地减小坝基渗漏量和坝后砂层、卵砾石层的渗透坡降。防渗重点应放在库区上游段现代河床和二级阶地以下砂层出露或覆盖较薄地段,其他部位要视天然铺盖的分布厚度确定。根据坝基渗流稳定分析,当库区天然铺盖厚度小于3.0 m时渗漏将加剧;大于3.0 m时渗漏量会明显减小。因此,水平防渗范围为天然铺盖厚度小于3.0 m的部位,这些部位主要分布在现代河床及其两侧二级阶地边缘地带。对于坝体和坝基可能存在渗流破坏的坝段,为保证大坝安全,在坝高较大的主坝段增建坝脚贴坡排水,以排除坝坡和浅层坝基的渗水。

项目二 混凝土坝及浆砌石坝的安全监测与维护

学习内容及目标

<table>
<tr><td rowspan="3">学习内容</td><td>任务一 混凝土坝及浆砌石坝的巡视检查与养护
子任务一 混凝土坝及浆砌石坝的巡视检查
子任务二 混凝土坝及浆砌石坝的养护</td></tr>
<tr><td>任务二 混凝土坝及浆砌石坝的安全监测
子任务一 混凝土坝及浆砌石坝的变形监测
子任务二 混凝土坝及浆砌石坝的渗流监测
子任务三 混凝土坝及浆砌石坝的应力和温度监测
子任务四 高速水流的监测
子任务五 混凝土坝及浆砌石坝的监测资料整理</td></tr>
<tr><td>任务三 混凝土坝及浆砌石坝的病害处理
子任务一 混凝土坝及浆砌石坝增加稳定性的措施
子任务二 混凝土坝及浆砌石坝的裂缝处理
子任务三 混凝土坝及浆砌石坝的表层破坏
子任务四 混凝土坝及浆砌石坝的渗漏处理</td></tr>
<tr><td rowspan="3">知识目标</td><td>任务一:
(1)了解混凝土坝及浆砌石坝的巡视检查的制度和内容;
(2)了解混凝土坝及浆砌石坝的日常养护内容。</td></tr>
<tr><td>任务二:
(1)掌握混凝土坝及浆砌石坝变形监测的方法;
(2)掌握混凝土坝及浆砌石坝渗流监测的方法;
(3)掌握混凝土坝及浆砌石坝应力监测的方法;
(4)掌握混凝土坝及浆砌石坝高速水流的监测方法;
(5)掌握混凝土坝及浆砌石坝安全监测资料的整理方法。</td></tr>
<tr><td>任务三:
掌握各种病害的处理方法。</td></tr>
<tr><td rowspan="3">能力目标</td><td>任务一:
(1)能够用直观的方法并辅以简单的工具对水工建筑物的外露部分进行检查;
(2)能够完成对混凝土坝及浆砌石坝进行日常的养护工作。</td></tr>
<tr><td>任务二:
(1)能够完成对混凝土坝及浆砌石坝的工程状态进行的监视量测工作;
(2)能够对安全监测的记录结果进行整理,并分析判断建筑物安全状态以及病害原因。</td></tr>
<tr><td>任务三:
能够完成对混凝土及浆砌石建筑物的缺陷进行的修复处理工作。</td></tr>
</table>

用浆砌石或混凝土修建的挡水坝称浆砌石坝或混凝土坝,它是一种整体结构。与土石坝比较,混凝土坝具有以下优点:坝顶可以溢流,施工期可以允许坝上过水,工程量较土石坝小,雨季也可进行施工,而且施工质量较易得到保证。浆砌石坝除同样具有以上优点外,还有就地取材,节约水泥用量;节省模板,减少脚手架;只需很少的施工机械;受温度影响较小,发热量低,施工期无须散热或冷却设备;施工操作技术简单等优点。所以,浆砌石坝与混凝土坝,在我国水利水电建设中,得到了广泛的采用。

一、混凝土坝与浆砌石坝的类型

混凝土坝、浆砌石坝按照结构和传力特点可分为重力坝(包括空腹重力坝、宽缝重力坝、大头坝)、拱坝、连拱坝等,其中重力坝应用较多。

二、混凝土坝及浆砌石坝的病害类型

混凝土坝和浆砌石坝的病害有以下几种类型:

(1)坝体本身和地基抗滑稳定性不够。混凝土坝和浆砌石坝,主要靠重力维持稳定,其抗滑稳定性往往是坝体安全的关键。当地基存在软弱夹层或缺陷,在设计和施工中又未及时发现和妥善处理时,往往使坝体与地基抗滑稳定性不够,而成为危险的病害。

(2)裂缝及渗漏。温度变化、应力过大或不均匀沉陷,都可能使坝体产生裂缝,并沿裂缝产生渗漏。坝基的缺陷和防渗排水措施的不完善,也可能形成基础渗漏并导致渗流破坏。

(3)剥蚀破坏。它是混凝土结构表面发生麻面、露石、起皮、松软和剥落等老化病害的统称。根据不同的破坏机制,可将剥蚀分为冻融剥蚀、冲磨和空蚀、钢筋锈蚀、水质侵蚀和风化剥蚀等。

任务一　混凝土坝及浆砌石坝的巡视检查与养护

子任务一　混凝土坝及浆砌石坝的巡视检查

为了及时发现对混凝土坝及浆砌石坝运行不利的异常现象,结合仪器设备的观测成果综合分析坝的运行状态,应对混凝土坝及浆砌石坝进行巡视检查。巡视检查的制度与土石坝一样,分经常检查、定期检查、特别检查和安全鉴定。各种检查的组织形式和工作开展的要求也与土石坝基本相似,但还应结合混凝土及砌石建筑物的不同特点进行。

对混凝土坝和浆砌石坝,应对坝顶、上下游坝面、溢流面、廊道以及集水井、排水沟等处进行巡视检查。应检查这些部位有无裂缝、渗水、侵蚀、脱落、冲蚀、松软及钢筋裸露现象,排水系统是否正常,有无堵塞现象。还应检查伸缩缝、沉陷缝的填料、止水片是否完好,有无损坏流失和漏水,缝两侧坝体有无异常错动等情况,坝与两岸及基础连接部分的岩质有无风化、渗漏情况等。

当坝体出现裂缝时,应测量裂缝所在位置、高程、走向、长度、宽度等,并详细记载,绘制裂缝平面位置图、形状图,必要时进行照相。对重要裂缝,应埋设标点进行观测,其观测

方法和要求按本项目任务二内容进行。

当坝体有渗透时,应测定渗水点部位、高程、桩号,详细观察渗水色泽,有无游离石灰和黄锈析出。做好记载并绘好渗水点位置图,或进行照相。同时,应尽可能查明渗漏路径,分析渗漏原因及危害。必要时,可用以下简易法测定渗水量。

(1)用脱脂棉或纱布,先称好重量,然后铺贴于渗漏点上,记录起止时间,取下再称重量,即可算得渗水量。

(2)用容积法测量渗漏水量,见项目一有关内容。

检查混凝土有无脱壳,可以用木锤敲击,听声响进行判断。对表面松软程度进行检查,可用刀子试剥进行判断。对混凝土的脱壳、松软以及剥落,应量测其位置、面积、深度等。

对浆砌石坝还应检查块石是否松动,勾缝是否脱落等。

子任务二　混凝土坝及浆砌石坝的养护

一、一般规定

混凝土坝及浆砌石坝的养护一般规定包括以下几个方面:

(1)养护包括工程表面、伸缩缝止水设施、排水设施、监测设施等的养护,以及冻害、碳化与氯离子侵蚀、化学侵蚀等的防护。

(2)管理单位应根据有关规程规定,并结合工程具体情况,确定养护项目和内容。

(3)严禁在大坝管理和保护范围内进行爆破、炸鱼、采石、取土、打井、毁林开荒等危害大坝安全和破坏水土保持的活动。

(4)严禁将坝体作为码头停靠各类船只。在大坝管理和保护范围内修建码头,必须经大坝主管部门批准,并与坝脚和泄水建筑物、输水建筑物保持一定距离,不得影响大坝安全和工程管理。

(5)经批准兼做公路的坝顶,应设置路标和限荷标示牌,并采取相应的安全防护措施。

(6)严禁在坝面堆放超过结构设计荷载的物资和使用引起闸墩、闸门、桥、梁、板、柱等超载破坏和共振损坏的冲击、振动性机械;严禁在坝面、桥、梁、板、柱等构件上烧灼;有限制荷载要求的建筑物必须悬挂限荷标示牌。各类安全标志应醒目、齐全。

二、表面养护和防护

混凝土坝及浆砌石坝表面养护和防护包括以下几个方面:

(1)坝面和坝顶路面应经常整理,保持清洁整齐,无积水,散落物,杂草,垃圾和乱堆的杂物、工具。

(2)过水面应保持光滑、平整,否则应及时处理;泄洪前应清除过水面上能引起冲磨损坏的石块和其他重物。

(3)冻害防护可采取下列措施:

①易受冰压损坏的部位,可采用人工、机械破冰,或安装风管、水管吹风以喷水扰动等

防护措施。

②冻拔、冻胀损坏防护措施。冰冻期注意排干积水、降低地下水位，减压排水孔应清淤、保持畅通；采用草、土料、泡沫塑料板、现浇或预制泡沫混凝土板等物料覆盖保温；在结构承载力允许时可采用加重法减小冻拔损坏。

③冻融损坏防护措施。冰冻期注意排干积水，溢流面、迎水面水位变化区出现的剥蚀或裂缝应及时修补；易受冻融损坏的部位可采用物料覆盖保温或采取涂料涂层防护；防止闸门漏水，避免发生冰坝和冻融损坏。

(4)碳化与氯离子侵蚀防护应采取下列措施：

①对碳化可能引起钢筋锈蚀的混凝土表面采用涂料涂层全面封闭防护。

②对有氯离子侵蚀的钢筋混凝土表面采用涂料涂层封闭防护，也可采用阴极保护。

③碳化与氯离子侵蚀引起钢筋锈蚀破坏应立即修补，并采用涂料涂层封闭防护。

(5)化学侵蚀防护应采取下列措施：

①已形成渗透通道或出现裂缝的溶出性侵蚀，采用灌浆封堵或加涂料涂层防护。

②酸类和盐类侵蚀防护措施。加强环境污染监测，减少污染排放；轻微侵蚀的采用涂料涂层防护，严重侵蚀的采用浇筑或衬砌形成保护层防护。

三、伸缩缝止水设施养护

混凝土坝及浆砌石坝的伸缩缝止水设施养护包括以下几个方面：

(1)各类止水设施应完整无损，无渗水或渗漏量不超过允许范围。

(2)沥青井出流管、盖板等设施应经常保养，溢出的沥青应及时清除。

(3)沥青井应5～10年加热一次，沥青不足时应补灌，沥青老化应及时更换，更换的废沥青应回收处理。

(4)伸缩缝充填物老化脱落，应及时充填封堵。

四、排水设施养护

混凝土坝及浆砌石坝的排水设施养护包括以下几个方面：

(1)排水设施应保持完整、通畅。

(2)坝面、廊道及其他表面的排水沟、孔应经常进行人工或机械清理。

(3)坝体、基础、溢洪道边墙及底板的排水孔应经常进行人工掏挖或机械疏通，疏通时应不损坏孔底反滤层。无法疏通的，应在附近补孔。

(4)集水井、集水廊道的淤积物应及时清除。

五、监测设施养护

混凝土坝及浆砌石坝的监测设施养护包括以下几个方面：

(1)各类监测设施应保持完好，能正常监测。

(2)对易损坏的监测设施应加盖上锁，建围栅或房屋进行保护，如有损坏应及时修复。

(3)动物在监测设施中筑的巢窝应及时清除，易被动物破坏的应设防护装置。

(4)有防潮湿、锈蚀要求的监测设施,应采取除湿措施,定期进行防腐处理。

(5)遥测设施的避雷装置应经常养护。

六、其他养护

混凝土坝及浆砌石坝的其他养护包括以下几个方面:

(1)有排漂设施的应定期排放漂浮物;无排漂设施的可利用溢流表孔定期排漂,无溢流表孔且漂浮物较多的,可采用浮桶、浮桶结合索网或金属栏栅等措施拦截漂浮物并定期清理。

(2)坝前泥沙淤积应定期监测。有排砂设施的应及时排淤;无排砂设施的,可利用底孔泄水排淤,也可进行局部水下清淤。

(3)坝肩和输、泄水道的岸坡应定期检查,及时疏通排水沟孔,对滑坡体应立即处理。

任务二 混凝土坝及浆砌石坝的安全监测

子任务一 混凝土坝及浆砌石坝的变形监测

混凝土坝和浆砌石坝建成蓄水后,在各种荷载、不同地质状况和气温影响下,坝体必然产生变形。坝体变形与影响因素之间的因果关系有一定的规律和相关变化。如果坝体的变形是符合客观规律的,数值在正常范围内,则属于正常现象,否则变形会影响建筑物正常运用,甚至危及建筑物的安全。由于混凝土坝及浆砌石坝的特点,一旦发生异常现象,往往是大坝事故的先兆。因此,在大坝整个运行期间进行系统全面的观测,掌握大坝变形的特点,寻找变形与影响因素之间的规律,用以指导工程运行,对保证工程安全是十分重要的。

混凝土坝和浆砌石坝的变形观测项目主要有水平位移、垂直位移和挠度等。坝体变形的大小与坝的型式(如重力坝、拱坝)有关,大坝变形的量值一般很小,如重力坝的坝顶,其水平位移一般为几毫米至二十多毫米,坝基部位的水平位移仅1~3 mm。因此,在对混凝土坝及浆砌石坝进行变形观测时,观测的精度应大大高于土石坝的观测精度。

因温度和地基不均匀沉陷等影响,坝体还可能产生裂缝。裂缝对混凝土坝及浆砌石坝的整体性有很大影响,且直接引起坝的渗漏,故应对坝体裂缝进行观测。

混凝土坝和浆砌石坝在施工期到初蓄水时变形速度快,变形值大,水平位移和垂直位移观测的周期应短,可每月进行1~2次;蓄水3年内每月1次,以后逐渐延长至每季1次到半年1次。对于挠度观测,在首次蓄水后到确认大坝已达稳定状态期间,可7~10 d观测1次;当大坝稳定后,可10~15 d观测1次。对于裂缝,在发展初期每天观测1次,稳定后每季观测1次。对于伸缩缝,可在年内最高、最低气温时观测。以上指正常情况下的观测周期,当气温、水位变化较大时,以及有其他异常情况下,应加密测次。此外,对不同坝型的观测周期应不尽相同。

混凝土及浆砌石建筑物的水平位移和挠度值以向下游、向左岸为正,反之为负;垂直位移以向下为正,向上为负。

一、水平位移观测

水平位移观测通常是在坝顶表面或廊道内设置适当数量的测点，测定其平面位置变化来进行的。测定测点的平面位置的方法很多，目前常用的方法有以下几种。

（一）视准线法

视准线法观测水平位移操作方便、计算简单、成果可靠，因此也广泛用于混凝土坝和浆砌石坝。其观测方法和仪器设备等与土石坝基本相同，可详见土石坝的变形观测。由于混凝土坝和浆砌石坝的结构与土石坝不同，因此位移标点的布置也不一样。对于直线形坝，通常是在坝顶埋设一排位移标点，有观测廊道的可在廊道中布置一排标点，用倒垂线控制基准线，或通过竖井转测。有条件的拱坝也可用视准线法观测水平位移，布置测点。位移标点的间距一般按每个坝段埋设一个标点。对于不分坝段的浆砌石坝，可每隔 40～50 m 埋设一个标点。图 2-1 为某浆砌石重力坝视准线法位移标点布置图。

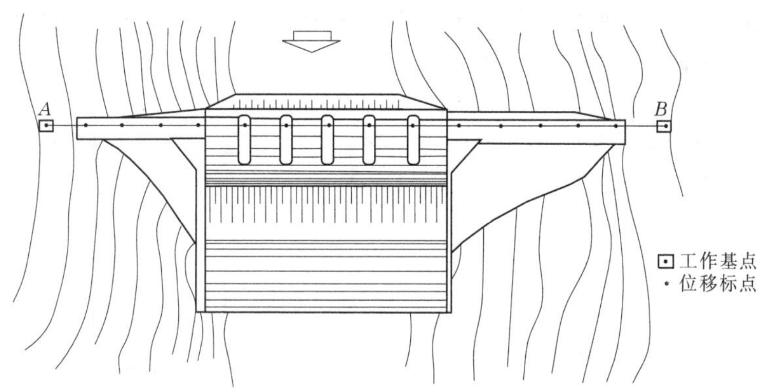

图 2-1　某浆砌石重力坝视准线法位移标点布置

视准线法观测水平位移虽有很多优点，但当坝体长度超过一定限度、坝轴线成折线形或拱形而又无法成排布置标点，以及坝顶有启闭门机等无法通视时，用视准线法就有困难，需要采用其他方法来观测水平位移。

（二）前方交会法

前方交会法可适用于任何坝形，如果交会图形良好，可保证较高的精度，尤其对于混凝土坝和浆砌石拱坝更为适用。但前方交会法计算比较复杂，观测也不如视准线法或其他方法简便，特别是当缺乏 T_3 等 J_1 级精密经纬仪，需用 J_6 级经纬仪采用复测法观测时，测读计算更为复杂，见图 2-2。

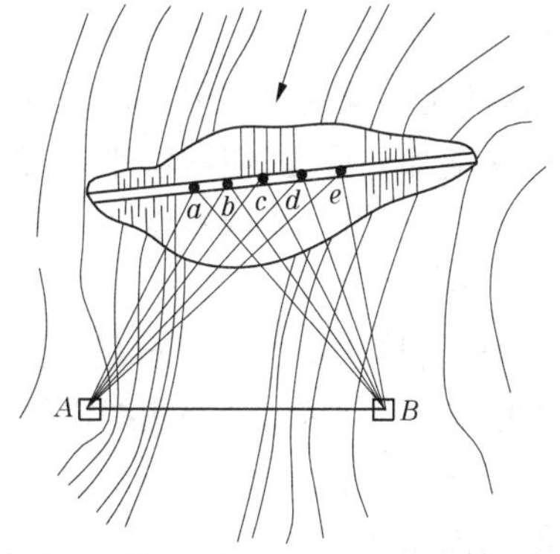

A、*B*—三角网工作基点；*a*、*b*、*c*、*d*、*e*—测点

图 2-2　采用三角网按前方交会法观测位移时测点和工作基点的布置

（三）引张线法

引张线法适用于直线形坝，用引张线法观测混凝土坝和浆砌石坝水平位移设备简易，无须精密经纬仪，操作计算迅速简便，尤其在廊道

中设置引张线,不受气候条件的影响,具有很大优点。

(四)激光准直法

激光准直法是在精密经纬仪上加设激光管,利用激光光束代替望远镜的视准线观测坝体水平位移,目前也在几个混凝土坝试用,还未普遍推广。

二、引张线法测定水平位移

前面介绍了视准线法测定土石坝水平位移的方法,此法亦可用于测定混凝土坝的水平位移。下面介绍混凝土坝及浆砌石坝中用得较普遍的引张线测定水平位移的方法。引张线法具有操作和计算简单,精度高,便于实现自动化观测等优点,尤其在廊道中设置引张线,因不受气候影响,具有明显的有利条件,因此在重力坝水平位移观测中应优先采用。

(一)观测原理及设备

在设于坝体两端的基点间拉紧一根钢丝作为基准线,然后测量坝体上各测点相对基准线的偏离值,以计算水平位移量。这根钢丝称为引张线,它相当于视准线法中的视准线,是一条可见的基准线,如图 2-3 所示。

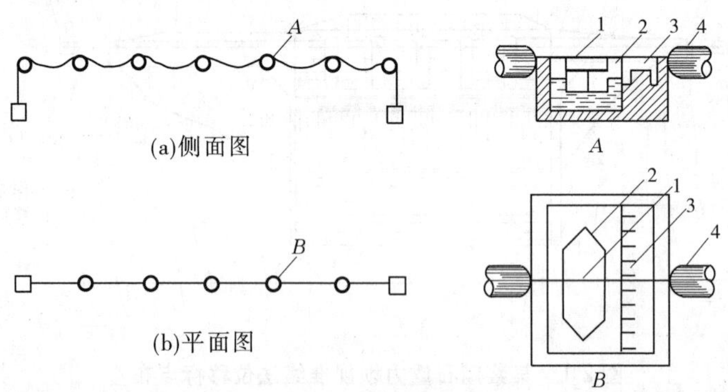

1—钢丝;2—浮托器;3—标尺;4—保护管

图 2-3　引张线示意图

由于水库大坝长度一般在数十米以上,如果仅靠坝两端的基点来支承钢丝,因其跨度较长,钢丝在本身重力作用下将下垂成悬链状,不便观测。为了解决垂径过大问题,需在引张线两端加上重锤,使钢丝张紧,并在中间加设若干浮托装置,将钢丝托起近似成一条水平线。因此,引张线观测设备由钢丝、端点装置和测点装置三部分组成。

1. 钢丝

一般采用$\phi 0.8 \sim 1.2$ mm 的不锈钢丝,钢丝强度要求不小于1.5×10^6 kPa。为了防止风的影响和外界干扰,全部测线需用$\phi 10$ cm 的钢管或塑料管保护。正常使用时,钢丝全线不能接触保护管。

2. 端点装置

端点装置由混凝土基座、夹线装置、滑轮、线锤连接装置以及重锤等组成,如图 2-4 所示。

夹线装置的作用是使钢丝始终固定在一个位置上。其构造是在钢质基板上嵌入一个铜质V形夹槽，将钢丝放入V形槽中，盖上压板，旋紧压板螺丝，测线即被固定在这个位置上，如图2-5所示。

夹线装置安装时，需注意V形槽中心线与钢丝方向一致，并落在滑轮槽中心的平面上。但要注意，当测线通过滑轮拉紧后，测线与V形槽中心线应重合，并且钢丝高出槽底2 mm左右。线锤连接装置上有卷线轴和插销，以便卷紧钢丝，悬挂重锤并张紧钢丝。重锤的重量视钢丝的强度而定。重锤重量愈大，钢丝所受拉力愈大，引张线的灵敏度愈高，观测精度也愈高。重锤重量可按钢丝抗拉强度的1/3～1/2考虑。

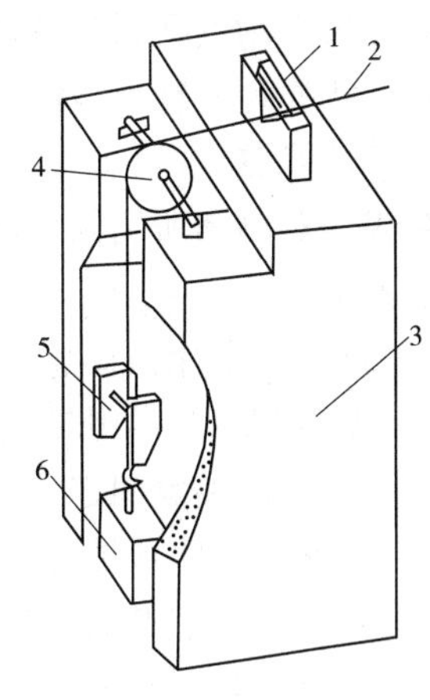

1—夹线装置；2—钢丝；3—混凝土墩；4—滑轮；5—悬挂装置；6—重锤

图2-4　引张线端点结构示意图

3. 测点装置

测点装置设置在坝体测点上，由水箱、浮船、读数尺和保护箱构成，如图2-6所示。浮船支撑钢丝，在钢丝张紧时，浮船不能接触水箱，以保证钢丝在过两端点V形夹线槽中心的直线上。读数尺为150 mm长的不锈钢尺，固定在槽钢上，槽钢埋入坝体测点位置。安装时应尽可能使各测点钢尺在同一水平面上，误差不超过±5 mm。测点也可不设读数尺而采用光学遥测仪器。测点装置一般20～30 m设置一个。保护管固定在保护箱上。

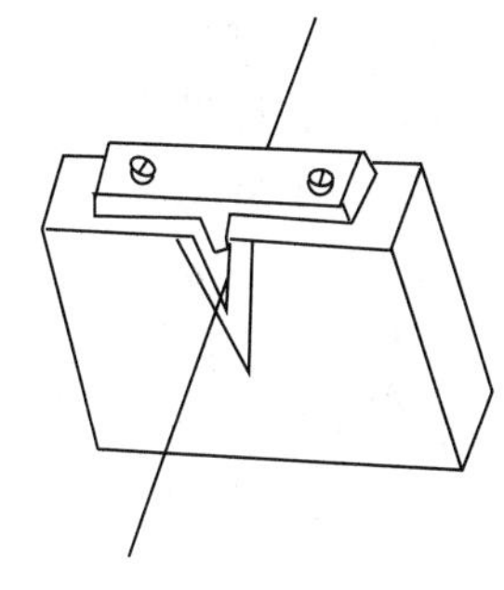

图2-5　夹线装置图

（二）观测方法

引张线的钢丝张紧后固定在两端的端点装置上，水平投影为一条直线，这条直线是观测的基准线。测点埋设在坝体上，随坝体变形而位移。观测时只要测出钢丝

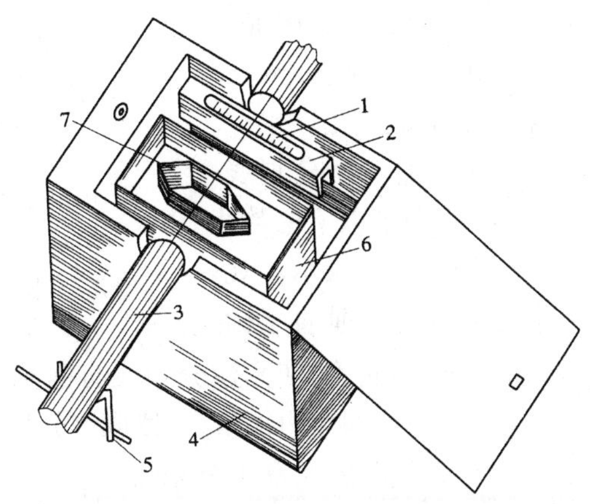

1—读数标尺；2—槽钢；3—保护管；4—保护箱；5—保护管支架；6—水箱；7—浮船

图2-6　测点装置图

在测点标尺上的读数，与上次测值比较，即可得出该测点在垂直引张线方向的水平位移，其位移计算原理与视准线法相似。

1.观测步骤

引张线观测随所用仪器的不同方法亦不同，无论采用哪一种仪器和方法观测，都应按以下步骤进行：

(1)在端点上用线锤悬挂装置挂上重锤，使钢丝张紧。

(2)调节端点上的滑轮支架，使钢丝通过夹线装置V形槽中心，此时钢丝应高出槽底2 mm左右，然后夹紧固定。但应注意，只有挂锤后才能夹线，松夹后才能放锤。

(3)向水箱充水或油至正常位置，使浮船托起钢丝，并高出标尺面0.5 mm左右。

(4)检查各测点装置，浮船应处于自由浮动状态，钢丝不应接触水箱边缘和全部保护管。

(5)端点和测点检查正常后，待钢丝稳定30 min，即可安置仪器进行测读。测读从一端开始依次至另一端止，为一测回。测完一测回后，将钢丝拔离平衡位置，让其浮动恢复平衡，待稳定后从另一端返测，进行第二测回测读。如此观测2~4个测回，各测回值的互差要求不超过±0.2 mm。

(6)全部观测完成后，将端点夹线松开，取下重锤。

(7)若引张线设在廊道内，观测时应将通风洞暂时封闭。对于坝面的引张线应选择无风天观测，并在观测一点时，将其他测点的观测箱盖好。

2.常用的观测方法

(1)直接目视法。用肉眼并使视线垂直于尺面观测，分别读出钢丝左边缘和右边缘在标尺上投影的读数 a 和 b，估读至0.1 mm，得出钢丝中心在标尺上读数为 $L=(a+b)/2$。显然 $|a-b|$ 应为钢丝的直径，以此可作为检查读数的正确性和精度。

(2)挂线目视法。将标尺设在水箱的侧面，在靠近标尺的钢丝上系上很细的丝线，下挂小锤，如图2-7所示。用肉眼正视标尺直接读数。

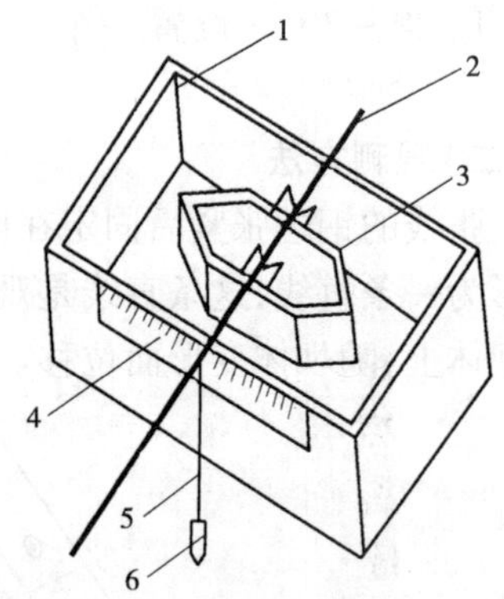

1—水箱；2—钢丝；3—浮船；4—标尺；5—细丝线；6—小锤

图2-7 挂线目视法观测示意图

(3)读数显微镜法。将一个具有测微分划线的读数显微镜置于标尺上方，测读毫米以下的数，而毫米整数直接用肉眼读出，如图2-8所示。观测时，先读取毫米整数，再将读数显微镜垂直于标尺上，调焦至成像清晰，转动显微镜内测管，使测微分划线与钢丝平行。然后左右移动显微镜，使测微分划线与标尺毫米分划线的左边缘重合，读取该分划线至钢丝左边缘的间距 a。第二次移动显微镜，将测微分划线与标尺毫米分划线的右边缘重合，读取该分划线至钢丝右边缘的间距 b。由图2-8有 $a+b=2z+d+D$，即 $(a+b)/2=z+(d+D)/2$。而 $(a+b)/2$ 即为标尺毫米分划线中心至钢丝中心的距离，于是得钢丝中心在标尺上的读数为

$$L=r+\frac{a+b}{2} \tag{2-1}$$

式中　r——从标尺上读取的毫米整数。

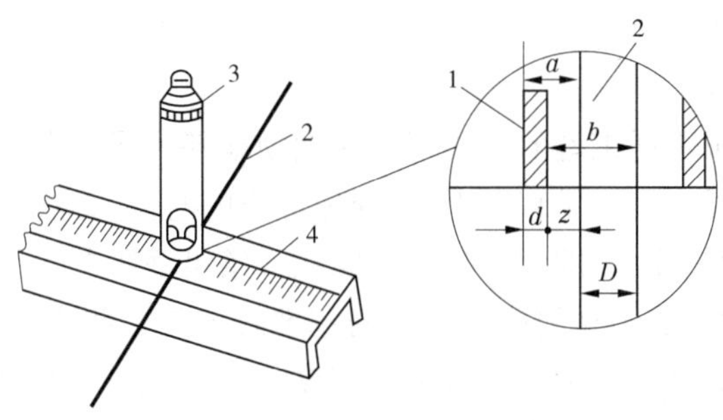

1—标尺毫米分划线；2—钢丝；3—读数显微镜；4—标尺

图 2-8　读数显微镜法观测示意图

由图 2-8 可知，$b-a=D-d$，即钢丝直径与标尺分划线粗度的差值为定值。同样，该值可作为检查读数有无错误和精度的标准。

三、垂线法测定坝体挠度

混凝土坝及浆砌石坝体水平位移沿坝体高程不同会不一样，一般是坝顶水平位移最大，近坝基处最小，测出坝体水平位移沿高程的分布并绘制分布图，即为坝体的挠度。因此，测定坝体挠度实为测量坝体相对坝基的水平位移。测定坝体挠度的垂线法分倒垂线法与正垂线法两种，如图 2-9、图 2-10 所示，分述如下。

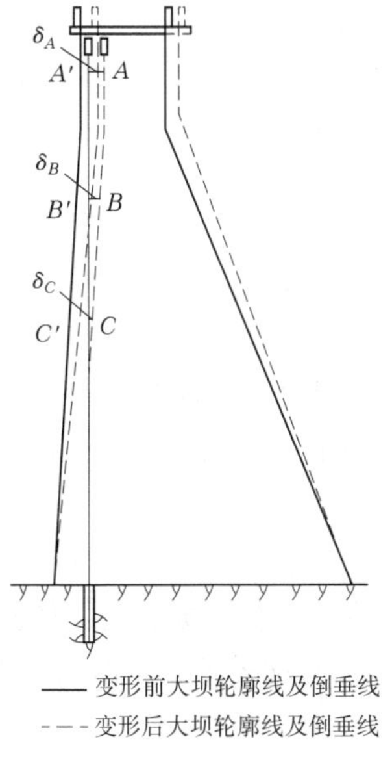

图 2-9　倒垂线示意图

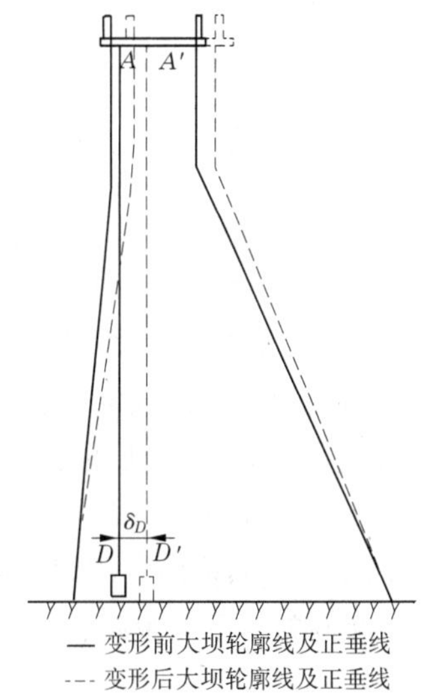

图 2-10　正垂线示意图

垂线通常布置在坝高最大、地基薄弱、有坝内厂房以及设计计算的典型坝段内。应根据工程规模、坝体结构、地质情况等确定，一般大型水库不少于 3 条，中型水库不少于 2 条。如湖北省某混凝土坝因各种需要，共布设 10 条正垂线，其中两条安设在坝段接缝处，可观测 12 个坝段的挠度。每一条垂线可根据坝高等情况在不同高程布置若干测点。

(一)倒垂线法观测

1. 观测原理与设备

倒垂线法是将一根不锈钢丝的下端埋设在大坝地基深层基岩内,上端连接浮体,浮体漂浮于液体上。由于浮力始终铅直向上,故浮体静止的时候,必然与连接浮体的钢丝向下的拉力大小相等,方向相反,亦即钢丝与浮力同在一条铅垂线上。由于钢丝下端埋于不变形的基岩中,因此钢丝就成为空间位置不变的基准线。只要测出坝体测点到钢丝距离的变化量,即为坝体的水平位移,由此求得坝体挠度。由于倒垂线可认为是固定不变的,因此有的水库往往把倒垂线作为整个大坝观测系统的基准线。

倒垂线装置由浮体组、垂线、观测台三部分组成,如图 2-11 所示。

1)浮体组

浮体组由油箱、浮筒和连杆组成,如图 2-12 所示。

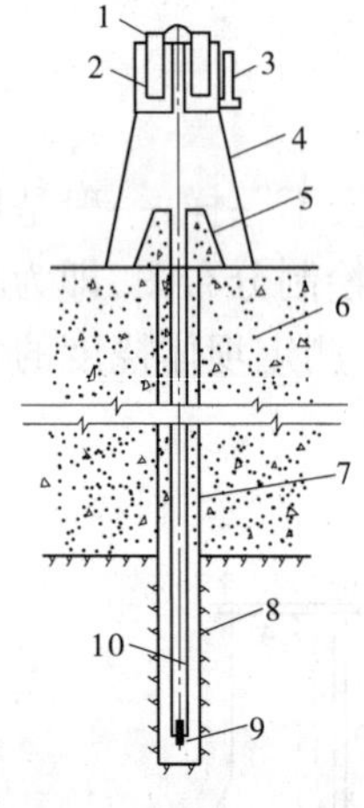

1—浮筒;2—油桶;3—连通管;4—支架;5—观测台;6—坝体;7—钻孔;8—保护管;9—锚块;10—钢丝

图 2-11 倒垂线结构示意图

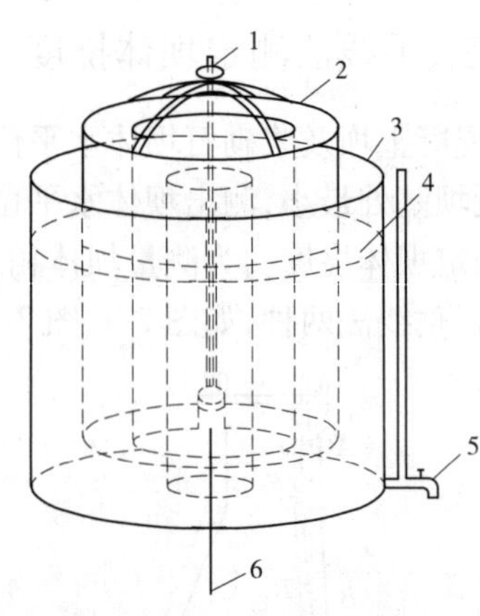

1—连杆;2—浮筒;3—油箱;4—油位指示;5—水嘴;6—钢丝

图 2-12 倒垂线浮体组示意图

(1)油箱。油箱为一环形铁筒,尺寸为外径 60 cm、内径 15 cm、高 45 cm。内环中心空洞部分是浮筒连杆穿过的活动部位。

(2)浮筒。浮筒形状与油箱相同,尺寸为外径 50 cm、内径 25 cm、高 33 cm。这种结构和尺寸能保证浮筒在油箱内有一定的活动范围。浮筒上口有连接支架,以安装连杆。

(3)连杆。连杆为一空心金属管,长 50 cm,上与浮筒支架连接,下端连接钢丝。

2)垂线

垂线一般采用直径 1 mm 的不锈钢丝,上端连接浮筒连杆,下端周定于基岩深处的锚块上。钢丝的极限抗拉强度应大于 2 倍浮力,要求钻孔埋设在基本不受坝体荷载影响而发生变形的基岩深处新鲜岩石中。孔深一般为坝高的 1/3,孔径 150 ~ 300 mm。锚块放于孔底,用混凝土浇筑在基础内。锚固孔钻好后,即可将钢丝连接在锚块上,将锚块放入孔底,浇筑混凝土或水泥砂浆胶结牢固。锚块系一直径为 35 cm、长 50 cm 的铁块加工制

成，顶端有连接螺丝，中间有供钢丝穿过的小孔。钢丝下端烧结有小球，并通过连接螺丝固定在锚块上。靠近锚块上下两端均焊有两组十字形的支撑，以便在埋设时保持中心位置并锚设牢固。

3）观测台

观测台与正垂线相同，一般用混凝土或金属支架建成，中间有直径为 15 cm 的圆孔或边长为 15 cm 的方孔，以穿过垂线。台面要求水平，并设有坐标仪底座或其他观测设备。

2. 现场观测

观测前，首先应检查钢丝的张紧程度，使钢丝的拉力每次基本一致。达到这一要求的做法，是在钢丝长度不变的情况下，观测油箱的油位指示，使油位每次保持一致，浮力即一致，钢丝的拉力也就一致了。其次要检查浮筒是否能在油箱中自由移动，做到静止时浮筒不能接触油箱。浮筒重心不能偏移，人为拨动浮筒后应回复到原来位置。还要检查防风措施，避免气流对浮筒和钢丝的影响。检查完毕后，应待钢丝稳定一段时间才进行观测。

观测时，将仪器安放在底座上，置中调平，照准测线，分别读取 x 轴与 y 轴（左右岸与上下游）方向读数各两次，取平均值作为测回值。每测点测两个测回，两测回间需要重新安置仪器。读数限差与测回限差分别为 0.1 mm 与 0.15 mm。观测中照明灯光的位置应固定，不得随意移动。

用于倒垂线观测的仪器有很多种，分为光学垂线仪、机械垂线仪与遥测垂线仪三类。不同仪器的操作方法、读数系统也略有差异，可参见仪器的使用说明进行。每次观测前，对光学垂线仪还应在专用检查墩上进行零点检查。

计算坝体测点的水平位移要根据规定的方向、垂线仪纵横尺上刻划的方向和观测员面向方向三个因素决定。一般规定位移向下游和左岸为正，反之为负；上下游方向为纵轴 y，左右岸方向为横轴 x。垂线仪安置的坐标方向应和大坝坐标方向一致。

3. 观测精度

进行倒垂线观测时，每次应观测 2～3 个测回，每测回分别读取 x、y 两个方向的读数各两次。一测回中两次读数差不应大于 0.10 mm，符合要求时，取平均值作为该测回的观测值；各测回读数差不应大于 0.15 mm，符合要求时，取平均值作为本次观测的最后成果。

（二）正垂线法观测

1. 观测原理与正垂线布置形式

正垂线法是在坝的上部悬挂带重锤的不锈钢丝，利用地球引力使钢丝铅垂这一特点，来测量坝体的水平位移。若在坝体不同高程处设置夹线装置作为测点，从上到下顺次夹紧钢丝上端，即可在坝基观测站测得测点相对坝基的水平位移，从而求得坝体的挠度，这种形式称为多点支承一点观测的正垂线，如图 2-13（a）、（b）所示。如果只在坝顶悬挂钢丝，在坝体不同高程处设置观测点，测量坝顶与各测点的相对水平位移来求得坝体挠度的，称为一点支承多点观测正垂线，如图 2-13（c）、（d）所示。

2. 正垂线装置的构成

不论是多点支承还是一点支承正垂线，一般由以下几部分构成。

（1）悬挂装置。其供吊挂垂线用，常固定支撑在靠近坝顶处的廊道壁上或观测井壁上。

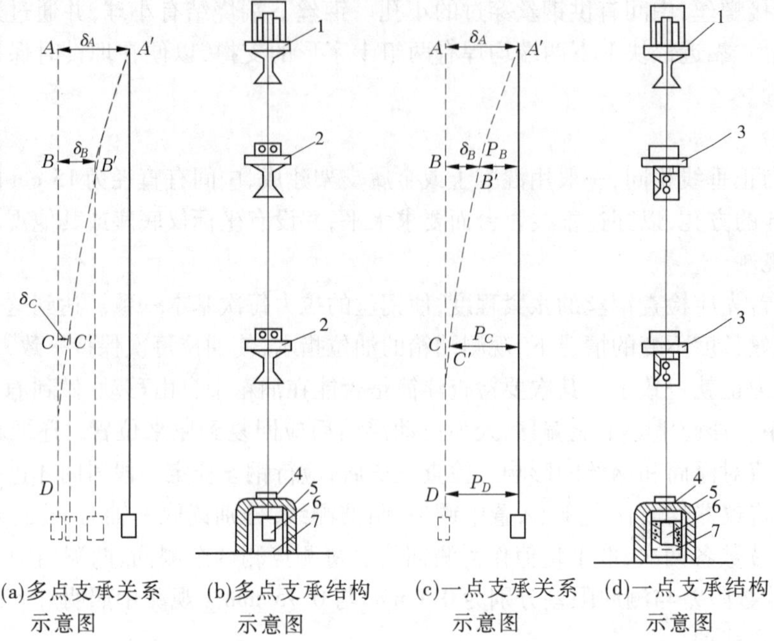

1—悬挂装置;2—夹线装置;3—测点;4—坝底测点;5—观测墩;6—重锤;7—油箱

图 2-13　正垂线多点支承和一点支承示意图

(2)夹线装置。固定夹线装置是悬挂垂线的支点,在垂线使用期间,应保持不变。即使在垂线受损折断后,支点亦能保证所换垂线位置不变。活动夹线装置是多点支承一点观测时的支点,观测时从上到下依次夹线。当采用一点支承多点观测形式时,取消活动夹线装置,而在不同高程取观测台。

(3)不锈钢丝。其为直径 1 mm 的高强度不锈钢丝。观测仪器为接触式仪器时,需配的重锤较重,钢丝直径一般为 2 mm 左右。

(4)重锤。重锤为金属或混凝土块,其上设有阻尼叶片,重量一般不超过垂线极限拉应力的 30%。但对接触式垂线仪,重锤需达 200 ~ 500 kg。

(5)油箱。油箱为高 50 cm、直径大于重锤直径 20 cm 的圆柱桶。内装变压器油,使之起阻尼作用,促使重锤很快静止。

(6)观测台。其构造与倒垂线观测台相似,也可从墙壁上埋设型钢安装仪器底座,特别是一点支承多点观测,是在观测井壁的测点位置埋设型钢安置底座。

3.现场观测

正垂线法观测使用的仪器和观测方法与倒垂线法相同。观测步骤首先是挂上重锤,安好仪器,待钢丝稳定后才进行观测。观测顺序是自上而下逐点观测为第一测回,再自下而上观测为第二测回。每测回测点要照准两次,读数两次。两次读数差小于 0.1 mm,测回差小于 0.15 mm。

由于正垂线是悬挂在本身产生位移的坝体上,只能观测与最低测点之间的相对位移。为了观测坝体的绝对位移,可将正垂线与倒垂线联合使用,即将倒垂线观测台与正垂线最低测点设在一起,测出最低点正垂线至倒垂线的距离,即可推算出正垂线各测点的绝对

位移。

四、混凝土及浆砌石建筑物的垂直位移观测

混凝土及浆砌石建筑物的垂直位移观测多采用水准法测量，使用仪器、测量原理、观测方法和位移值计算、误差分析等均与土石坝垂直位移观测相似，但因混凝土坝及浆砌石建筑物的垂直位移远小于土石坝，所以应提高其测量等级。

垂直位移的测点也分水准基点、起测基点和位移标点三级点位。水准基点为垂直位移系统的基准点，应设在坝下游 1 ~ 3 km 的地基稳定处。起测基点设置在坝体垂直位移标点的纵排两端岸坡上以及廊道出口附近的基岩处。垂直位移标点设在坝面和廊道内，每一坝段布设 1 ~ 2 点。对于拱坝，坝顶一般每隔 30 ~ 50 m 设置一点，另在拱冠、1/4 拱圈及拱座处应设置测点。垂直位移标点也可与水平位移标点合为一体设置。

水准基点和起测基点的结构与土石坝的同类基点大致相同，但埋设要求和对基础的稳定性应较土石坝的高。位移标点的结构因设置方式不同而不同，若与水平位移标点设在一起，则只在标点基座上设置铜质标点头即可；若单独设置，可直接在坝体上（包括廊道内）埋设标点头。廊道内的标点头也可埋设在墙壁上，观测时用微型铟钢尺进行。

五、混凝土坝及浆砌石坝的伸缩缝观测

大体积混凝土受温度影响相当显著。当混凝土坝施工时，由于水泥与水发生水化作用，释放大量的热量，使混凝土温度升高，体积膨胀。以后逐渐降温，体积收缩，有可能导致混凝土坝发生裂缝。在混凝土坝的设计施工中往往采取很多措施，以避免因水化热产生的温度裂缝。例如采用水化热低的水泥品种；坝内预埋冷却水管以通水降温；预留纵横缝并埋设灌浆管，以便在混凝土降温收缩后进行接缝灌浆等。但尽管如此，仍很难完全避免混凝土因受温度变化而产生的变化。尤其在大坝建成后受年气温变化的影响而产生热胀冷缩的体积变化。此外，坝高、荷载或地质情况的不同，也有可能使相邻坝段发生微小的错动。因此，一般直线形、大体积混凝土坝每一定长度，均设置有允许坝体伸缩和错动的伸缩缝，而将坝体分隔成若干坝段。为了掌握混凝土坝随温度升降而产生的体积变化规律以及有无异常错动等现象，以判断大坝是否正常和安全，需进行混凝土坝的伸缩缝观测。

伸缩缝观测通常选择最大坝高、地质条件较差有较大断层或破碎带、坝体混凝土质量较差或止水不良有显著漏水等坝段，在坝顶或廊道适当位置的伸缩缝布置测点进行。有些单位还在施工时选择有代表性的纵横缝埋设测缝仪，以观测接缝灌浆后缝的变化情况。图 2-14 即为吉林某混凝土坝 32#坝段伸缩缝及接缝观测设备布置示意图。

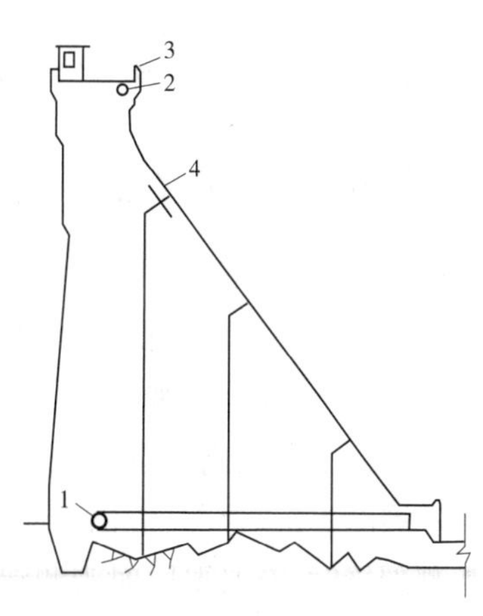

1—单向测缝计；2—型板式测缝标点；
3—三点式测缝标点；4—电阻测缝仪

图 2-14　测缝设备布置示意图

伸缩缝观测设备包括测单向缝宽和三向相对位移两类，常用的有以下几种。

（一）单向测缝标

在伸缩缝两侧各埋设一段角钢，角钢与缝平行，一翼用螺栓固定在坝体上，另一翼内侧焊一半圆球形或三棱柱形标点头，如图 2-15所示。测量时用外径游标卡尺测读两标点头间的距离，各测次距离的变化量即为伸缩缝开合的变化。

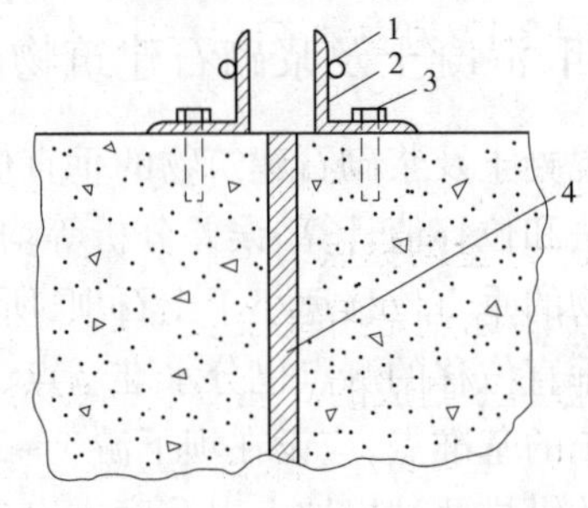

1—标点；2—角钢；3—螺栓；4—伸缩缝

图 2-15 单向测缝标

（二）型板式三向测缝标

需要观测伸缩缝开合、错动和高差 3 个方向变化的测点，可在伸缩缝两侧混凝土上埋设型板式三向测缝标点，其结构形式见图 2-16。型板式测缝标点上有 3 对不锈钢或铜质的三棱柱条，用外径游标卡尺测量每对三棱柱条间的距离变化，即可得 3 个方向的相对位移。

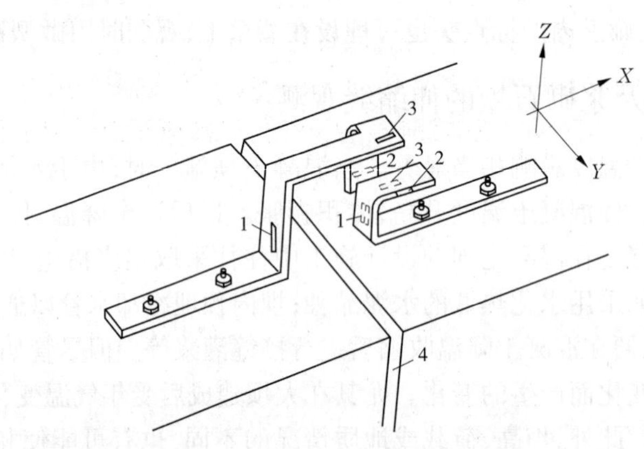

1—X 方向测量标点；2—Y 方向测量标点；3—Z 方向测量标点；4—伸缩缝

图 2-16 型板式三向测缝标点结构示意图

六、混凝土及浆砌石建筑物的裂缝观测

当拦河坝、溢洪道和放水洞等混凝土和砌石建筑物发生裂缝，并需了解其发展情况，分析产生的原因和对建筑物安全的影响，以便进行处理，则应对裂缝进行定期的观测。在发生裂缝的初期，应至少观测一次，当裂缝发展减缓后，可适当减少测次。在出现最高气温、最低气温、上游最高水位，或裂缝有显著发展时，应增加测次。经相当时期的观测，裂缝确无发展时，可以停测，但仍应经常进行检查观察。

观测裂缝时，有必要同时观测混凝土温度、气温、水温、上游水位等环境因子，对于梁、柱等建筑物还需检查荷载情况。有漏水情况的裂缝，则应同时观测漏水情况。

裂缝的位置、分布、走向和长度等的观测，可在裂缝两端用油漆画线作标志，并注明观测日期。可按桩号和离坝轴距离为坐标，在混凝土或砌石坝建筑物表面画出适当大小的

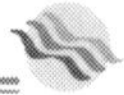

方格进行丈量，并绘图予以标明。

图 2-17 为溢洪道闸墩裂缝位置的示意图。

裂缝宽度需选择缝宽最大或有代表性的位置，设置测点进行测量。通常可用以下方法。

（一）金属标点

金属标点是用直径大于 20 mm，长约 60 mm 的钢筋加工制成的。在裂缝两侧各埋设一个，距离不小于 150 mm。标点埋入混凝土约 40 mm，外露部分做成标点和保护盖相结合的螺丝扣，结构形式如图 2-18 所示。通常用游标卡尺测量。其两点间距的变化值，即为裂缝宽度的变化值，精确度可量到 0. 1 mm。

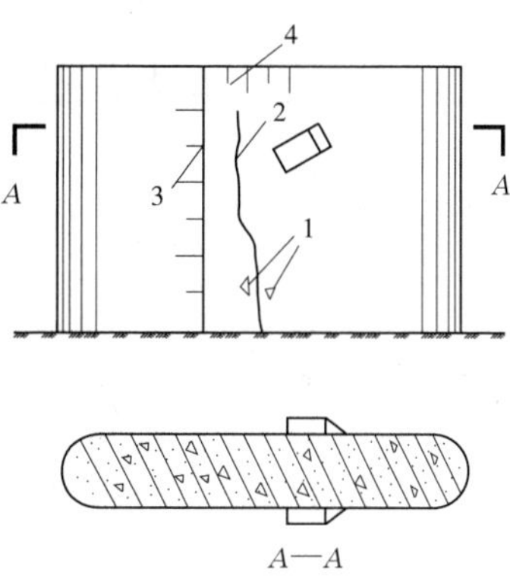

1—裂缝观测标点；2—裂缝；
3—高程标尺；4—距离标尺

图 2-17 溢洪道闸墩裂缝位置

（二）固定千分表

对于特殊重要的裂缝要求精度较高，其宽度可在测点固定百分表或千分表等量具进行观测。千分表安装在焊于底板上的固定支架上，底板用预埋螺丝固定在裂缝一侧的混凝土表面。裂缝另一侧也埋设一块底板以安装测杆。安装时，测杆应正对千分表测针，并稍稍压紧，使千分表有适当的读数。图 2-19 为固定千分表的安装示意图。

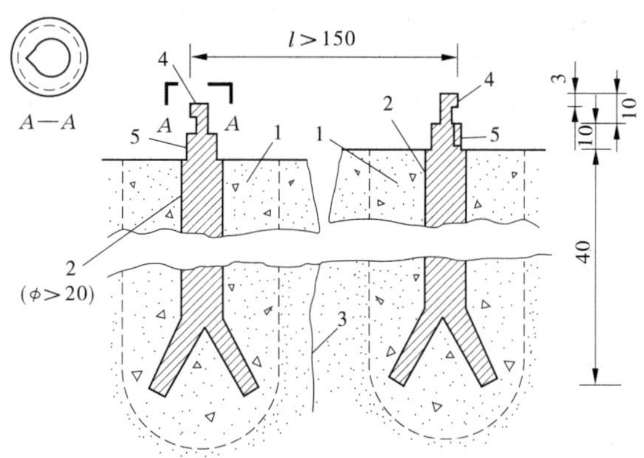

1—钻孔后回填的混凝土；2—观测标点；3—裂缝；
4—游标卡尺卡着处；5—螺纹丝扣

图 2-18 裂缝观测标点结构 （单位：mm）

对于裂缝的走向和长度，必要时还可在裂缝发展的有代表性阶段拍摄照片。拍照时可在裂缝边固定位置放置标杆等，以进行比较。混凝土和砌石建筑物裂缝的深度的观测，一般采用金属线探测，有条件的地方也可用超声波探伤仪测定，或用钻机打直孔或斜孔进行探测。

上述观测成果需每次进行详细记录，并绘制相应的成果图，以便于比较分析，并采取相应的处理措施。

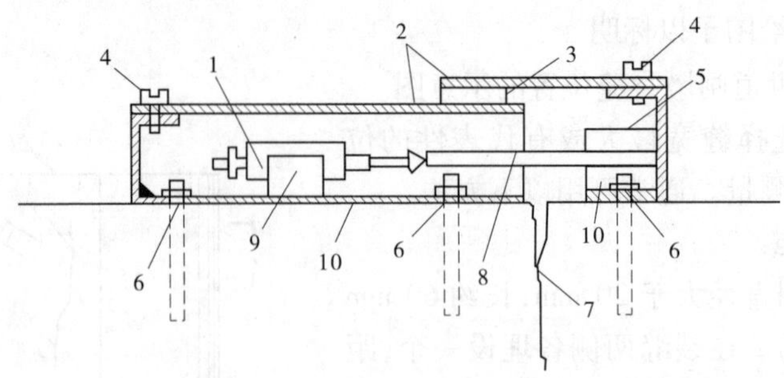

1—千分表;2—可相对移动的保护盖(与底座焊接);3—密封胶垫;4—连接螺栓;
5—测杆座;6—固定螺栓;7—裂缝;8—测杆(H=20 mm 与测杆座焊接);
9—固定千分表支架(与底板焊接);10—底板

图 2-19　固定千分表的安装示意图

子任务二　混凝土坝及浆砌石坝的渗流监测

混凝土坝及浆砌石坝的渗流监测项目主要就是混凝土及砌石建筑物扬压力观测。

一、目的与要求

混凝土和砌石建筑物基础面上的扬压力,是指建筑物处于尾水位以下部分所受的浮力和在上、下游水位差作用下,水从基底及岩石裂隙中自上游流向下游所产生的向上的渗透压力的合力。向上的扬压力,相应减少了坝体的有效重量,降低了坝体的抗滑能力。可见扬压力的大小直接关系到建筑物的稳定性。混凝土和砌石建筑物设计中,必须根据建筑物的断面尺寸,上、下游水位,以及防渗排水措施等确定扬压力大小,作为建筑物的主要作用力之一,来进行稳定计算。建筑物投入运用后,实际扬压力大小是否与设计相符,对于建筑物的安全稳定关系十分重要。为此,必须进行扬压力观测,以掌握扬压力的分布和变化,据以判断建筑物是否稳定,发现扬压力超过设计时,即可及时采取补救措施。

混凝土和砌石建筑物的扬压力观测通常是在建筑物内埋设测压管来进行的。在观测扬压力的同时,应该观测相应的上、下游水位和渗流量。

二、测点布置

扬压力观测的测点应根据建筑物的重要性和规模大小、建筑物类型、断面尺寸、地基地质情况以及防渗结构、排水结构等进行布置。一般可选择若干垂直于建筑物轴线的具有代表性的横断面作为测压断面。通常选择在最大坝高、老河床、基础较差以及设计时进行稳定计算的断面处。一般要求不少于三个测压断面。每个测压断面内测点的布置,以能测出扬压力分布及其变化为原则。一般可参考下列情况布置:

(1)为了解坝基和闸基防渗设施的效果,应在灌浆帷幕、防渗墙、铺盖齿墙、板桩等上、下游各安设一个测点。

(2)为了解排水体的情况,应在坝基排水孔、溢洪道护坦排水孔的下游安设一个测点。

 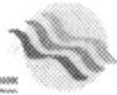

(3) 建筑物底面中间及紧靠下游端各安设一个测点。

(4) 每个测压断面测点不少于 3 个。

对于混凝土坝或浆砌石重力坝，一般是在横向廊道中布置测压断面，以便于观测，图 2-20为某重力坝扬压力测点布置图。支墩坝和连拱坝可布置在支墩和坝垛内。图 2-21为某宽缝重力坝第 18 坝段测压断面的测点布置。

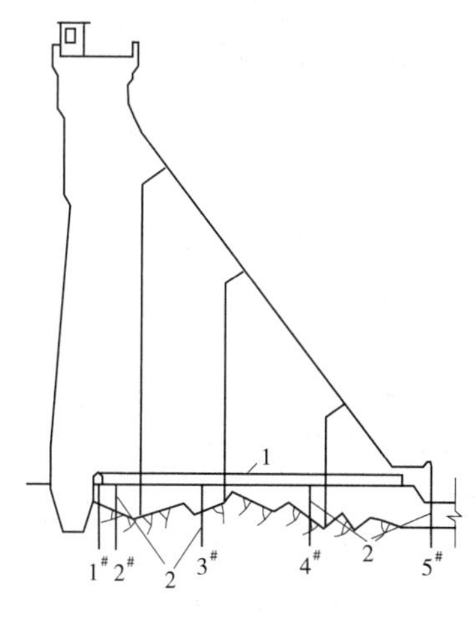

1—廊道;2—测压管

图 2-20　某重力坝扬压力测点布置

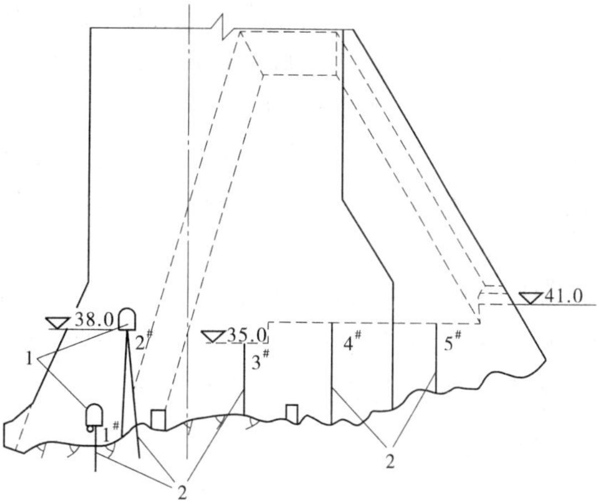

1—廊道;2—测压管

图 2-21　某宽缝重力坝扬压力测点布置图

如果需要研究扬压力沿建筑物纵向的分布情况，可沿建筑物轴线布设一排测点，构成一个纵向观测断面，以便分析扬压力沿整个基础的分布情况。

测点上扬压力观测设备通常使用测压管和渗压计，分述如下。

三、测压管构造及埋设

观测扬压力的测压管与土石坝浸润线测压管类似，也由进水管段、导管和管口保护设备三部分组成。一般在混凝土或砌石建筑物施工时埋设。扬压力测压管由进水管、导管和装有保护装置的管口组成。通常使用ϕ 50 mm 的金属管或塑料管。

(一) 进水管

扬压力测压管的进水管段与土石坝浸润线管的进水管段略有不同。为能正确地测出最高浸润线和最低浸润线的位置，浸润线管的进水管段往往很长，有的达数十米。而扬压力测压管是反映建筑物底面上某一点的水压力，一般较短，只要不小于 20 cm 即可。由于进水段较短，为使进水通畅，故进水孔可适当加密。进水管段下部也应留长度大于5 cm 的沉沙管段，管壁不预钻，底部封闭。图 2-22 为扬压力进水管段示意图。扬压力测压管的进水管段往

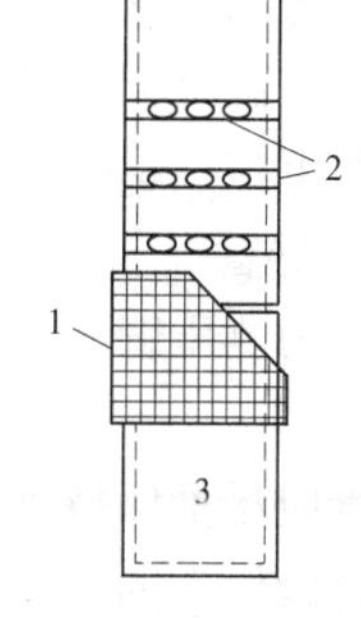

1—反滤层;2—进水孔;3—沉沙管段

图 2-22　扬压力进水管段示意图

往埋设在岩基上,因此外包反滤层可以比浸润线管的要求低些。

在软基上埋设扬压力进水管段时,应在管段外围敷设反滤层。一般可在测点处挖一方形小坑,坑的边长不小于80 cm,用钢板或木板按坑的大小做成方盒。盒的周围和底部布置间距10~12 cm、梅花形排列的小孔,孔径5~10 mm。盒内按反滤要求分层填以反滤料,并预埋好进水管段。然后将方形盒埋入基础小坑内,如图2-23所示。方盒内各层反滤料之间,以及最外层反滤料与基础土料之间,必须符合反滤要求。每层反滤料的厚度应不小于15 cm,反滤料最大粒径不超过8~10 mm。

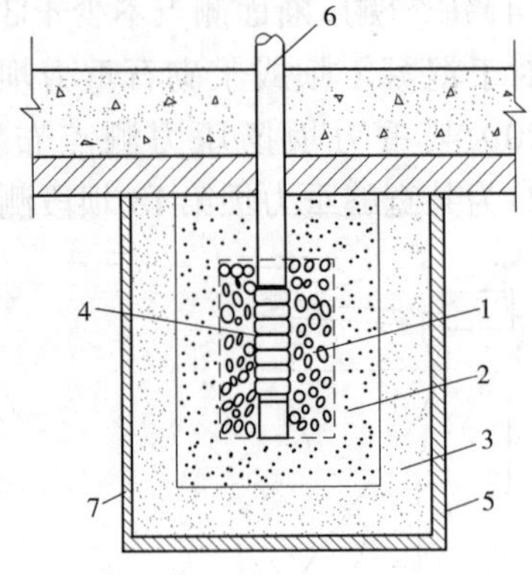

1—砾石;2—粗砂;3—细砂;4—进水短管;
5—方形盒;6—导管;7—进水小孔

图2-23 方形外壳敷设反滤层示意图

如果扬压力进水管段埋设在基础反滤层内而且是水平向的,则沉沙管可与进水管段垂直,用三通连接,沉沙管的长度需不小于50 cm,如图2-24所示。

在破碎岩石基础上埋设扬压力进水管段时,应先挖一个1.0 m×1.0 m见方、深0.2 m的浅坑,再在浅坑中间挖一个0.5 m×0.5 m、深约0.5 m的深坑,将进水短管插入深坑后,在坑内填以粒径2~5 cm的碎石,如图2-25所示。

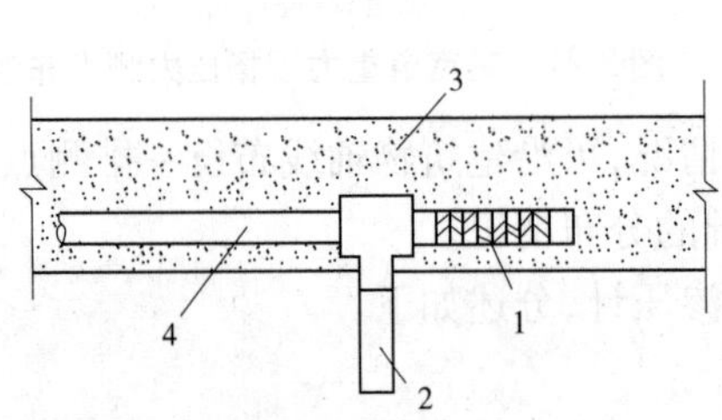

1—进水短管;2—沉沙管;
3—反滤层;4—导管

图2-24 三通管连接示意图

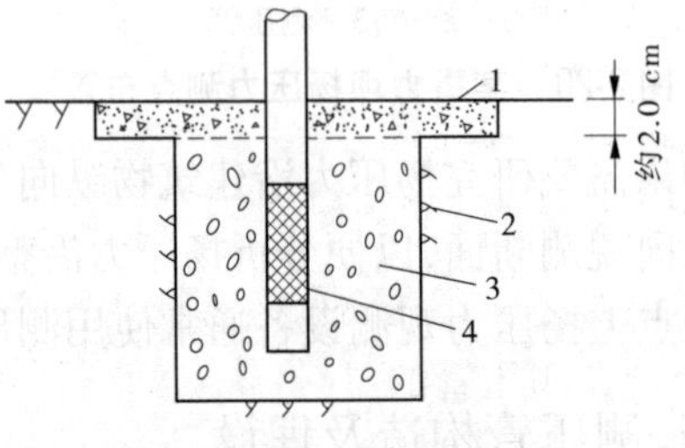

1—混凝土底板;2—岩石基础;
3—碎石;4—进水短管

图2-25 破碎岩石基础测压管进水段设备构造示意图

扬压力测压管一般在混凝土或砌石建筑物施工时埋设,进水管段一般在清基时埋设。为防止浇筑混凝土或砌石时将进水管段和反滤料堵死,应将进水管段的上口临时封闭,反滤料表面可抹一层砂浆保护。

(二)导管

扬压力测压管的导管与浸润线管一样,可采用与进水管直径相同的金属管或塑料管连接而成。

导管应尽量保持垂直,最好使管口和进水管段在同一铅垂线上。对于不能保持管口和进水管段铅直的,可设水平管段,即进水管段用水平的导管引至设计管口的投影位置,然后与垂直导管连接,向上引至便于观测处管口位置。水平管段应略呈倾斜,靠铅直导管一端略高,靠进水管段一端略低,坡度约为5%,以避免产生气塞现象。对于扬压力水头

低于管口高程的测压管,水平管段应设在低于可能产生的扬压力高程。当水平管段伸出混凝土体以外时,紧靠混凝土体的伸出管段应做成环状,以免因沉陷不均匀而使水平管段断裂,如图2-26所示。当水平管段穿过混凝土伸缩缝时,应采用在水平面上弯曲的铅管接头,如图2-27所示。

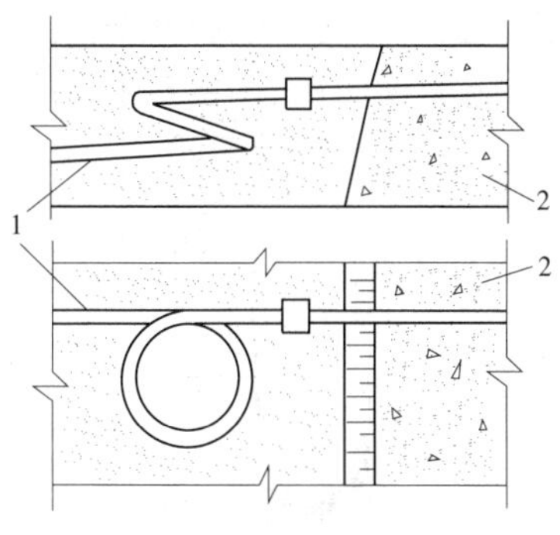

1—水平管段;2—混凝土体

图2-26　测压管水平管段的环状段

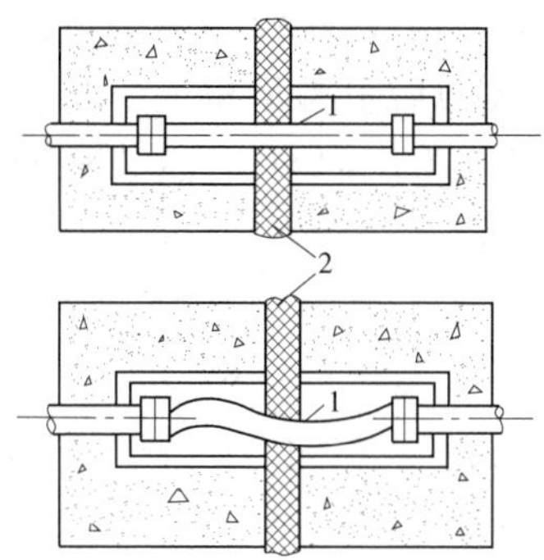

1—铅管;2—伸缩缝

图2-27　测压管水平管段的铅管接头

(三)管口

扬压力测压管的管口应在不被淹没而便于观测的部位,并需保证不受破坏。如测压管内的最高水位低于管口,则管口保护设备与土石坝浸润线测压管的要求相同。

扬压力测压管一般是在施工时埋设。建筑物建成后需要补设者,也可选适当位置在混凝土或砌石中钻孔埋设。钻孔应深入建筑物底面下30 cm,然后将按要求安装好的测压管放入钻孔,管周填以反滤料至底面高程,再填一层黏土,最后在管周填筑水泥砂浆直至建筑物表面。

扬压力测压管埋设后,应进行编号,绘制竣工图,并对管口进行水准测量,确定管口高程。为检查测压管的灵敏度,还应对测压管进行注水或放水试验。对于管中水位低于管口的,可进行注水试验,详见土石坝浸润线观测一节。对于管中水位高于管口的,可进行放水试验。放水后关闭阀门,记录其恢复到原来压力的时间,若超过2 h,应认为是不灵敏的。

四、测压管观测

扬压力测压管中水位低于管口的,其观测方法和设备与土石坝浸润线观测一样。管中水位高于管口的,一般用压力表或水银压差计进行观测。压力表适用于测压管水位高于管口3 m以上,压差计适用于测压管水位高于管口5 m以内。

用压力表观测时,需在测压管口处开一岔管以安装压力表,图2-28为常用压力表与测压管连接示意图。压力表可以固定安装在测压管上,但应注意防潮。也可采用观测时临时安装的方法,观测时,需待压力表指针稳定后,才能进行读数。压力表宜采用水管或蒸汽管上应用的压力表,其规格应根据管口可能产生的最大压力值进行选用,一般应使压力表最大读数的1/3~1/2量程范围内较为适宜。观测时应读到最小估读单位,并测读两次,两次读数差不得大于压力表最小刻度单位。测压管水位(m)=压力表表座高程+10 P。

用水银压差计观测测压管水位时,需在管口安装压差计设备。一般采用外径10 mm、高度大于400 mm的带三通的U形玻璃管，安设在便于观测的木板上，中间装一有毫米刻度的标尺，标尺零点在压差计的中段，如图2-29所示。安装时，在U形玻璃管中注入水银，使两管水银柱面与标尺零点相平，然后用胶皮管连接测压管和U形管的三通，并向三通上口注水使水和水银面接触，其间不得存在气泡，最后用另一根胶管接在三通上口上，当水流出上口后，将胶管扎紧，即可进行测读。测读时，直接从标尺上读出压差计两端水银柱面距零点的距离 h_1 和 h_2（单位为 m，读至 mm）。应测读两次，两次读数差不得大于1 mm。测压管水位(m) = 标尺零点高程 + 13.6($h_1 + h_2$) − h_2。

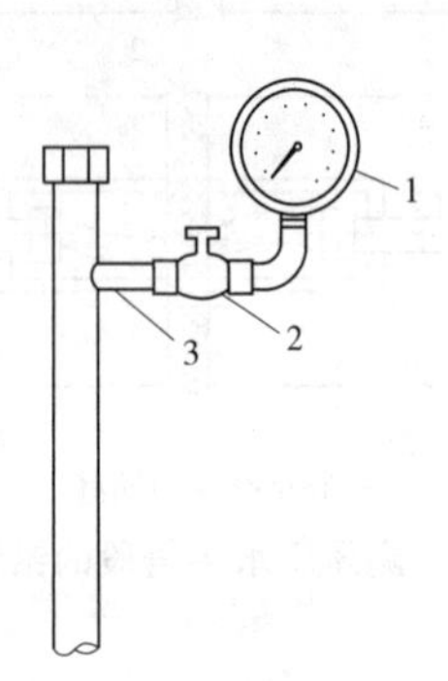

1—压力表；2—截门；3—焊接

图2-28 压力表与测压管连接示意图

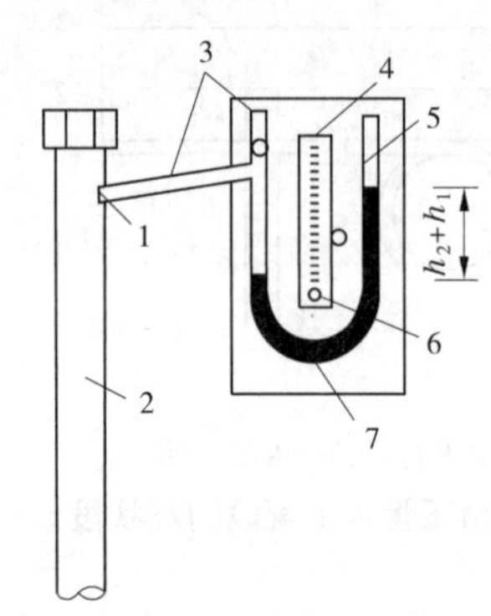

1—焊接；2—测压管；3—胶管；4—木板；5—压差计；6—标尺；7—水银

图2-29 水银压差计示意图

五、渗压计测定扬压力

用于渗水压力观测的渗压计有钢弦式、差动电阻式等仪器，下面介绍钢弦式渗压计。

（一）钢弦式渗压计的结构和原理

钢弦式渗压计由透水石、受压膜、钢弦、电磁铁和外壳等部件构成，如图2-30所示。受压膜为不锈钢薄板，钢弦为φ0.15 mm的不锈钢丝，在固定梢和螺栓之间张紧固定。

钢弦式渗压计埋设于坝基测点位置，在坝基扬压力作用下，水透过透水石，水压力作用于受压膜上，使受压膜挠曲变形，钢弦的张紧程度发生变化。如果给电磁线圈一个瞬时脉冲电流，电磁铁将瞬时吸动钢弦，之后钢弦便产生自振，其振动的频率与钢弦的张紧程度有关，亦即与作用在受压膜上的水压力大小有关，这种关系可表示为

$$p = k(f_i^2 - f_0^2) \tag{2-2}$$

式中 p——渗水压力，Pa；

k——渗压计灵敏度，Pa/Hz，可在仪器埋设前率定求出；

f_i——渗压计观测频率，Hz；

f_0——零压力时渗压计的振荡频率，Hz。

有了式(2-2)后，即可由观测的频率值求出渗水压力 p，再计算出水柱高度，最后由仪器埋设点高程算出渗水压力高程。

由于钢弦受温度影响，其长度将发生变化，自振频率亦将发生变化。为此，需在渗压计埋设前率定渗压计的频率与温度之间的关系，求得温度补偿系数，进行温差修正。当渗

压计埋设点温差小于 10 ℃时,频率变化将不大于 2 Hz,此时可不进行修正。

钢弦式渗压计的优点是钢弦频率信号的传输不受电缆电阻的影响,适宜于远距离测量,仪器灵敏度高,稳定性好。

(二)渗压计的埋设

渗压计的埋设方式,与渗压计的结构形式、使用目的以及埋设部位等有关。当用于基岩上测定建筑物基础扬压力时,一般在基坑开挖完成后,在岩面钻孔。孔径 10 ~ 20 cm,孔深 30 cm。在孔底部放 5 ~6 cm 厚的细砂,上面再放细粒卵石或粗砂 5 ~6 cm。将渗压计透水石卸下浸水使其饱和,受压膜空腔内注满水并排尽空气,然后装好透水石,将渗压计放入孔中。周围用粗砂填紧并覆盖渗压计,坑内再灌入适当水分使反滤料饱和。最后用砂浆填满钻孔,上面浇筑混凝土。

(三)现场观测

钢弦式渗压计的观测,可采用数码式频率计或图形式频率计进行。数码式频率计直接显示频率值,精度高,观测迅速;图形式频率计主要由标准钢弦、荧光屏和测微螺旋等组成。

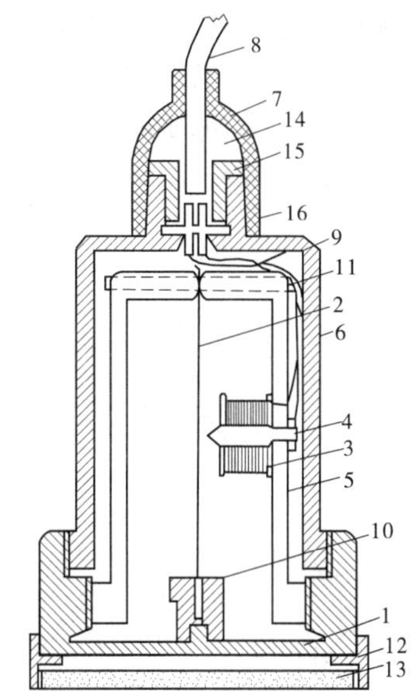

1—不锈钢受压膜;2—钢弦;3—电磁线圈;
4—电磁铁;5—支架;6—外壳;7—橡皮密封;
8—电缆;9—导线;10—固定梢;11—螺栓;
12—透水石定环;13—透水石;14—密封胶;
15—压帽;16—接线柱

图 2-30　钢弦式渗水压力测头(填方埋入式)

子任务三　混凝土坝及浆砌石坝的应力和温度监测

一、混凝土坝的应力观测

混凝土坝建成蓄水后,在水压力、泥沙压力、浪压力、扬压力和温度等荷载和因素作用下,坝体和坝基内各点将产生相应的应力,随着荷载的变化,应力也相应地产生变化,在建筑物正常运用的情况下,应力应保持在设计允许的范围内,以保证建筑物的安全。

建筑物进行应力和温度观测的目的是掌握在各种工作条件下应力和温度的分布及其变化,并与设计情况相比较,以便分析建筑物的工作状况,并作为工程控制运用的依据。

(一)观测断面和测点的布置

混凝土坝的应力观测,一般是根据工程的重要性、坝的型式、荷载及地质情况选择有代表性的坝段或某些特殊部位进行观测。对于重力坝,通常对溢流坝和非溢流坝各选择一个坝段,对于重要的和地质条件复杂的工程,可适当增加观测坝段。对于每个观测坝段,至少布置 1 ~2 个观测断面,一般在靠近基础处(距基础面高度不小于 5 m)布置一个断面,然后根据坝高和坝体结构再布置几个断面,每个断面上至少布置 5 个测点,上、下游测点距坝面不小于 3 m。对于有纵缝的坝体,在距纵缝上、下游 1. 5 ~2. 0 m 处可以各增设一个测点。图 2-31 为某宽缝重力坝观测断面和测点的位置。

拱坝通常选择拱冠悬臂梁和拱座断面作为观测断面，对于重要的拱坝，还可取距拱座 1/4 弧长的径向断面作为观测断面。在每个观测断面上，测点的布置原则与重力坝基本相同，但截面上、下游的测点应分别布置在距坝面 1 m 的地方。为了观测温度应力的变化，测点可适当加密。图 2-32 为某拱坝应力观测点的布置。

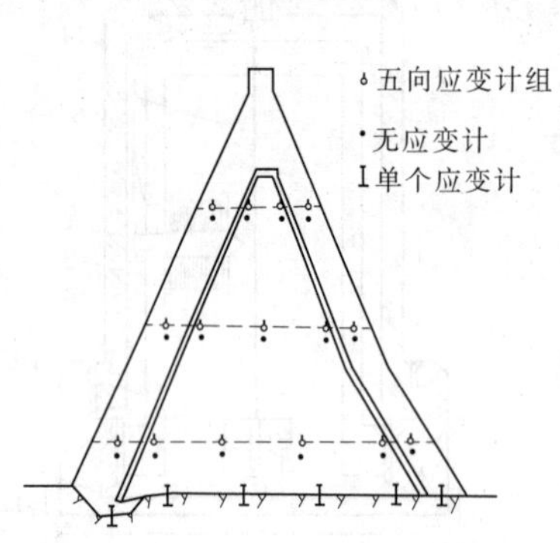

图 2-31 某宽缝重力坝应力观测断面和测点的布置

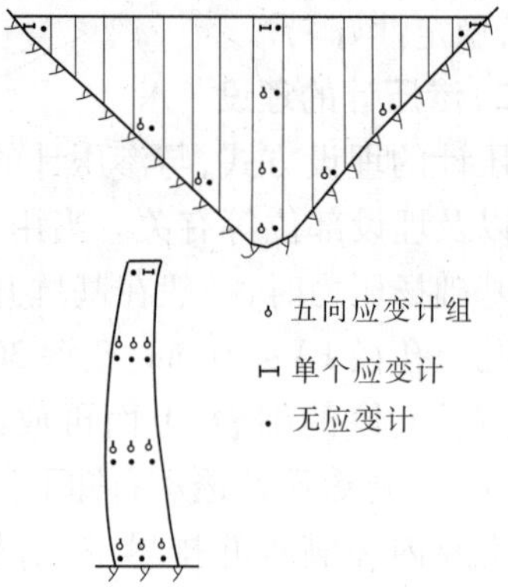

五向应变计组
单个应变计
无应变计

图 2-32 某拱坝应力观测点的布置

（二）观测设备和应力观测

混凝土坝的应力观测通常是在施工时期在坝体内埋设遥测应变计，并在附近埋设无应力计，应变计和无应力计用电缆连接引入观测站的接线箱上，利用比例电桥测读应变计的电阻和电阻比，计算出混凝土在应力、温度、湿度和化学作用下的总变形，并由无应力计观测混凝土在温度、湿度和化学作用下的非应力变形，将总变形减去非应力变形，得应力变形，然后通过混凝土的应力—应变关系，并考虑到混凝土的徐变影响，即可算出测点的应力。对于重力坝可以在接近坝基、压应力最大部位埋设应力计进行观测，拱坝则可在拱冠及拱座埋设应力计。

当需要观测应力在平面上的方向和大小时，应在测点上埋设五向或四向应变计组，如图 2-33(b)、(c)所示；当需要观测应力在空间的方向和大小时，应在测点上埋设九向应变计组，如图 2-33(a)所示。对于应力方向已经明确，只需要观测应力大小的测点，可埋设单个应变计。在埋设应变计的测点附近，应埋设无应力计。

对于重力坝，通常埋设五向应变计组，其中 4 个应变计沿观测断面布置，另一个则与观测断面垂直，如图 2-33(b)所示。对于支墩坝，支墩部分的测点一般埋设四向应变计组，大头部分埋设五向应变计组。对于拱坝，一般埋设九向和五向应变计组，五向应变计中的 4 个沿悬臂梁断面布置，另 1 个则垂直于悬臂梁。为了校核弧线方向的切向应力，可沿弧线方向增设单个应变计。

应变计的观测，一般是在埋设前后各观测一次，测出仪器的电阻、电阻比、总电阻和分线电阻。在混凝土浇筑后的第 1、2、3、5、8、12、18、24 小时，应分别观测一次，以后两天，每隔 4 小时观测 1 次，第 4 天开始可每天观测 2 ~ 3 次，往后次数可减少。当混凝土全部竣工后，对于重力坝至少每月观测 2 次，对于轻型坝应每周观测 2 次。

二、混凝土坝的温度观测

对于混凝土坝，由于混凝土水化热而产生的温升、水库蓄水后的水温、周围的气温和

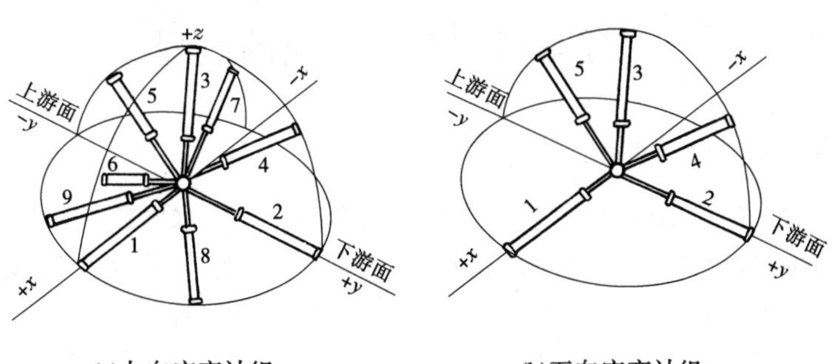

(a)九向应变计组　　(b)五向应变计组

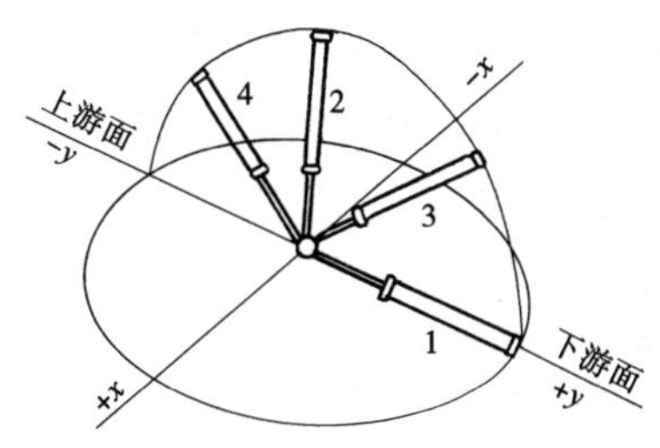

(c)四向应变计组

图 2-33　应变计组示意图

太阳辐射的影响，坝体的温度在不断地变化，坝体表面和坝体内部的温度也不一致，形成了内外温差。温度观测的目的是掌握大坝施工期混凝土的散热情况，改进施工方法，确定纵缝灌浆的时间，研究温度对坝体应力和体积变化的影响，防止产生温度裂缝，以及分析大坝的运行状态，及时发现存在的问题。

混凝土坝的温度观测，是在混凝土坝体内埋设电阻式温度计，并用电缆引至测站的接线箱上，通过比例电桥测定温度计的电阻，然后将电阻转换成相应的温度。

温度观测断面和测点的布置，应适应坝内温度梯度的变化，便于掌握温度的分布及其变化规律。布置时应考虑到坝体结构的特点和施工方法，以及其他项目的观测。

温度测点通常布置在应力观测的坝段和观测断面上，坝体中部略稀，接近坝表面处较密，在钢管、廊道、宽缝和伸缩缝附近应增加测点。由于埋设有差动式电阻应力计的测点可以兼测温度，因此在这些测点可不必另外埋设温度计。

对于重力坝，应分别选择一个溢流坝段和非溢流坝段作为观测坝段，每个坝段的中间断面作为观测断面。在每个观测断面上，沿高度每隔 8 ~ 15 m 布置一排测点，一般不少于 3 排，每排布置 3 ~ 5 个测点，如图 2-34 所示。

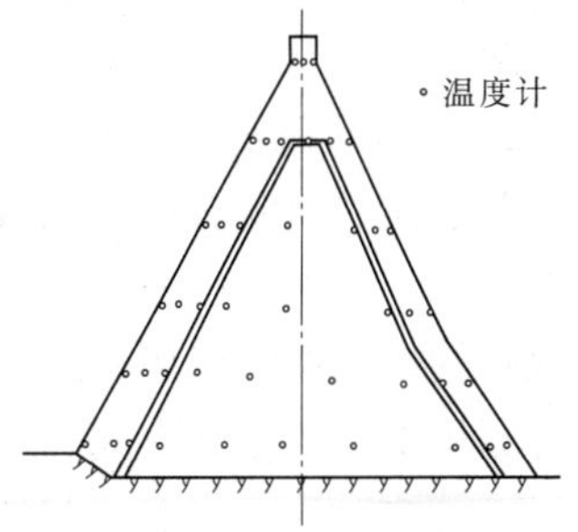

图 2-34　某宽缝重力坝温度测点的布置

子任务四　高速水流的监测

一、水流形态的观测

水工建筑物水流形态的观测，包括水流平面形态、水跃、水面曲线和挑射水流的观测，其目的是建筑物过流时的水流状况，以判断建筑物的工作情况是否正常，消能设备的效能是否符合设计要求，建筑物上、下游河道是否会遭受冲刷或淤积。

水流形态的观测是水工建筑物在运用过程中的一项经常性的观测项目，通常与上下游水位、流量、闸门开度、风力、风向等项的观测同时进行。

（一）水流平面形态观测

水流平面形态观测的内容包括水流的方向、漩涡、回流、水花翻涌、折冲水流、水流分布，观测的方法是通过目测、摄影或浮标测量将水流情况测记下来。在进行目测和摄影时，为了便于观察和拍照，可在水流表面上撒上锯屑、稻壳、麦糠等漂浮物，以显示水流行迹。水流平面形态示意图如图 2-35 所示。

（二）水跃和水面曲线观测

水跃和水面曲线的观测，一般是采用方格网法和水尺组法。

方格网法是在建筑物两岸侧墙上绘制方格网，网格的间距视建筑物尺寸而定，一般纵向线的间距可采用 1 m，横线的间距可采用 0.5～1.0 m，线条的宽度为 3～5 cm，用白色磁漆绘制。观测时，观测人员站立对岸，用目测或望远镜观测水流的水面在方格网上的位置，并将其按一定比例（一般可采用 1/100）描绘在图纸上。

水尺组法是沿水流方向在建筑物两岸侧墙上设立一组水尺，水尺的间距和刻度以能按要求精度测出水跃或水面曲线为准。观测时将水流的水面在各水尺上的位置测记下来，并将其描绘在图上。

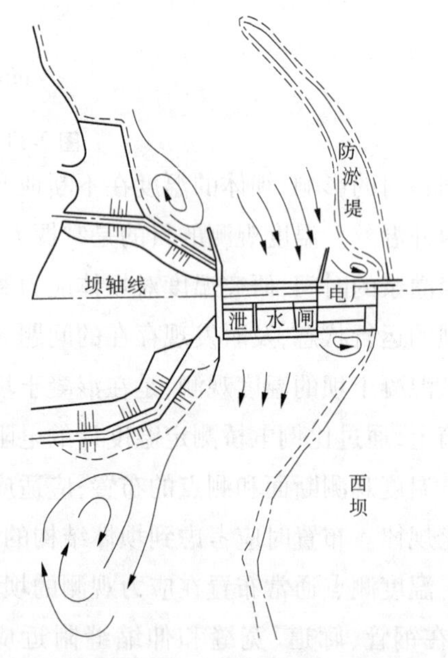

图 2-35　水流平面形态示意图

（三）挑射水流观测

挑射水流的观测包括水面线的形状、射流最高点和落水点的位置、冲刷坑位置和水流掺气情况。

观测的方法通常采用摄影或在建筑物两岸布设观测基点，架设经纬仪，采用前方交会法进行测量。一般是在夜间，用投光灯照射水流表面的测点，再用经纬仪进行观测。

二、高速水流的观测

观测高速水流的目的是了解高速水流对建筑物的影响，以便采取措施改善建筑物的运用方式，同时是为设计和科研提供资料。

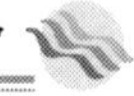

高速水流的观测内容包括振动、脉动压力、负压、进气量、空蚀和过水面压力分布等。

（一）水工建筑物振动观测

水工建筑物在运用过程中常常会受到动荷载的作用，使建筑物处于振动状态。振动观测的目的就是了解建筑物振动的效应，以判断其对建筑物的影响，以便采取措施，保证建筑物的安全。

水工建筑物易产生振动的部位主要有闸门、阀门、钢管道、工作桥大梁等。

振动观测所采用的观测仪器有：

（1）电测仪器。通常由感应部分、扩大部分和显示部分组成，观测时只需将感应部分与振动物体相接触，即可从显示部分（一般为示波仪）观测出振幅和频率。

（2）接触式振动仪。由触杆、传动杆、笔杆、定时器和记录机构所组成，观测时将触杆与振动物体相接触，则物体的振动即可通过传动杆由笔杆记录在纸上。

（3）振动表。由千分表、稳定铅块、弹簧和测微杆所组成，如图 2-36 所示。观测时将振动表的弹簧放置在振动物体表面，弹簧在上部重量的作用下随着振动而压缩和伸张，测微杆也因此产生振动，此时即可由千分表上指针摆动的范围读出相对振幅。振动表的缺点是不能测出绝对振幅和频率。

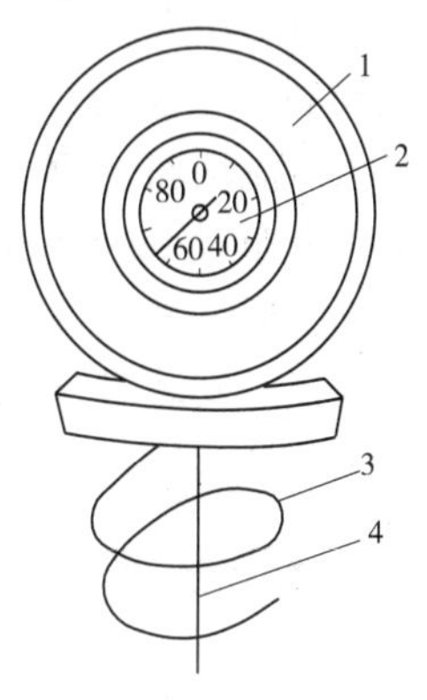

1—稳定铅块；2—千分表；
3—弹簧；4—测微杆

图 2-36　振动表示意图

（二）水流脉动压力观测

高速水流的压力脉动会引起建筑物上瞬时荷载的增大，使结构产生振动，而且还可能使建筑物产生空蚀。脉动压力的观测主要是观测压力脉动的振幅和频率。

建筑物产生压力脉动的部位，主要有闸门底缘、闸门和闸墩后面、隧洞和泄水管道出口处、溢流坝面、护坦上下表面等。

脉动压力的观测多采用电阻式脉动压力传感器（见图 2-37），它是在金属膜片的上、下面粘贴电阻应变丝所构成的，当膜片外力作用而产生变形时，电阻应变丝也产生变形（伸长或缩短），电阻的变化又表现为线路上电流的变化，所以电流的不同变化就反映了作用在金属膜片上外力（压强）的变化。目前已研制成灵敏度较高、稳定性较好的 FTF 型电阻式脉动压力传感器。

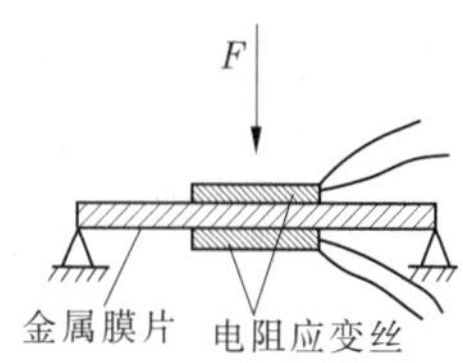

图 2-37　电阻式脉动压力传感器示意图

（三）负压观测

在高压闸门的门槽、门后顶部、进水喇叭口、溢流面、反弧段末端、消力齿槛的表面等水流边界条件突变的部位，常常会产生负压，进行负压的观测就是为了研究负压对建筑物的影响，以及应采取的改善措施。

负压的观测多采用负压观测管，这是一根直径为 18 mm 或 25 mm 的金属管，施工时埋入测点，使管口与建筑物表面齐平，管的另一端则引入廊道或观测井中，并与真空压力表或水银压差计相连接。观测时，由于水流脉动的影响，真空压力表指针和水银压差计中的液面极不稳定，因此只需测读压力的最高值、最低值及平均值。

（四）进气量观测

在泄水建筑物的闸门下游侧，由于水流极不稳定，常常会产生空蚀和引起闸门振动，因此一般都设置通气管道，及时进行补气和排气，以改善建筑物的运用条件。进气量的观测就是为了了解通气管道的工作效能。

进气量的观测一般采用孔口板法、毕托管法和风速仪法。

（五）空蚀观测

在建筑物的某些部位，如泄水建筑物的反弧段及其下游、闸门门槽、底孔闸门下游、溢流坝面、挑流鼻坎、消力墩和消力槛的侧面及背面，在高速水流通过时，其表面常常会产生空蚀。空蚀对建筑物的破坏很大，必须加以防止。

空蚀的观测，通常是用沥青、石膏、橡皮泥等材料，先称好重量，然后填入空蚀部位，将原先所称的重量减去剩余材料的重量，除以材料的容重，即为空蚀的体积。空蚀的平面分布可采用摄影法或测绘法进行观测。

（六）过水面压力分布观测

对于溢流坝面、泄水管道喇叭口表面、隧洞洞壁等过水面上的压力分布，通常是在这些过水面上布置一组测压管，根据测压管中的水面高程来确定压力的分布。

测压管通常采用直径 50 mm 的金属管或塑料管，进水管段的直径约 18 mm，两者用渐变管连接。安装时，进水管口应与过水面齐平，另一端则引入观测廊道、观测井或墩顶，用水银压差计或压力表进行观测。

子任务五　混凝土坝及浆砌石坝的监测资料整理

一、混凝土建筑物变形观测资料的整理

（一）水平位移资料的整理

（1）水平位移过程线。以时间为横坐标，以测点的水平位移为纵坐标，即可绘制成水平位移过程线，见图 2-38。

（2）挠度曲线。以横坐标表示水平位移，以纵坐标表示测点高程，即可绘制成表示同一垂线上各测点水平位移的挠度曲线，见图 2-39。

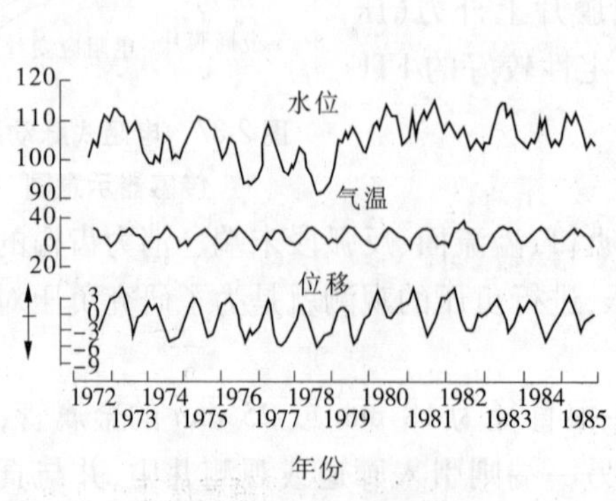

图 2-38　陈村拱坝水平位移过程线

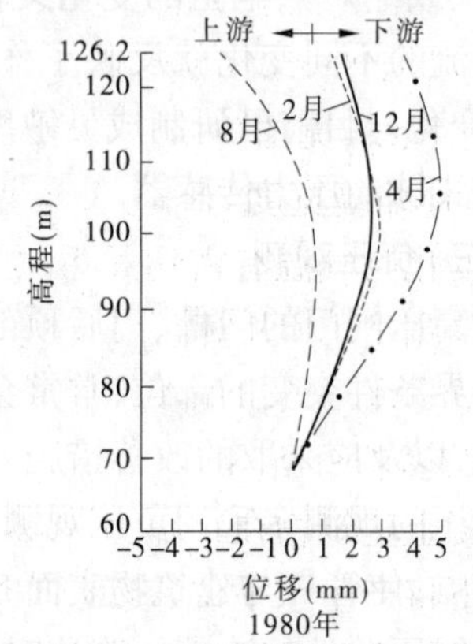

图 2-39　拱坝拱冠断面挠度曲线

(3)水平位移分布图。以纵向观测断面为基线,将各测点的水平位移按一定比例尺标于图上,则可绘制成水平位移分布图,见图2-40。

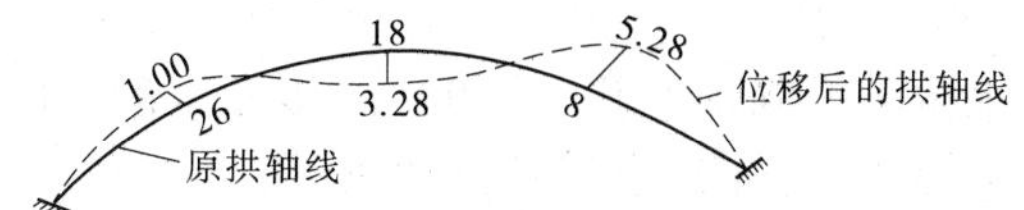

图2-40　某拱坝拱环的水平位移分布图　(单位:mm)

(二)竖直位移观测资料的整理

混凝土建筑物竖直位移观测资料可整理成竖直位移过程线(见图2-41)、累计竖直位移变化曲线(见图2-42)和竖直位移分布曲线(见图2-43)。

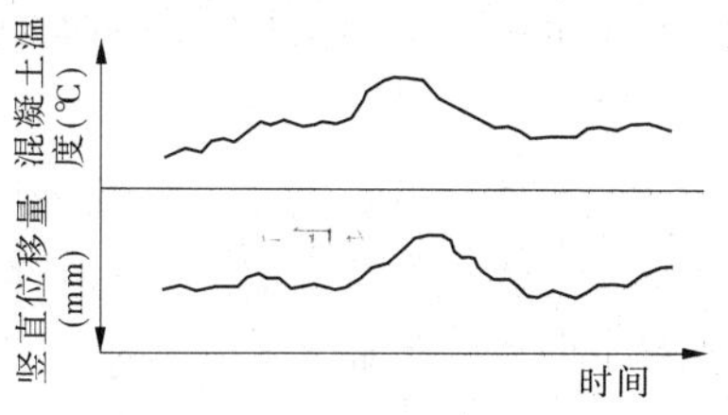

图2-41　竖直位移过程线

图2-42　累计竖直位移变化曲线

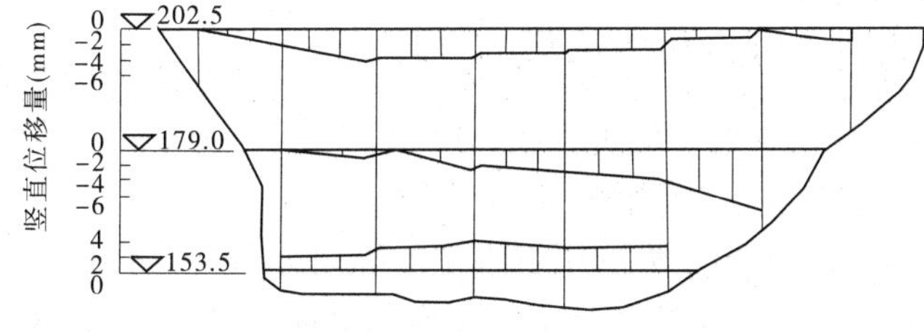

图2-43　竖直位移分布曲线

(三)伸缩缝观测资料的整理

伸缩缝宽度的观测资料通常整理如下:

(1)伸缩缝宽度变化过程线。以横坐标表示时间,以纵坐标表示缝宽,即可绘制成伸缩缝宽度过程线,见图2-44。

(2)伸缩缝宽度与气温关系曲线。伸缩缝宽度的变化与气温有密切关系,如以横坐标表示伸缩缝宽度,以纵坐标表示气温,即可绘制成伸缩缝宽度与气温的关系曲线。

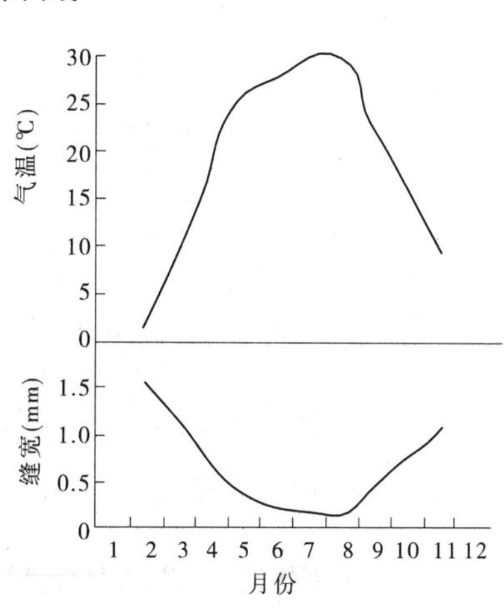

图2-44　伸缩缝宽度变化过程线

(四)资料分析

混凝土建筑物在自重、外荷载和温度变化的作用下将产生水平位移和竖直位移,特别是在水库水位升降或温度骤然变化时,都会立即

产生变形,这些变形具有一定的特点和规律性,如以混凝土坝为例,其表现形式如下:

(1)水平位移的变化具有一定的周期性,一般是每年夏季坝体向上游方向位移,冬季向下游方向位移,如图2-40所示。

(2)水平位移随库水位的升降而变化,一般是同步发生的,如图2-38所示,而且水压力所引起的水平位移是向下游方向的。

(3)温度对坝体水平位移的影响,随坝型、坝体厚度、水库水位的不同而有一定的滞后作用,例如新安江宽缝重力坝滞后90 d,陈村重力拱坝滞后30~90 d。

(4)对水平位移而言,在坝体的上部,温度变化的影响较大,水压力的影响较小;在坝体的下部,温度变化的影响减小,水压力的影响增大。

(5)拱坝的切向位移和重力坝的纵向(沿坝轴向)位移远小于径向位移和上、下游方向的位移值,例如陈村拱坝的切向位移为径向位移的20%,里石门拱坝的切向位移为径向位移的10%。

(6)竖直位移的大小与建筑物的高度,水库的水位、温度的变化和坝基的地质情况有关。对于同一座坝,最高坝段的竖直位移较岸坡坝段大;测点位置愈高,竖直位移也愈大。温度增高,混凝土膨胀,故坝体升高;温度下降,混凝土收缩,故坝体下降。水库水位的变化将引起坝体温度和应力的变化,因而影响坝体竖直位移的变化。地质条件愈好,竖直位移愈小,反之则愈大。

二、建筑物基础扬压力观测资料的整理分析

(1)绘制扬压力测压管的水位过程线,分析其变化,分析方法与前面所述的测压管水位分析相同。

(2)绘制扬压力水头和扬压力测压管水位的纵向分布图,如图2-45所示。通常扬压力水头和扬压力测压管水位的纵向分布与坝高的纵向分布一致,河床部分较大,两岸较小,如果某处扬压力较相邻测压管的扬压力大许多,说明该处防渗帷幕或排水效果差或有缺陷。

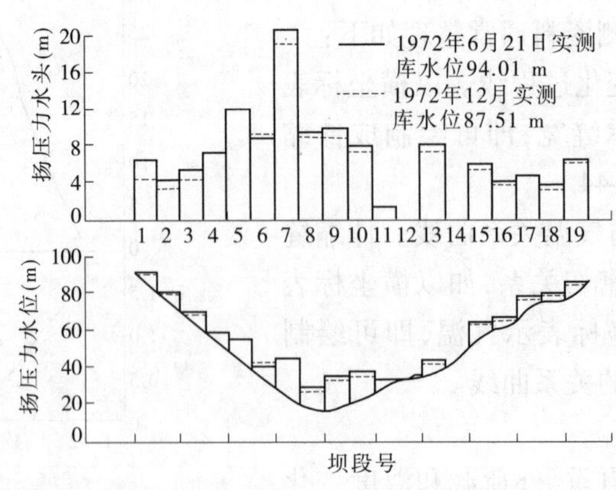

图2-45　扬压力水头和扬压力测压管水位纵向分布图

(3)绘制建筑物横断面上扬压力分布图(横向分布图)如图2-46所示,在此图中还应

绘出扬压力的设计分布值，便于比较。通常，实测值不应超过设计值，若扬压力实测值的分布面积大于设计值的分布面积，说明建筑物的稳定有问题，应加强防渗和排水措施。若扬压力分布面积逐年减小，说明上游淤积使渗透减弱。

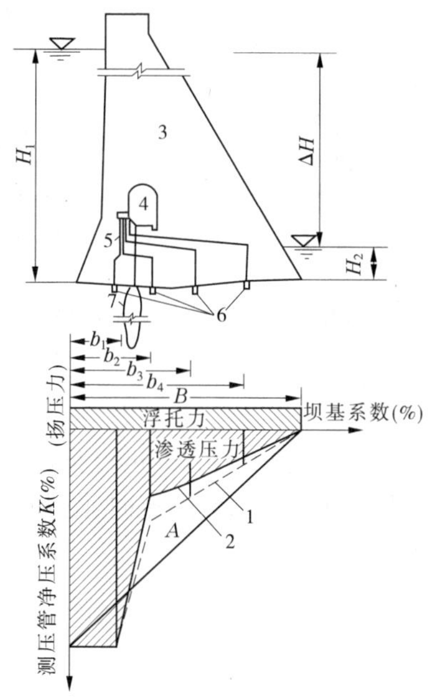

1—设计扬压力线；2—实测扬压力线；3—坝体；
4—廊道；5—测压管；6—测点（进水段）

图 2-46　坝基扬压力分布图

三、应力和温度观测资料的整理

（一）应力观测资料的整理

根据测点应力观测资料，应绘制测点应力过程线、应力分布曲线。

（1）测点应力过程线。以时间为横坐标，以测点应力为纵坐标所绘制成的曲线，即为测点应力过程线。为了便于分析和比较，常将同一时期的水位过程线、混凝土浇筑高程过程线和混凝土过程线画在同一图上。

（2）应力分布曲线。将观测剖面上同一排测点的应力连接成的曲线，即为应力分布曲线。图 2-47 为某坝实测正应力分布曲线。

（二）温度观测资料的整理

温度观测成果通常整理成下列几种曲线：

（1）测点温度过程线。在此图上常绘有气温过程线或水库水温过程线，以便对比分析。

（2）观测坝段中间垂直断面等温线图（见图 2-48）和观测坝段不同高程水平截面等温线图。

（3）坝体平均温度过程线图。

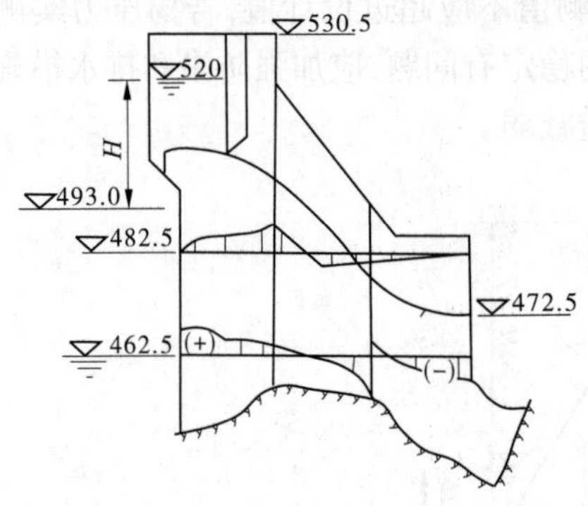

图 2-47 某坝实测正应力分布曲线

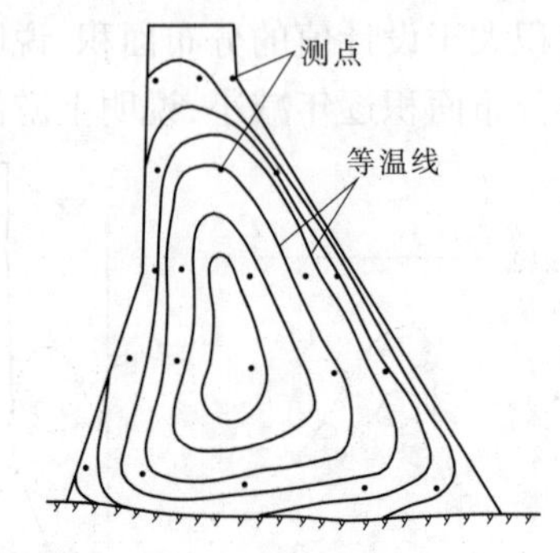

图 2-48 坝段垂直断面等温线图

四、水流的观测资料整理

水工建筑物水流的观测资料通常按下列方式进行整理：

(1)水流平面形式图(见图 2-38)，将水流的流向、漩涡、回流等水流现象标注于图上。

(2)水跃和水面曲线观测图(见图 2-49)。

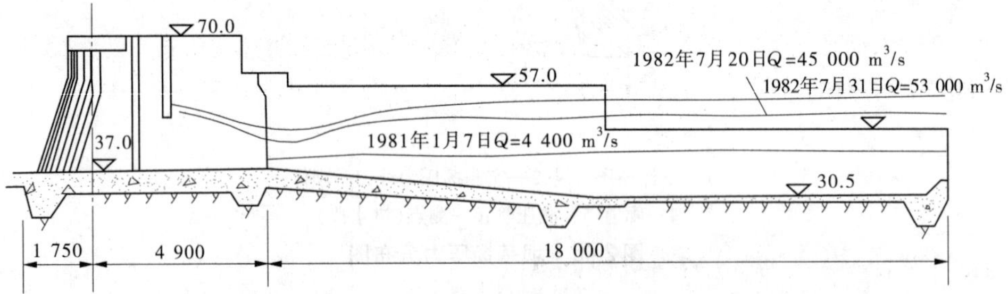

图 2-49 水跃和水面曲线观测图 (长度单位：cm)

(3)挑射水流观测图(见图 2-50)。

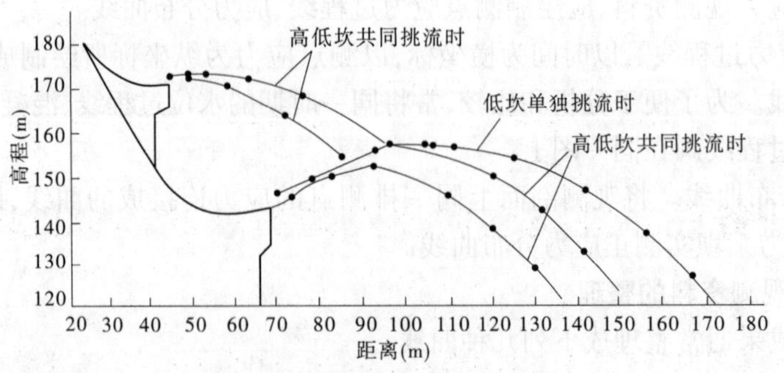

图 2-50 挑射水流观测图

(4)闸门开度与振幅、频率关系曲线。以闸门开度为横坐标，分别以振幅和频率为纵坐标，即可绘制成闸门开度与振幅、频率关系曲线(见图 2-51)。

(5)进气量与闸门开度关系曲线。以泄水管道闸门开度为横坐标，门后通气管的进

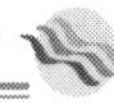

气量为纵坐标,即得进气量与闸门开度关系曲线(见图 2-52)。

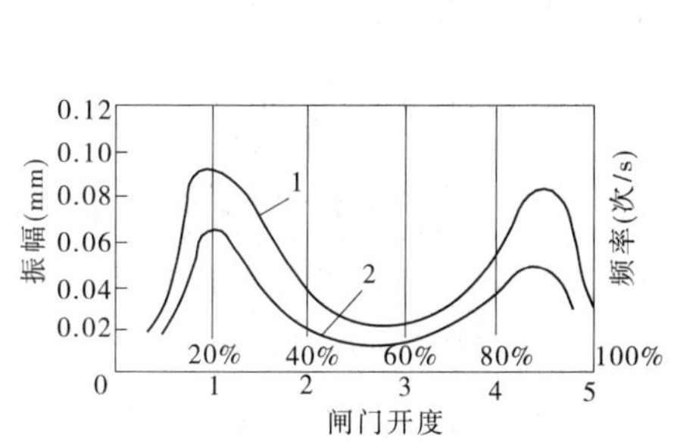

1—闸门开度与振幅关系曲线;
2—闸门开度与频率关系曲线

图 2-51 闸门开度与振幅、频率关系曲线

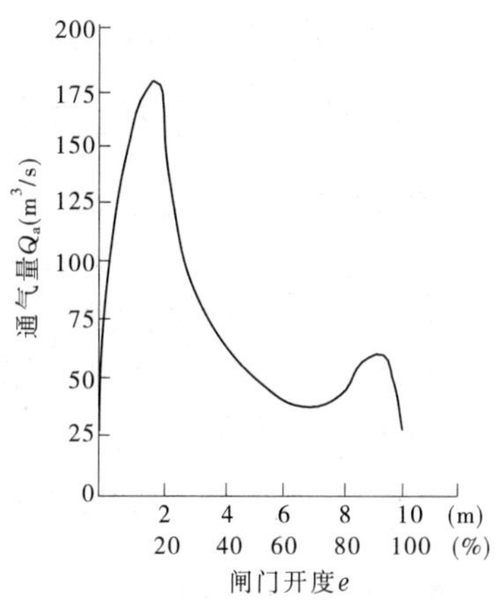

图 2-52 进气量与闸门开度关系曲线

(6)脉动压力过程线。以脉动压强为纵坐标,以时间为横坐标,即可绘制成脉动压力过程线(见图 2-53)。

(7)过水面压力分布图。将过水面沿程各测压管所测得的压力,按一定比例尺标注在各测点过水面的法线上,即可绘制成过水面压力分布图(见图 2-54)。

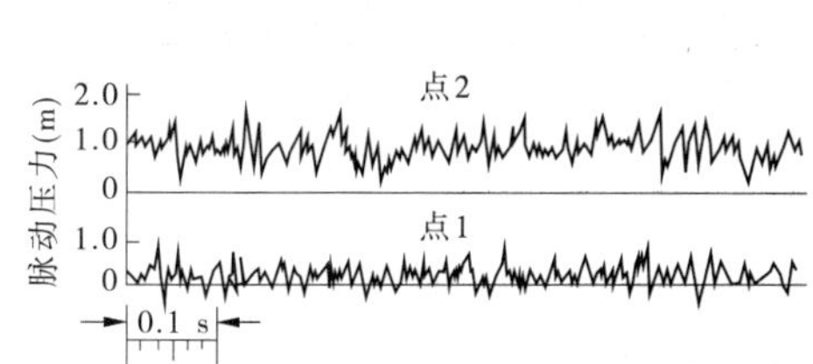

图 2-53 脉动压力过程线

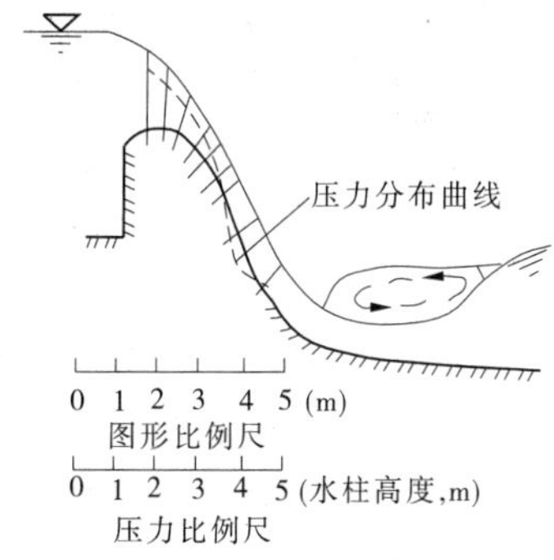

图 2-54 过水面压力分布

任务三 混凝土坝及浆砌石坝的病害处理

混凝土坝与浆砌石坝的常见病害如下:

(1)坝体本身和地基抗滑稳定性不够。混凝土坝和浆砌石坝,主要靠重力维持稳定,其抗滑稳定往往是坝体安全的关键。当地基存在软弱夹层或缺陷,在设计和施工中又未及时发现和妥善处理时,往往使坝体及地基抗滑稳定性不够,而成为危险的病害。

(2)裂缝及渗漏。温度变化、应力过大或不均匀沉陷,都可能使坝体产生裂缝,并沿裂缝产生渗漏。坝基的缺陷和防渗排水措施的不完善,也可能形成基础渗漏并导致渗流破坏。

(3)剥蚀破坏。是混凝土结构表面发生麻面、露石、起皮、松软和剥落等老化病害的统称。根据不同的破坏机制,可将剥蚀分为冻融剥蚀、冲磨和空蚀、钢筋锈蚀、水质侵蚀和风化剥蚀等。关于剥蚀的修理将在以后的有关项目任务中陆续介绍。

子任务一　混凝土坝及浆砌石坝增加稳定性的措施

重力坝是用混凝土或浆砌石修筑的大体积挡水建筑物,它的主要特点是依靠自重来维持坝身的稳定。

重力坝必须保证在各种外力组合的作用下,有足够的抗滑稳定性,抗滑稳定性不足是重力坝最危险的病害情况。当发现坝体存在抗滑稳定性不足,或已产生初步滑动迹象时,必须详细查找和分析坝体抗滑稳定性不足的原因,提出妥善措施,及时处理。

一、重力坝抗滑稳定性不足的主要原因

根据对重力坝病害和失事情况的调查分析,坝体抗滑稳定性不足,主要是由于重力坝在勘测、设计、施工和运用管理中存在的如下问题造成的:

(1)在勘测工作中,由于对坝基地质条件缺乏全面了解,特别是忽略了地基中存在的软弱夹层,往往因为采用了过高的摩擦系数而造成抗滑稳定性不足。

(2)设计的坝体断面过于单薄,自重不够,或坝体上游面产生了拉应力,扬压力加大,使坝体稳定性不够。

(3)施工质量较差,基础处理不彻底,使实际的摩擦系数值达不到设计要求,而坝底渗透压力又超过设计计算数值,造成不稳定。

(4)由于管理运用不善,库水位较多地超过设计最高水位,增大了坝体所受的水平推力或排水设施失效,增加了渗透压力,均会减小坝体的抗滑稳定性。

二、增加重力坝抗滑稳定性的主要措施

重力坝承受强大的上游水压力和泥沙压力等水平荷载,如果某一截面的抗剪能力不足以抵抗该截面以上坝体承受的水平荷载,便可能产生沿此截面的滑动。由于一般情况下坝体与地基接触面的接合较差,因此滑动往往是沿坝体与地基的接触面发生的。所以,重力坝的抗滑稳定分析,主要是核算坝底面的抗滑稳定性。坝底面的抗滑稳定性与坝体的受力有关,重力坝所受的主要外力有:垂直向下的坝体自重;垂直向上的坝基扬压力;水平推力和坝体沿地基接触面的摩擦力等。如图2-55所示。

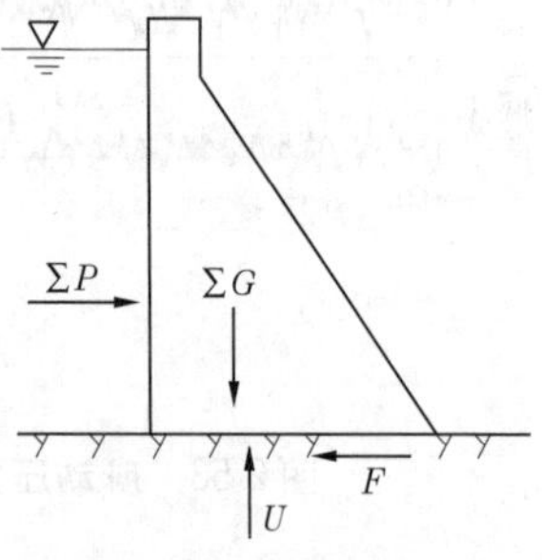

$\sum P$—水平推力;$\sum G$—自重;
F—抗滑力;U—扬压力

图2-55　重力坝受力图

摩擦力 F 的大小,决定于坝体重力与坝基扬压力之差和坝体与坝基之间的摩擦系数 f 的乘积。坝体的抗滑稳定性,可用下式表示:

$$k = \frac{F}{\sum P} = \frac{f(\sum G - U)}{\sum P} \tag{2-3}$$

式中　$\sum P$——水平推力，包括水压力、风浪压力、泥沙压力等；

$\sum G$——垂直向下的坝体、水、泥沙的重力；

U——垂直向上的坝基扬压力；

f——抗剪摩擦系数；

k——安全系数。

由式(2-3)可知，增加坝体的抗滑稳定，也就是增大安全系数，其途径有减少扬压力、增加坝体重力、增加摩擦系数和减少水平推力等。现将具体措施分述如下。

（一）减少扬压力

扬压力对坝体的抗滑稳定性有极大的影响，减少扬压力是增加坝体抗滑稳定性的主要方法之一，特别是当观测中发现实测扬压力增大成为坝体抗滑稳定性不足的主要原因时，更是如此。通常减少扬压力的方法有两种，一是加强防渗，二是加强排水。

1. 加强防渗

加强坝基防渗，可采用补强帷幕灌浆或补做帷幕措施，对减少扬压力的效果非常显著。

灌浆可在坝体灌浆廊道中进行，如图 2-56(a)所示。当没有灌浆廊道时，可从坝顶上游侧钻孔，穿过坝身，深入基岩进行灌浆，如图 2-56(b)所示。当既无灌浆廊道，从坝顶钻孔灌浆又困难，又不能放空水库时，也可以采用深水钻孔灌浆，如图 2-56(c)所示。

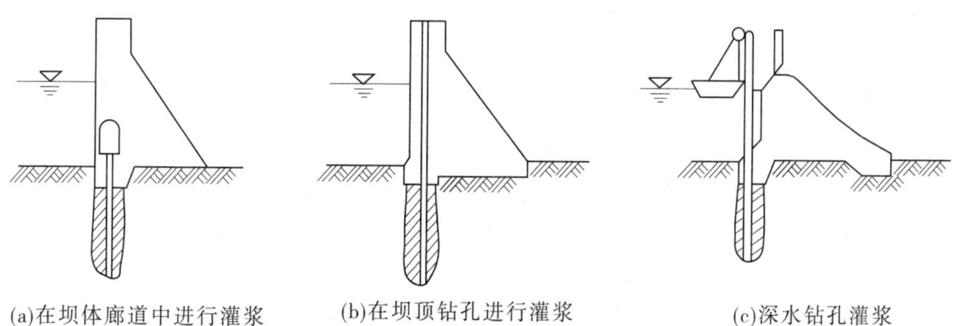

(a)在坝体廊道中进行灌浆　(b)在坝顶钻孔进行灌浆　(c)深水钻孔灌浆

图 2-56　补强帷幕灌浆进行方式

2. 加强排水

为减少扬压力，除在坝基上游部分进行补强帷幕灌浆外，还应在帷幕下游部分设置排水系统，增加排水能力。二者配合使用，更能保证坝体的抗滑稳定性。

排水系统的主要形式是排水孔，排水孔的排水效果与孔距、孔径和孔深有关，常用的孔距为 2 ~3 m，孔径为 15 ~20 cm，孔深为 0.4 ~0.6 倍的帷幕深度。原排水孔过浅或孔距过大的，应进行加深或加密补孔，以增加导渗能力。

如原有的排水孔受泥沙等物堵塞，可采用高压气水冲孔或用钻机清扫以恢复其排水能力。

（二）增加坝体重力

重力坝的坝体稳定，主要靠坝体的重力平衡水压力，所以增加坝体的重力是增加抗滑稳定的有效措施之一。增加坝体重量可采用加大坝体断面或预应力锚固等方法。

1. 加大坝体断面

加大坝体断面可从坝的上游面或从坝的下游面进行。从上游面增加断面时,既可增加坝体重力,又可增加垂直水重,同时可改善防渗条件,但需放空水库或降低库水位修筑围堰挡水才能施工,如图 2-57(a)所示。从坝的下游面增大断面,如图 2-57(b)所示,施工比较方便,但也应适当降低库水位进行施工,这样有利于减少上游坝面拉应力。坝体断面增加部分的尺寸,应通过稳定计算确定,施工时还应注意新旧坝体之间接合紧密。

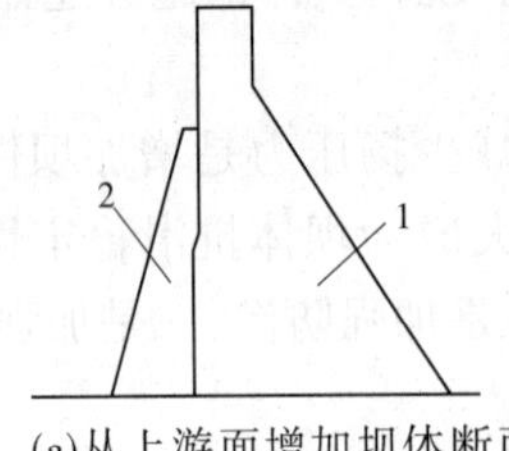

(a)从上游面增加坝体断面

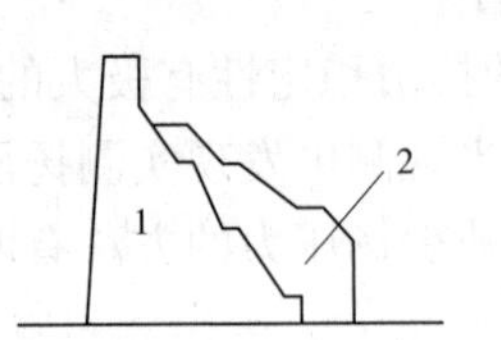

(b)从下游面增加坝体断面

1—原坝体;2—加固坝体

图 2-57　增加坝体断面的方式

2. 预应力锚固

预应力锚固是从坝顶钻孔到坝基,孔内放置钢索,锚索一端锚入基岩中,在坝顶另一端施加很大的拉力,使钢索受拉、坝体受压,从而增加坝体抗滑稳定,如图 2-58 所示。

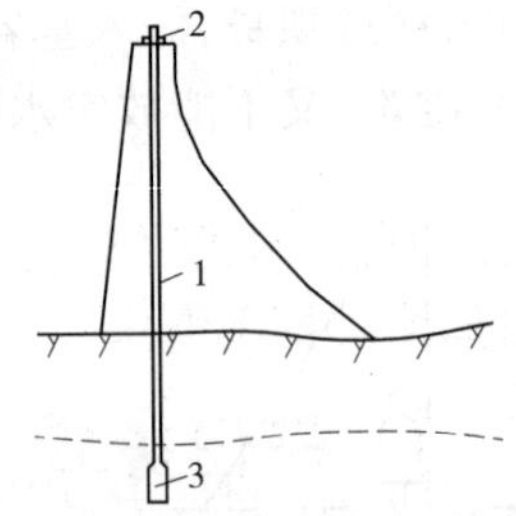

1—锚索孔;2—锚头;3—扩孔段

图 2-58　预应力锚固示意图

用预应力锚固来提高坝体抗滑稳定性,效果良好,但具有施工工艺复杂等缺点。且预应力可因锚索松弛而受到损失。安徽梅山水库连拱坝曾于 1964 年对右坝肩预锚加固,根据 7 年观测的结果,预应力平均损失为 8.8%。对于空腹重力坝或大头坝等坝型,也可采用腹内填石加重,不必加大坝体断面。

(三)增加摩擦系数

摩擦系数大小与坝体和地基的连接形式及清基深度有关。对于原坝体与地基的接合,只能通过固结灌浆的措施加以改善,从而提高坝体的抗滑稳定性,此外,通过固结灌浆还能增强基岩的整体性及其弹性模数,增加地基的承载能力,减少不均匀沉陷。

固结灌浆孔的深度,在上游部分坝基中,由于坝基可能产生拉应力,要求基岩有较高的整体性,故对钻孔要求较深,8 ~ 12 m。在坝基的下游部分,应力较集中,也要求较深的固结灌浆孔,孔深也在 8 ~ 12 m,其余部分可采用 5 ~ 8 m 的浅孔;固结灌浆孔距一般为 3 ~ 4 m,呈梅花形或方格形布置。

(四)减小水平推力

减小水平推力可采用控制水库运用和在坝体下游面加支撑的方法。

1. 控制水库运用

控制水库运用主要用于病险水库度汛或水库设计标准偏低等情况。对病险水库来

讲，通过降低汛前调洪起始水位，可减小库水对坝的水平推力。对设计标准偏低的水库，通过改建溢洪道，加大泄洪能力，控制水库水位，也可达到保持坝体稳定的作用。

2. 坝体下游面加支撑

坝体下游面加支撑，可使坝体上游的水平推力通过支撑传到地基上，从而减少坝体所受的水平推力，又可增加坝体重力。支撑的形式如图 2-59 所示，可根据建筑物的形式和地质地形条件加以选用。图 2-59(a)是在溢流坝下游护坦钻孔设桩，通过桩将部分水平推力传到河床基岩上；图 2-59(b)是非溢流坝的重力墙支撑；图 2-59(c)是钢筋混凝土水平拱支撑。

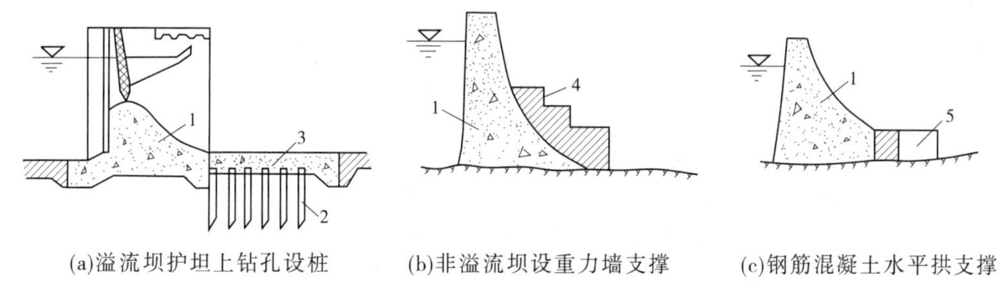

(a)溢流坝护坦上钻孔设桩　(b)非溢流坝设重力墙支撑　(c)钢筋混凝土水平拱支撑

1—坝体；2—支撑桩；3—护坦；4—重力墙；5—水平拱

图 2-59　下游面加支撑的形式

采用何种抗滑稳定的措施要因地制宜，补强灌浆和加大坝体断面是经常采用的两种有效措施，有些情况下也可采用综合性措施。

子任务二　混凝土坝及浆砌石坝的裂缝处理

一、裂缝的分类及特征

混凝土坝及浆砌石坝裂缝是常见的现象，其类型及特征见表 2-1。

二、裂缝形成的主要原因

混凝土坝与浆砌石坝裂缝的产生，主要与设计、施工、运用管理等有关。

(一)设计方面

大坝在设计过程中，由于各种因素考虑不全，坝体断面过于单薄，致使结构强度不足，造成建筑物抗裂性能降低，容易产生裂缝。设计时，分缝分块不当，块长或分缝间距过大也容易产生裂缝。由于设计不合理，水流不稳定，引起坝体振动，同样能引起坝体开裂。

(二)施工方面

在施工过程中，基础处理、分缝分块、温度控制等未按设计要求施工，致使基础产生不均匀沉陷；施工缝处理不善，或者温差过大，造成坝体裂缝。在浇筑混凝土时，由于施工质量控制不好，混凝土的均匀性、密实性差，或者混凝土养护不当，在外界温度骤降时又没有做好保温措施，导致混凝土坝容易产生裂缝。

(三)运用管理方面

大坝在运用过程中，超设计荷载使用，使建筑物承受的应力大于设计应力产生裂缝。

大坝维护不善,或者在北方地区受冰冻影响而又未做好防护措施,也容易引起裂缝。

表 2-1 裂缝的类型及特征

类型	特征
沉陷缝	(1)裂缝往往是属于贯通性的,走向一般与沉陷走向一致。 (2)较小的沉陷引起的裂缝,一般看不出错距;较大的不均匀沉陷引起的裂缝,则常有错距。 (3)温度变化对裂缝影响较小
干缩缝	(1)裂缝属于表面性的,没有一定规律性,走向纵横交错。 (2)宽度及长度一般都很小,如同发丝
温度缝	(1)裂缝可以是表层的,也可以是深层的或贯穿性的。 (2)表层裂缝的走向没有一定的规律性。 (3)钢筋混凝土深层或贯穿性裂缝,方向一般与主钢筋方向平行或近似于平行。 (4)裂缝宽度沿裂缝方向无多大变化。 (5)缝宽受温度变化的影响,有明显的热胀冷缩现象
应力缝	(1)裂缝属深层或贯穿性的,走向一般与主应力方向垂直。 (2)宽度一般较大,沿长度和深度方向有明显变化。 (3)缝宽一般不受温度变化的影响

(四)其他方面

由地震、爆破、台风和特大洪水等引起的坝体振动或超设计荷载作用,常导致裂缝发生。含有大量碳酸氢离子的水,对混凝土产生侵蚀,造成混凝土收缩也容易引起裂缝。

三、裂缝处理的方法

混凝土坝及浆砌石坝裂缝的处理,目的是恢复其整体性,保持其强度、耐久性和抗渗性,以延长建筑物的使用寿命。裂缝处理的措施与裂缝产生的原因、裂缝的类型、裂缝的部位及开裂程度有关。沉陷裂缝、应力裂缝,一般应在裂缝已经稳定的情况下再进行处理;温度裂缝应在低温季节进行处理;影响结构强度的裂缝,应与结构加固补强措施结合考虑;处理沉陷裂缝,应先加固地基。

(一)裂缝表面处理

当裂缝不稳定,随着气温或结构变形而变化,而又不影响建筑物整体受力时,可对裂缝进行表面处理。常用的裂缝表面处理的方法有表面涂抹、表面贴补、凿槽嵌补和喷浆修补等。裂缝表面处理的方法也可用来处理混凝土表层的其他损坏,如蜂窝、麻面、骨料架空外露以及表层混凝土松软、脱壳和剥落等。

1. 表面涂抹

表面涂抹是用水泥砂浆、环氧砂浆、防水快凝砂浆等涂抹在裂缝部位的表面。这是建筑物水上部分或背水面裂缝的一种处理方法。

(1)水泥砂浆涂抹。涂抹前先将裂缝附近的表面凿毛,并清洗干净,保持湿润,然后

用1∶1～1∶2的水泥砂浆在其上涂抹。涂抹的总厚度一般以控制在1～2 cm为宜，最后压实抹光。温度高时，涂抹3～4 h后即需洒水养护，冬季要注意保温，切不可受冻，否则强度容易降低。应注意，水泥砂浆所用砂子一般为中细砂，水泥可用不低于32.5(R)号的普通硅酸盐水泥。

(2)环氧砂浆涂抹。环氧砂浆是由环氧树脂与固化剂、增韧剂、稀释剂配制而成的液体材料再加入适量的细填料拌和而成的，具有强度高、抗冲耐磨的性能。

环氧砂浆一般配制工艺过程为：

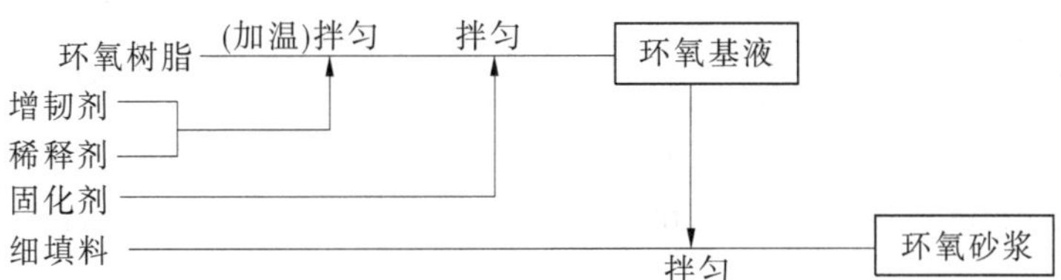

以间苯二胺做固化剂配制环氧树脂为例，介绍其工艺过程：

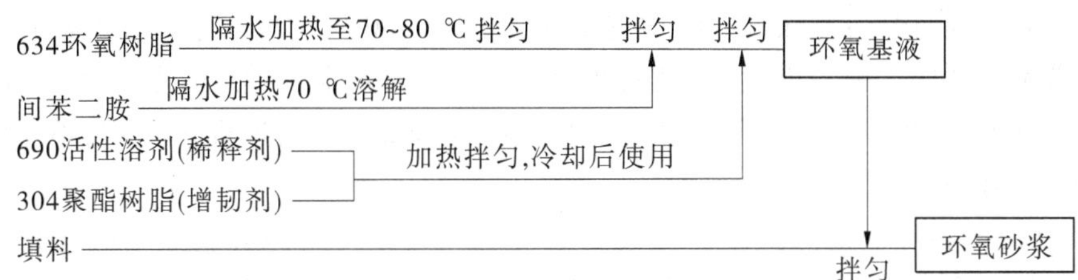

拌和时，先加热环氧树脂，再加入经加热溶解的间苯二胺，充分混合拌匀，然后加入预先混合好的304聚酯树脂及690活性溶剂的混合液，不断搅拌均匀，最后将浆液倒入预热的填料中，进行充分拌和，即制成环氧砂浆。用于修补混凝土裂缝的环氧砂浆配合比见表2-2。

表2-2　环氧砂浆配合比(重量比)

材料名称	环氧树脂			固化剂		增韧剂		稀释剂		填料	
	637号	34号	10号	间苯二胺	乙二胺	04号	邻苯二甲二丁酯	90号	苯	石英粉	砂
配合比	100			12			10		15	600	800
			00	15～17		30		20		500	850
		00		18			20	15		150	450
			00	14		30				125	375
		00			6		5	5			1 040

涂抹前沿裂缝凿槽，槽深0.5～1.0 cm，用钢丝刷洗刷干净，保证槽内无油污、灰尘。经预热后再涂抹一层环氧基液；厚0.5～1.0 mm，再在环氧基液上涂抹环氧砂浆，使其与原建筑物表面齐平，然后覆盖塑料布并压实。

(3)防水快凝砂浆(或灰浆)涂抹。防水快凝砂浆(或灰浆)是在水泥砂浆内加入防水剂(同时是速凝剂),以达到速凝却又能提高防水性能,这对涂抹有渗漏的裂缝是非常有效的。防水剂的配合比见表2-3。

表2-3 防水剂配合比(重量比)

材料名称	配比	材料颜色	材料分子式
硫酸铜(胆矾)	1	水蓝色	$CuSO_4 \cdot 5H_2O$
重铬酸钾(红矾)	1	橙红色	$K_2Cr_2O_7$
硫酸亚铁(黑矾)	1	绿色	$FeSO_4 \cdot 7H_2O$
硫酸铝钾(明矾)	1	白色	$KAl(SO_4)_2 \cdot 12H_2O$
硫酸铬钾(蓝矾)	1	紫色	$KCr(SO_4)_2 \cdot 12H_2O$
硅酸钠(水玻璃)	400	无色	Na_2SiO_3
水	40		H_2O

防水剂的配制程序:按表2-3配比先取水加热至100 ℃,然后将五矾(或其中2~4种,但总重量达到取5种的重量,并使每种重量相等)加入水中继续加热并不断搅拌,待全部溶解,降温至30~40 ℃,再加入硅酸钠并搅拌均匀,半小时后即可使用,不用时需装入非金属容器内密封保存。

防水快凝砂浆和灰浆的配合比见表2-4。配制时,先将水泥或水泥与砂按比例加水拌匀,然后将防水剂加入,迅速搅拌均匀,即可使用,为防止凝固后不能使用,一次配量不易太多,应随拌随用。

表2-4 快凝砂浆、灰浆配合比

名称	配合比(重量比)				初凝时间
	水泥	砂	防水剂	水	(min)
速凝灰浆	100		69	44~52	2
中凝灰浆	100		20~28	40~52	6
速凝砂浆	100	220	45~58	15~28	1
中凝砂浆	100	220	20~28	40~52	3

涂抹时,先将裂缝凿成深约2 cm、宽约20 cm的V形或矩形槽并清洗干净,然后按每层0.5~1 cm分层涂抹砂浆(或灰浆),抹平为止。

2. 表面贴补

表面贴补是用黏结剂把橡皮或其他材料粘贴在裂缝的表面,以防止沿裂缝渗漏,达到封闭裂缝并适应裂缝的伸缩变化的目的。一般用来处理建筑物水上部分或背水面的裂缝。

1)橡皮贴补

橡皮贴补所用材料主要有环氧基液、环氧砂浆、水泥砂浆、橡皮、木板条或石棉线等。环氧基液、环氧砂浆的配制同涂抹用环氧砂浆。水泥砂浆的配比一般为水泥∶砂为1∶0.8~1∶1,水灰比不超过0.55,橡皮厚度一般以采用3~5 mm为宜,板条厚度以5 mm为宜。施

工工艺如下(见图 2-60):

(1)沿裂缝凿深 2 cm,宽 14 ~ 16 cm 的槽并洗净。

(2)在槽内涂一层环氧基液,随即用水泥砂浆抹平并养护 2 ~ 3 d。

(3)将准备好的橡皮进行表面处理,一般放浓硫酸中浸 5 ~ 10 min,取出冲洗晾干。

(4)在水泥砂浆表面刷一层环氧基液,然后沿裂缝方向放一根木板条,按板条厚度涂抹一层环氧砂浆,然后将粘贴面刷有一层环氧基液的橡片铺贴到环氧砂浆上,注意铺贴时要用力均匀压紧,直至环氧砂浆从橡皮边缘挤出。

(5)侧面施工时,为防止橡皮滑动或环氧砂浆脱落,需设木支撑加压。待环氧砂浆固化后,可将支撑拆除。为防止橡皮老化,可在橡皮表面刷一层环氧基液,再抹一层环氧砂浆保护。

用橡皮贴补,也可在缝内嵌入石棉线,以代替夹入木板条,施工工艺基本相同,只是取消了水泥砂浆层。在实际工程中,也有用氯丁胶片、塑料片代替橡皮的,施工方法一样。

2)玻璃布贴补

玻璃布的种类很多,一般采用无碱玻璃纤维织成,它具有耐水性能好,强度高的特点。

玻璃布在使用前,必须除去油脂和蜡,以便在粘贴时有效地与环氧树脂结合。玻璃布除油蜡的方法有两种,一种是加热蒸煮,即将玻璃布放置在碱水中煮 0.5 ~ 1 h,然后用清水洗净;另一种是先加热烘烤再蒸煮,即将玻璃布放在烘烤炉上加热到 190 ~ 250 ℃,使油蜡燃烧,然后将玻璃布放在浓度为 2% ~ 3% 的碱水中煮沸约 30 min,最后取出洗净晾干。

玻璃布粘贴前,需先将混凝土表面凿毛,并冲洗干净,若表面不平,可用环氧砂浆抹平。粘贴时,先在粘贴面上均匀刷一层环氧基液,然后将玻璃布展开放置并使之紧贴在混凝土面上,再用刷子在玻璃布面上刷一遍,使环氧基液浸透玻璃布,接着再在玻璃布上刷环氧基液,按同样方法粘贴第二层玻璃布,但上层玻璃布应比下层玻璃布稍宽 1 ~ 2 cm,以便压边。一般粘贴 2 ~ 3 层即可,如图 2-61 所示。

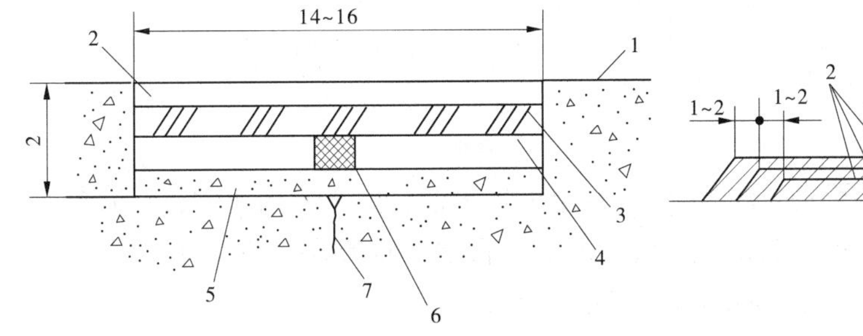

1—原混凝土;2—环氧砂浆;3—橡皮;4—环氧砂浆;
5—水泥砂浆;6—板条;7—裂缝

图 2-60　橡皮贴补裂缝　(单位:cm)

1—玻璃布;2—环氧基液;3—裂缝

图 2-61　玻璃布粘贴示意图　(单位:cm)

3. 凿槽嵌补

凿槽嵌补是沿裂缝凿一条深槽,槽内嵌填各种防水材料,以堵塞裂缝和防止渗水。这种方法主要用于对结构强度没有影响的裂缝处理。沿裂缝凿槽,槽的形状可根据裂缝位置和填补材料而定,一般有如图 2-62 所示的几种形状。V 形槽多用于竖直裂缝;U 形槽多用于水平裂缝;U 形槽多用于顶面裂缝及有渗水的裂缝;凵形槽则均能适用以上 3 种情况。槽的两边必须修理平整，槽内要清洗干净。

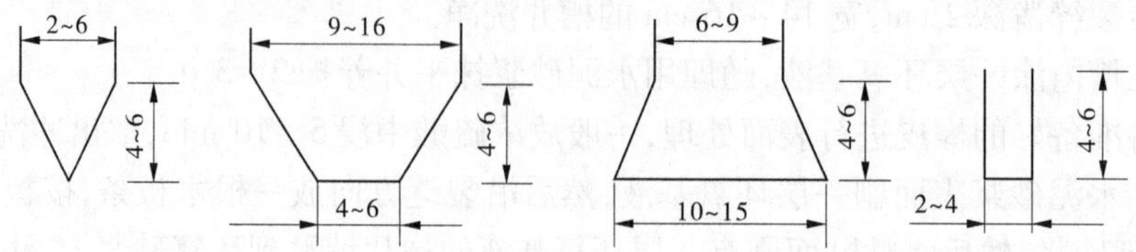

图 2-62 缝槽形状和尺寸（单位：cm）

嵌补材料的种类很多，有聚氯乙烯胶泥、沥青材料、环氧砂浆、预缩砂浆和普通砂浆等。嵌补材料的选用与裂缝性质、受力情况及供货条件等因素有关。因此，材料的选用需经全面分析后再确定。对于已稳定的裂缝，可采用预缩砂浆、普通砂浆等脆性材料嵌补；对缝宽随温度变化的裂缝，应采用弹性材料嵌补，如聚乙烯胶泥或沥青材料等；对受高速水流冲刷或需结构补强的裂缝，则可采用环氧砂浆嵌补。

（1）沥青材料嵌补。沥青材料嵌补分为用沥青油膏、沥青砂浆和沥青麻丝三种。

沥青油膏是以石油沥青为主要材料，掺入适量其他油料和填料配制而成，其配合比如表 2-5 所示。

表 2-5 沥青油膏重量比 （%）

油膏类别	油料					填料	
	10 号及 60 号石油沥青混合	松焦油	带鱼油	硫黄粉	重松节油	石棉绒	滑石粉
南方地区	27.04	2.45	1.80	0.52	14.65	21.39	32.15
北方地区	27.15	3.52	2.59	0.74	14.07	15.59	36.34

沥青油膏制作工艺流程如下：

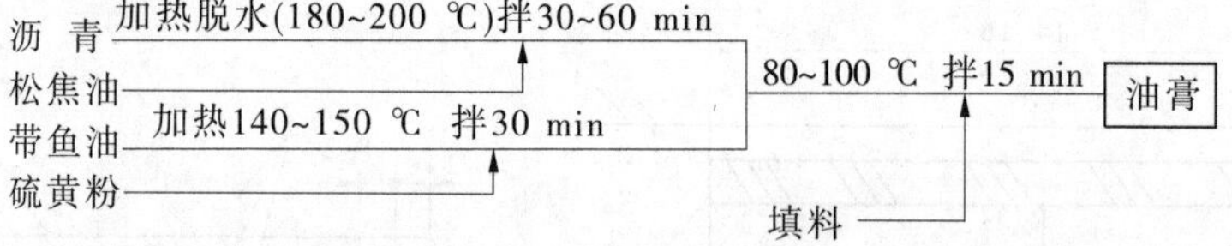

施工时，先在槽内刷一层沥青漆，然后用专用工具将油膏嵌入槽内压实，使油膏面比槽口低 1 ~ 2 cm，再用水泥砂浆抹平保护，注意在嵌补前要注意槽内干燥。

沥青砂浆是由沥青、砂子及填充材料制成。砂的粒径一般不大于 2 mm，沥青砂浆配合比（重量比）为

60 号油沥青：砂：水泥 = 1:4:1 或 1:4:1.13

配制沥青砂浆时，先将沥青加热至 180 ~ 200 ℃，加热时应不断搅拌，以免沥青烧焦、老化，待沥青熔化后，将水泥徐徐分散倒入拌匀，再将预热至 120 ℃ 的脱水干净的砂子慢慢倒入，搅拌均匀，即成沥青砂浆。

施工时，先在槽内刷一层沥青，然后将沥青砂浆倒入槽内，立即用专用工具摊平压实。要逐层填补，随倒料随压紧，当沥青砂浆面比槽口低 1 ~ 1.5 cm 时，用水泥砂浆抹平保护。注意沥青砂浆一定要在温度较高的情况下施工，否则温度降低变硬，不易操作。沥青麻丝

嵌补的操作方法是，将沥青加热熔化，然后将麻丝或石棉绳放入沥青浸煮，待麻丝或石棉绳浸透后，用铁钳夹放入缝内，并用凿子插紧，嵌填时，要逐层将其嵌入缝内，填好后，用水泥砂浆封面保护。

(2)聚氯乙烯胶泥嵌补。聚氯乙烯胶泥是以煤焦油为主要材料，加入少量聚氯乙烯树脂及增韧剂、稳定剂和填料配制而成的。它具有良好的防水性、弹塑性、温度稳定性及与混凝土的黏结性，而且价格低、原料易得、施工方便。目前，主要用于水工建筑物水平面或缓坡上的裂缝的修补。聚氯乙烯胶泥的配合比见表2-6。

表2-6　聚氯乙烯胶泥的配合比(重量比)

煤焦油	聚氯乙烯	二丁脂	硬脂酸钙	滑石粉
100	10	10	1	10
100	15	15	1	15

胶泥的配制工艺流程为

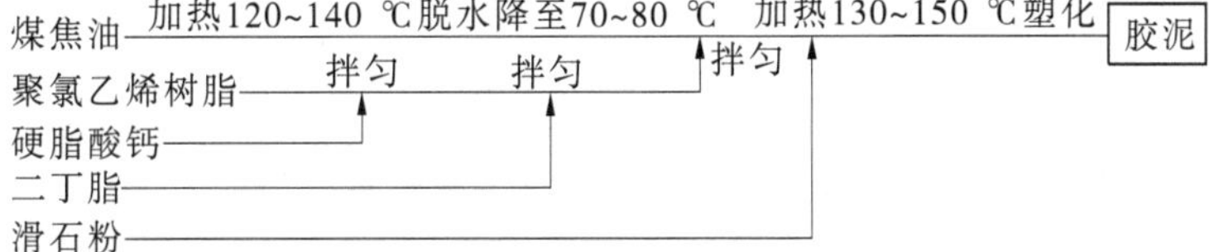

胶泥配制过程中应注意小火升温，不宜太快，塑化温度不得超过150 ℃。要边配边用，一次配量不易过多，以防降温后产生结块，造成施工不便。煤焦油有一定毒性，易燃，要注意安全。施工时，在槽内先填一层预缩砂浆，砂浆表面干燥后，用煤焦油与二甲苯为1:4的混合料刷一层，干燥后即嵌填聚乙烯胶泥，填至与凿毛面齐平为准。胶泥完全冷却后，先用纯水泥浆在凿毛面上涂抹一层，厚1～2 mm，然后用1:1水泥砂浆填至与混凝土面齐平并抹光。

(3)预缩砂浆嵌补。预缩砂浆是经拌和好之后再归堆放置30～90 min才使用的干硬性砂浆。拌制良好的预缩砂浆，具有较高的抗压、抗拉强度，其抗压强度可达29.4～34.3 MPa，抗拉强度可达2.45～2.74 MPa，与混凝土的黏结强度可达1.67～2.16 MPa。因此，采用预缩砂浆修补处于高流速区混凝土的表面裂缝，不仅强度和平整度可以得到保证，而且收缩性小，成本低廉，施工简便，可获得较好效果。当修补面积较小或工程量较小时，如无特殊要求，可优先选用预缩砂浆嵌补。预缩砂浆一般水灰比采用0.3～0.34，灰砂比1:2～1:2.5，并掺入水泥重量1/10 000左右的加气剂，以提高砂浆拌和时的流动性。

拌制时，先将称好的砂、水泥混合搅拌均匀，再掺入加气剂的水溶液翻拌3～4次，归堆放置30～90 min，预缩后即能使用。施工时，先在槽内涂一层1 mm厚的水泥浆，其水灰比为0.45～0.50，然后填入预缩砂浆，分层用木锤捣实，直至表面出现少量浆液。每层铺料厚4～5 cm，捣实后为2～3 cm，最后一层的表面必须反复压实抹光，并与原混凝土表面齐平。

4.喷浆修补

喷浆修补是将水泥砂浆通过喷头高压喷射至修补部位，达到封闭裂缝和提高建筑物表面耐磨抗冲能力的目的。根据裂缝的部位、性质和修理要求，可以分别采用挂网喷浆或挂网喷浆与凿槽嵌补相结合的方法。

1)挂网喷浆

挂网喷浆所采用的材料主要有水泥、砂、钢筋、钢丝网、锚筋等。通常采用32.5(R)~42.5(R)的普通硅酸盐水泥,砂料以粒径0.35~0.5 mm为宜,钢筋网由直径为4~6 mm的钢筋做成,网格尺寸为100 mm×100 mm~150 mm×150 mm,结点焊接或者采用直径1~3 mm的钢丝做钢丝网,尺寸为50 mm×50 mm~60 mm×60 mm及10 mm×10 mm~20 mm×20 mm,结点可编结或扎结,锚筋通常采用10~16 mm钢筋。灰砂比根据不同部位喷射方向和使用材料,通过试验决定。水灰比一般采用0.3~0.5。

喷浆系统布置如图2-63所示。喷浆工艺如下:

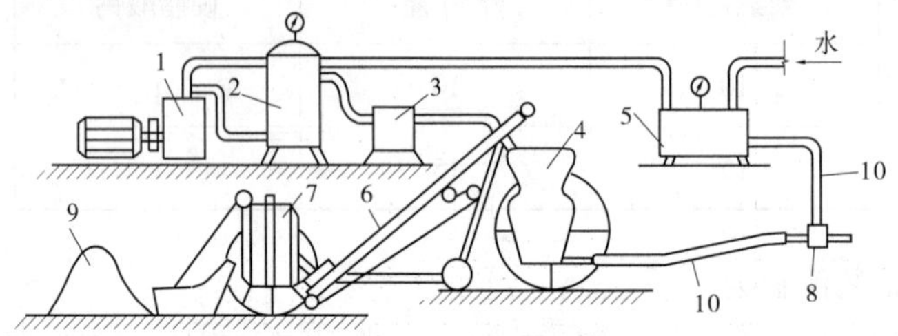

1—空气压缩机;2—储气罐;3—空气滤清器;4—喷浆机;5—水箱;
6—皮带运输机;7—拌和机;8—喷头;9—堆料处;10—输料、输气和输水软管

图2-63 喷浆系统布置示意图

(1)喷浆前,对被喷面凿毛冲洗干净,并进行钢筋网的制作和安装,钢筋网应加设锚筋,一般5~10个网格应有一锚筋,锚筋埋设孔深一般为15~25 cm。为使喷浆层和被喷面接合良好,钢筋网应离开受喷面15~25 mm。

(2)喷浆前还应对受喷面洒水处理,保持湿润状态。

(3)喷浆前还应准备充足的砂子和水泥,并均匀拌和好。

(4)喷浆时应控制好气压和水压并保持稳定。喷浆压力应控制在0.25~0.4 MPa范围内。

(5)喷头操作。喷头与受喷面要保持适宜的距离,一般要求80~120 cm。过近会吹掉砂浆,过远会使气压损失,黏结力降低,影响喷浆强度。喷头一般应与受喷面垂直,这样使喷射物集中,减少损失,增强黏结力。若有特殊情况,可以和喷射物成一角度,但要大于70°。

(6)喷层厚度控制。当喷浆层较厚时,为防止砂浆流淌或因自重坠落等现象,可分层喷射。一次喷射厚度一般不宜超过下列数值:仰喷时,20~30 mm;侧喷时,30~40 mm;俯喷时,50~60 mm。

(7)喷浆工作结束后2 h即应进行无压洒水养护,养护时间一般需14~21 d。

喷浆用于混凝土修补工程具有以下特点:

喷浆修补采用较小的水灰比、较多的水泥,从而可达到较高的强度和密实性,具有较高的耐久性。可省去较复杂的运输、浇筑及骨料加工等设备,简化施工工艺,提高施工工效,可用于不同规模的修补工程。但是,喷浆修补因存在水泥消耗较多、层薄、不均匀等问题,易产生裂缝,影响喷浆层寿命,从而限制了它的使用范围,因此须严格控制砂浆的质量和施工工艺。

2)挂网喷浆与凿槽嵌补相结合

挂网喷浆与凿槽嵌补相结合的施工流程如下：

凿槽→打锚筋孔→凿毛冲洗→固定锚筋→填预缩砂浆→涂抹冷沥青胶泥，焊接架立钢筋→挂网→被喷面冲洗湿润→喷浆→养护。

施工工艺如下：

先沿缝凿槽，然后填入预缩砂浆使之与混凝土面齐平并养护，待预缩砂浆达到设计强度时，涂一层薄沥青漆。涂沥青漆半小时后，再涂冷沥青胶泥。冷沥青胶泥是由40:10:50的60号沥青、生石灰、水，再掺入15%的砂(粒径小于1 mm)配制而成。冷沥青胶泥总厚度为1.5~2.0 cm，分3~4层涂抹。待冷沥青胶泥凝固后，挂网喷浆，如图2-64所示。

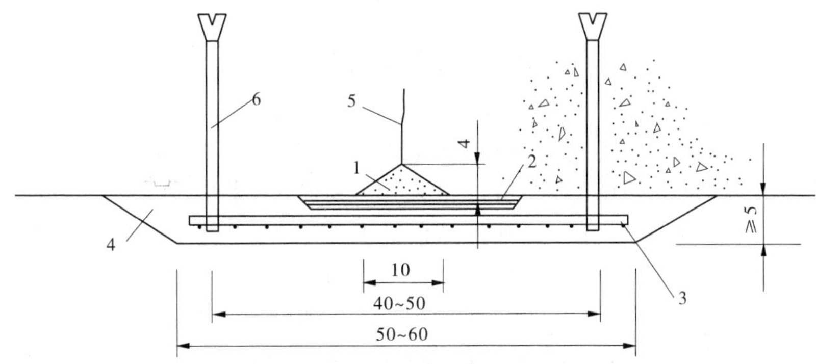

1—预缩砂浆；2—冷沥青胶泥；3—钢丝网；4—水泥砂浆喷层；5—裂缝；6—锚筋

图2-64　挂网喷浆与凿槽嵌补结合示意图　(单位：cm)

(二)裂缝的内部处理

裂缝的内部处理，系指贯穿性裂缝或内部裂缝常用灌浆方法处理。其施工方法通常为钻孔灌浆，灌浆材料一般采用水泥和化学材料，可根据裂缝的性质、开度以及施工条件等具体情况选定。对于开度大于0.3 mm的裂缝，一般可采用水泥灌浆；对开度小于0.3 mm的裂缝，宜采用化学灌浆；对于渗透流速大于600 m/d或受温度变化影响的裂缝，则不论其开度如何，均宜采用化学灌浆处理。

1.水泥灌浆

水泥灌浆具体施工程序为：钻孔→冲洗→止浆或堵漏处理→安装管路→压水试验→灌浆→封孔→质量检查。水泥灌浆施工具体技术要求如下：

(1)钻孔。一般用风钻钻孔，孔径36~56 mm，孔距1.0~1.5 m，除骑缝浅孔外，不得顺裂缝钻孔，钻孔轴线与裂缝面的交角一般应大于30°，孔深应穿过裂缝面0.5 m以上，如果钻孔为两排或两排以上，应尽量交错或呈梅花形布置。钻进过程中，若发现有集中漏水或其他异常现象，应立即停钻，查明漏水高程，并进行灌浆处理后，再行钻进。钻进过程中，对孔内各种情况，如岩层及混凝土的厚度、涌水、漏水、洞穴等均应详细记录。钻孔结束后，孔口应用木塞塞紧，以防污物进入。

(2)冲洗。每条裂缝钻孔结束后，需进行冲洗，其顺序是按竖向排列孔自上而下逐孔进行。其目的主要是将钻孔及裂隙中的岩粉、铁砂等冲洗出来，冲洗方法有高压水冲洗、水气轮换冲洗等。一般冲洗水压相当于70%~80%的灌浆压力，冲洗气压则相当于

30% ~40% 的灌浆压力。

(3)止浆或堵漏处理。在缝面冲洗干净后，即可进行止浆或堵漏处理。可在裂缝表面用灰砂比1:1 ~1:2的水泥砂浆涂抹，也可用环氧砂浆涂抹。或者沿裂缝凿成上口宽3 ~4 cm、深约2 cm的槽子，洗刷干净后，在槽内嵌填旧棉絮，并在表面用纯水泥浆涂抹密实。或者将水泥或环氧砂浆等做成团状，粘贴在渗水裂缝的迎水面。

(4)安装管路。灌浆管一般用19 ~38 mm的钢管，上部加工丝扣。安装时，先在钢管外壁裹上旧棉絮，并用麻丝捆紧，然后将管子旋于孔中，埋入深度根据孔深和灌浆压力的大小而定。孔口、管壁周围的空隙可用旧棉絮或其他材料塞紧，并用水泥砂浆封堵，以防冒浆或灌浆管从孔口脱出。

(5)压水试验。其主要目的是判断裂缝有无阻塞，检查管路及止浆效果。压水试验采用从灌浆孔压水、排气孔排水的方式，以检查其畅通情况，然后关闭排气孔以检查止浆效果。

(6)灌浆。裂缝灌浆所用水泥一般为42.5(R)或52.5(R)普通硅酸盐水泥。在灌较细裂缝时，为了提高浆液的可灌性，可尽量采用52.5(R)号普通硅酸盐水泥，并加工磨细，使其细度达到通过6 400孔/cm^2筛的筛余量为2%以下。由于磨细水泥易风化，应注意保管，并尽快使用，防止失效。灌浆压力的确定，以保证一定的可灌性，提高浆体结石质量，而又不致引起建筑物发生有害变形为原则。一般进浆管压力采用300 ~500 kPa。

(7)封孔。凡经认真检查认为合格的灌浆孔，必须及时进行封孔。封孔材料为水泥砂浆，以灰砂比1:2，水灰比0.5 ~0.6，砂子粒径0.5 ~1.0 mm为宜。封孔方法有人工封孔法和机械封孔法。人工封孔法是将一根内径38 ~50 mm的钢管放入孔中，距离孔底约50 cm，然后把砂浆倒入管内，随着砂浆在孔内的浆面逐渐升高，将钢管徐徐上提，上提时，应使管的下端经常保持埋在砂浆中。机械封孔是利用砂泵或灌浆机进行全孔回填灌浆，浆液由稀变浓，灌浆压力采用500 ~600 kPa。

2. 化学灌浆

化学灌浆材料一般具有良好的可灌性，可以灌入0.3 mm或更小的裂缝，同时化学灌浆材料可调节凝结时间，适应各种情况下的堵漏防渗处理，此外化学灌浆材料具有较高的黏结强度，或者具有一定的弹性，对于恢复建筑物的整体性及对伸缩缝的处理，效果较好。因此，凡是不能用水泥灌浆进行内部处理的裂缝，均可考虑采用化学灌浆。

化学灌浆的施工程序为：钻孔→压气(或压水)试验→止浆→试漏→灌浆→封孔→检查质量。

化学灌浆的灌浆材料可根据裂缝的性质、开度和干燥情况选用，常用的有以下几种：

(1)甲凝。是以甲基丙烯酸甲脂为主要成分，加入引发剂等组成的一种低黏度的灌浆材料。甲基丙烯酸甲脂是无色透明液体，黏度很低，渗透力很强，可灌入0.05 ~0.1 mm的细微裂缝，在一定的压力下，还可渗入无缝混凝土中一定距离，并可以在低温下进行灌浆。聚合后的强度和黏结力很高，并具有较好的稳定性。但甲凝浆液黏度的增长和聚合速度较快。此材料适用于干燥裂缝或经处理后无渗水裂缝的补强。

(2)环氧树脂。其浆液是以环氧树脂为主体，加入一定比例的固化剂、稀释剂、增韧剂等混合而成，一般能灌入宽0.2 mm的裂隙。硬化后，黏结力强、收缩性小、强度高、稳定性好。环氧树脂浆液多用于较干燥裂缝或经处理后已无渗水裂缝的补强。

(3)聚氨酯。其浆液是由多异氰酸酯和含羟基的化合物合成后,加入催化剂、溶剂、增塑剂、乳化剂以及表面活性剂配合而成。这种浆液遇水反应后,便生成不溶于水的固结强度高的凝胶体。此种浆液防渗堵漏能力强,黏结强度高,适用于渗水缝隙的堵水补强。

(4)水玻璃。是由水泥浆和硅酸钠溶液配合而成的。二者体积比通常为1∶0.8 ~ 1∶0.6,水玻璃具有较高的防渗能力和黏结强度,此材料适用于渗水裂缝的堵水补强。

(5)丙凝。是以丙烯酰胺为主剂,配以其他材料,发生聚合反应,形成具有弹性的、不溶于水的聚合体。可填充堵塞岩层裂隙或砂层中空隙,并可把砂粒胶结起来,起到堵水防渗和加固地基的作用。但因其强度较低,不宜用作补强灌浆,仅用于地基帷幕和混凝土裂缝的快速止水。

随着各种大型工程和地下工程的不断兴建,化学灌浆材料得到了越来越广泛的应用。但化学灌浆费用较高,一般情况下应首先采用水泥灌浆,在达不到设计要求时,再用化学灌浆予以辅助,以获得良好的技术经济指标。此外,化学浆材都有一定的毒性,对人体健康不利,还会污染水源,在运用过程中要十分注意。

(三)加厚坝体

浆砌石坝由于坝体单薄、强度不够而产生应力裂缝和贯穿整个坝体的沉陷缝时,可采取加厚坝体的措施,以增强坝体的整体性和改善坝体应力状态。坝体加厚的尺寸应由应力核算确定。在具体处理时,应保证新老坝体接合良好。

【案例】 四川省团结水库于 1966 年 10 月建成,大坝为 22 m 高的浆砌条石拱坝。1967 年发现坝身有两处产生水平裂缝,缝长分别为 10 m、5 m。缝口有压碎现象,漏水严重。放空水库进行检查,又发现坝体中部有一竖直裂缝,从坝顶向下伸长 7.5 m,缝宽 5 mm。其左侧 8 m 处另有一长 5 m 的竖直裂缝,见图 2-65(a)。后经分析,坝体产生水平裂缝的原因主要是坝体纵剖面处宽度突然缩窄,造成应力集中,再加上用料质量差,致使坝体应力超过了砌体的抗剪强度。而竖缝则是水库放空时,在坝身回弹过程中被拉裂的。

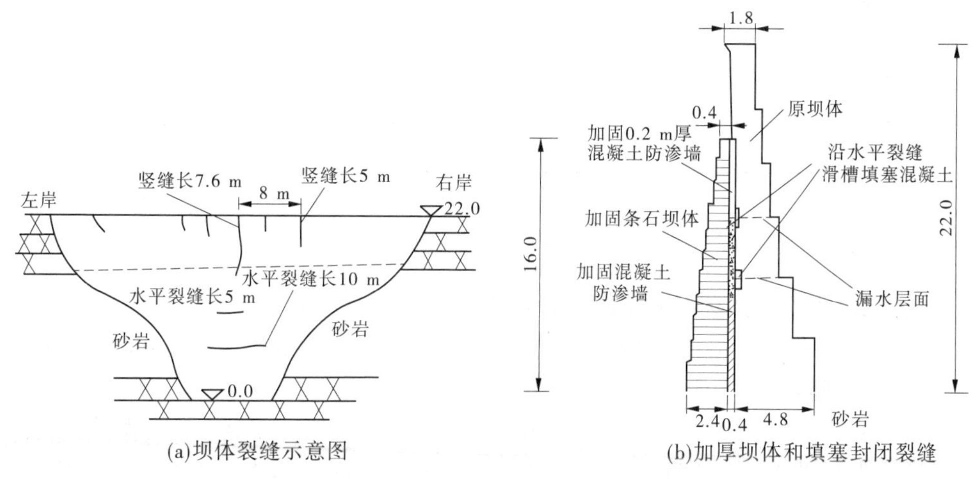

图 2-65　团结水库坝体裂缝处理示意图　(单位:m)

对于这种严重的应力裂缝,采用了加厚坝体和填塞封闭裂缝的处理方法,如图 2-65(b)所示。在原坝体上游面沿水平缝凿槽填塞混凝土,然后在上游面加筑混凝土防渗墙及浆砌条石加厚坝体，竖缝用高标号水泥砂浆填塞封闭。经过处理，增强了坝的整体性和抗渗能力，改善了坝体应力状态，处理后再没出现裂缝和漏水情况。

子任务三　混凝土坝及浆砌石坝的表层破坏

一、混凝土坝层破坏的形式与成因

混凝土坝表层破坏往往是由设计考虑不周、施工质量差、管理不善或其他因素造成的，表层裂缝在子任务二已作介绍，表层其他破坏现象、原因和发生部位如表2-7所示。

表2-7　表层破坏的现象、原因和部位

现象	原因	常见部位
拆模后混凝土表面有蜂窝、麻面、骨料架空和外露、模板走样、接缝不平	施工质量不好	各部位均可发生
高速水流冲刷、淘刷、磨损、气蚀等，使混凝土表面变形、骨料外露、疏松脱壳等	(1)流速大于混凝土表面允许流速。 (2)水流边界条件不好，在高速水流作用下，引起气蚀破坏。 (3)水流中挟有大量砂石等推移质或冰凌等漂浮物。 (4)消力池护坦上及其附近堆积有砂石、混凝土块或钢筋等杂物	(1)与水流接触的表面，特别是底板表面。 (2)过水建筑物急弯部分，断面突变部位及不平整部位
冻融、风化剥蚀使混凝土表面疏松脱壳或成块脱落	(1)严寒地区冰冻及干湿交替循环作用。 (2)有侵蚀性水的化学侵蚀作用	水位变化区及与水经常接触的部位
撞击破坏使混凝土表面成块脱落、凹凸不平	机械、船舶或其他坚硬物的撞击	各部位均可发生

二、混凝土表层破坏的修补要求

（一）混凝土表层损坏混凝土的清除方法

在清除表层损坏混凝土时，应根据损坏的部位与程度，分别选用下述方法处理：

(1)人工凿除。对于浅层或面积较小可以采用。

(2)风镐凿除。对于损坏较深(5～50 cm)、面积较大的，可以结合人工凿除进行。

(3)小型爆破为主的爆除。对于损坏深度大于50 cm，且面积较大的，可采用爆除方法。对于某些不宜进行爆破作业的特殊部位，可钻排孔，用人工打楔凿除，或用机械切割凿除。

(4)膨胀剂静力剥除。这种方法是沿混凝土清除边缘用机械切割边缝，深度不超过

清除厚度,然后顺着清除界面钻孔并装膨胀剂。膨胀剂一般为石灰加掺合剂形成。这是一种安全、简便、高效的新型实用技术方法,在一些改造工程中使用,获得良好效果。

(二)清除表层损坏混凝土的技术要求

在清除表层损坏混凝土时,既要保证表层以下或周围完好的混凝土、钢筋、管道及观测设备及埋设件等不受破坏,又要保证损坏区域附近的机械设备和建筑物的安全。当采用以小型爆破为主的方法清除时,对有钢筋部位的表层损坏混凝土,可参照以下技术要求制定具体措施。

(1)爆破程序。爆破作业一般应分层分区进行,以保证爆破效果。爆破程序为:切断贯穿性钢筋和钻防振孔→拆除钢筋层→混凝土松动爆破→混凝土龟裂爆破及浅孔爆破→凿除保护层。

(2)布设防振孔。设防振孔一排,布置在凿除区内,与清除边线相距约 30 cm,孔深约为爆破孔的 2 倍,见图 2-66。

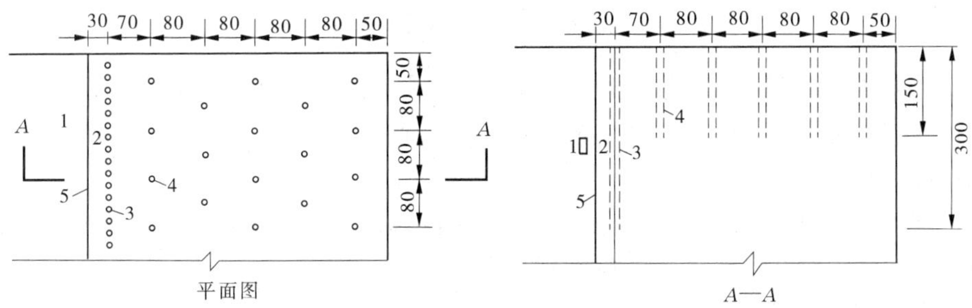

1—保留区;2—保护层;3—防振孔;4—爆破装药孔;5—清楚边线

图 2-66 松动爆破布孔示意图 (单位:cm)

(3)钢筋的处理。凡贯穿在凿除区和保留区之间的钢筋,必须在爆破前切断,在切断时,要注意随后焊接用的钢筋应保留有足够的搭接长度。

(4)爆破的控制。为了防止爆破时对相邻部位混凝土及建筑物的不良影响,对各爆破区的孔深、孔距、最小抵抗线、装药量和一次起爆总装药量等参数,要严加控制,并通过试验验证。

(5)爆破和凿除。参照图 2-67,按下列要求进行:

①距清除边线 1 m 以外的混凝土,采用松动爆破。

②距竖直面清除边线 30 ~ 100 cm 范围内的混凝土,采用龟裂爆破切割。

③在底面清除边线以上 50 ~ 100 cm 范围内采用浅孔松动爆破,并用火雷管起爆。

④距竖直清除边线 30 cm 和距底面清除边线 50 cm 以内,采用人工或风镐凿除。

三、修补方法的选择和对修补材料的要求

(1)当修补面积较大,深度大于 20 cm 时,可采用普通混凝土(包括膨胀水泥混凝土和干硬性混凝土)、喷混凝土、压浆混凝土或真空作业混凝土回填;深度在 5 ~ 20 cm 的,可采用喷混凝土或普通混凝土回填;深度在 5 ~ 10 cm 的,可采用普通砂浆、喷浆或挂网喷浆填补;深度在 5 cm 以下的,可采用预缩砂浆、环氧砂浆或喷浆填补。

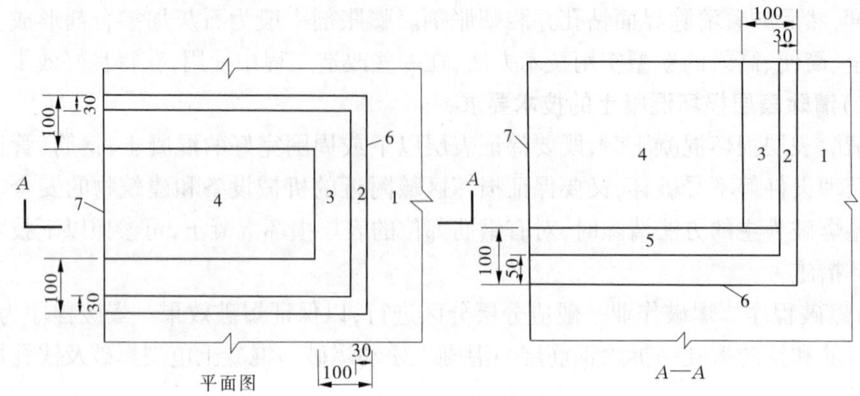

1—保留区;2—人工或风镐凿除区;3—龟裂爆破区;4—松动爆破区;
5—浅孔爆破区;6—清除边线;7—临空面

图2-67 混凝土清除分区示意图 (单位:cm)

(2)当修补面积较小,深度大于10 cm时,可用普通混凝土或环氧混凝土回填,深度小于10 cm时,可用预缩砂浆或环氧砂浆填补,深度在5 mm左右的低凹小缺陷,也可用环氧石英膏填补。

由于环氧材料比一般材料价格贵,因此只有在修补质量上要求较高的部位,或当用其他材料又无法满足要求时,方可考虑使用。

(3)对修补面积不大并有特定要求的部位,可采用钢板衬护或其他材料(如铸铁、铸石等)镶护的方法,但要保证衬护或镶护材料与原混凝土联结可靠,并注意表面接合平顺。

(4)除根据损坏的部位和原因分别提出抗冻、抗渗、抗侵蚀、抗风化等要求外,一般要求砂浆和混凝土应为高强度、耐磨和具有一定的韧性。混凝土的技术指标不得低于原混凝土,所用水泥不得低于原混凝土的水泥的强度,一般采用C40以上的普通硅酸盐水泥为宜;水灰比应尽量选用较小值,并通过试验确定。

(5)对由于湿度变化而引起风化剥蚀的部位,进行修补时,宜在砂浆或混凝土中掺入水泥重量1/10 000左右的加气剂,以提高砂浆或混凝土的抗冻性和抗渗性,但这样会使强度稍有降低,因此应控制含气量不超过5%。

四、混凝土表层修补的几种常用方法

对混凝土表层修补中所采用的水泥砂浆修补、预缩砂浆修补、喷浆修补、环氧砂浆修补等方法与任务三子任务二中裂缝处理的方法是相同的。除此,这里再介绍几种方法。

(一)喷混凝土修补

喷混凝土的密度及抗渗能力比一般混凝土大,而且具有快速、高效、不用模板以及把运输、浇筑、捣固结合在一起的优点。

1.材料与配比

根据强度、防渗、抗冻等要求进行试验确定。一般水泥:砂子:石子=1:2:2;水灰比为

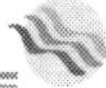

0.4～0.45。速凝剂掺量为水泥量的2%～4%。

2. 修补工艺

(1)喷混凝土前的准备工作。基本上与喷浆相同。

(2)喷混凝土作业。喷混凝土的喷射方法与养护方法可参照前述喷浆修补有关内容进行。一次喷射层厚度一般以不小于最大骨料粒径的1.5倍为宜。

喷射层的间隔时间与水泥品种、施工温度和速凝剂掺量有关，一般不超过前一层终凝时间。当修补面积较大时，可考虑分区自上而下喷射。

(二)混凝土真空作业修补

真空作业，是采用真空系统将浇筑的混凝土中多余的水量提早吸出，以增加混凝土的早期强度，提高混凝土的质量，缩短拆模期限的一种修补方法。

1. 真空作业的设备装置

混凝土真空作业的装置有移动式和固定式两种。移动式装置可装在汽车上或拖车上，固定式装置可参看图2-68，其主要设备包括真空泵、真空槽、连接器等。

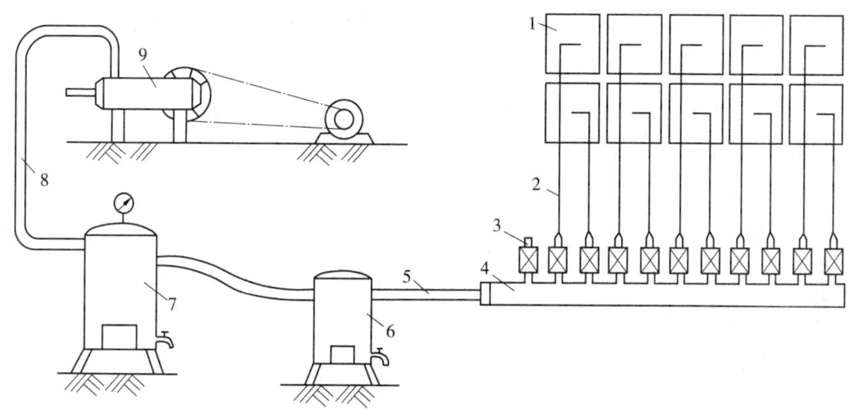

1—真空盘或真空模板；2—吸气压力胶管；3—连接器分嘴；4—连接器；5—吸气总管；6—集水槽；7—真空槽；8—连接管；9—真空泵

图2-68　真空系统布置示意图

2. 真空作业的技术要求

(1)施工程序。洗刷模板→涂抹肥皂水或石灰浆→支设模板→浇筑混凝土或预填骨料混凝土→真空作业→拆模→养护。

(2)真空系统各项设备应严密不漏气并保持清洁，注意防止杂物及水被吸入真空泵内。

(3)真空盘与混凝土表面接触要严密，各真空盘应尽量靠紧。在最初抹平混凝土表面时，应比设计高度高出5～10 mm(一般应经试验确定)，使真空作业后混凝土表面高度与设计高度相符。真空作业后不得在混凝土表面加水泥砂浆面层。

(4)真空模板必须安装牢固，防止变形、漏气。每次作业时，混凝土必须浇筑到高出该层真空腔的上缘，并填满真空腔。

(5)真空作业的吸水量，要根据所要求的真空作业层厚度及水灰比降低值而定，可按式(2-4)确定。

$$\omega = W_c h \Delta_{\frac{w}{c}} \tag{2-4}$$

式中 ω——吸水量,kg/m²;

W_c——每立方米混凝土中的水泥用量,kg/m³;

h——要求的真空作业层厚度,m;

$\Delta_{\frac{w}{c}}$——要求的水灰比降低值。

如拌和混凝土的水灰比为0.65,要求真空作业后水灰比降低至0.62,则 $\Delta_{\frac{w}{c}}=0.65-0.62=0.03$。混凝土真空作业时,一般水灰比控制在0.55~0.65范围内,经真空作业后,水灰比降低值约为0.05。

(6)真空度一般为350~550 mm水银柱高度,真空槽和连接器可控制在较高范围,真空腔可控制在较低范围。

(7)真空作业时间随着混凝土的密度和作业层厚度按吸水量而定。当作业层厚度不超过25 cm时,一般采用15~45 min;当超过25 cm时,可延长至50 min。真空作业修补可用一次吸真空法,也可用二次吸真空法,如第一次作业后,吸水量仍未达到要求指标,可间隔10 min,再作第二次吸真空10~15 min。

(8)真空作业最好在混凝土振捣抹平后15 min内开始,最迟也不应超过30 min。真空模板各层吸真空作业必须在其上一层混凝土振捣完毕后才开始。

(9)真空作业中途如因故停工,间断时间应小于30 min。

(10)气温低于8 ℃时,应做好真空系统防冻措施。

(11)真空作业完毕后,先拔掉吸气嘴的气管,再停真空泵,以防灰浆水倒灌。

(12)拆模时间:水平表面可在作业完毕后立即拆除模板;40°以下的斜面以2~3 h为宜;40°以上或竖直面以5~24 h为宜。对承重的真空模板,须通过验算确定。

(13)真空盘或真空模板每次使用后,应立即冲洗过滤布;在每次作业前,可在过滤布上涂一层肥皂水、石灰浆,或其他能防止黏结的廉价材料。

(14)在真空作业后,混凝土的养护与普通混凝土相同。

3. 真空作业的效果

混凝土经真空作业后,其强度提高值如表2-8所示。但当混凝土的水泥用量大于400 kg/m³,水灰比为0.4以下时,吸真空的效果就大大降低,不宜再用真空作业。

表2-8 混凝土真空作业后的强度提高值

龄期	3 d	7 d	28 d	1年	备注
强度提高值(%)	40~60	30~40	20~25	15~20	真空作业混凝土的配合比、养护条件同普通混凝土

(三)压浆混凝土(预填粗骨料混凝土)修补

压浆混凝土是将有一定级配的洁净粗骨料预先填入模板中,并埋入灌浆管,然后通过灌浆管用泵把水泥砂浆压入粗骨料间的空隙中胶结而成为密实的混凝土。

1. 材料与配比

(1)砂。宜采用细砂,超过2.5 mm的颗粒应预先筛除,细度模数最好在1.2~2.4范

围内。

(2)粗骨料。应为洁净的卵石或碎石,宜采用间断级配,最小粒径不得小于 2 cm,最大粒径尽可能用得大些,使孔隙率降低。在一般情况下,孔隙率为 35 ~40%。

(3)掺合料。掺入一定数量的掺合料可以节约水泥,改善砂浆的和易性,提高抗渗和抗蚀能力。最常用的掺合料有火山灰质混合材料和粒状高炉矿渣等,其中以粉煤灰应用最广。粉煤灰的质量应符合混凝土施工规范的规定,掺入量可通过试验确定。

(4)外加剂。为了改善砂浆的性能,常掺用加气剂、塑化剂和铝粉等外加剂,最佳掺量应由试验来确定。铝粉掺入量约为水泥与掺合料总重量的 4/100 000 ~1/10 000。用铝粉时,应先将铝粉与干的掺合料拌匀。

(5)配合比。压浆混凝土的配合比设计,应根据试验求得压浆混凝土强度与砂浆强度的关系,再按要求的砂浆强度确定砂浆配合比。但砂浆与胶结料的重量比不超过 1.6。为了满足施工的需要,用压浆法浇注混凝土的砂浆,应具有下列分层度和流动度指标:

①分层度(砂浆的离析程度)≤2 cm。

②流动度(砂浆的稠度):当石子粒径为 20 mm 时为 17 ~22 s;当石子粒径大于 20 mm 时为 22 ~25 s。

选择适当的分层度和流动度,是为使砂浆在压力作用下,通过管道输送时砂粒处于悬浮状态,以利于提高输送效率。

2.压浆系统的布置

压浆系统的布置,除应满足压浆作业顺利进行外,还应使其移动次数最少,且输浆管线路最短。压浆系统布置方式如图 2-69 所示。

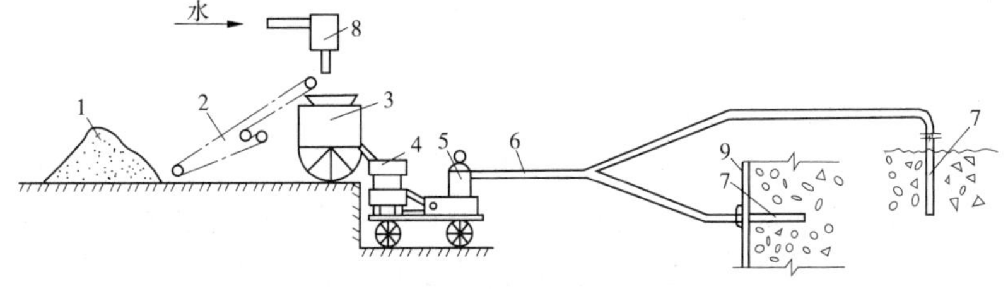

1—水泥、砂材料;2—皮带输送机;3—强制式砂浆搅拌机;4—带有搅拌装置的砂浆储备器;5—砂浆泵;6—输浆泵;7—灌浆泵;8—称水装置;9—模板

图 2-69　压浆系统布置示意图

3.压浆混凝土作业

1)准备工作

(1)立好模板,筛选洗净粗骨料,分层填筑,每层厚度不宜超过 20 cm,并加以捣实,以降低填石的孔隙率。

(2)在预填粗骨料过程中,应按设计要求埋入灌浆管和观测管,并保证不被填石所破坏。

(3)压浆前应对管路做压水试验,检查有无漏水。

2)压浆作业注意事项

(1)砂浆拌和时间应不少于 3 min。压浆开始时,先压送水泥较多的砂浆,以润滑管路，然后压送按规定配合比拌和的砂浆。

(2)初次拌好的砂浆必须测定流动度，如数值超过规定，应加以改正。在压浆过程中，也应经常检查流动度。

(3)压浆管的布置方式，应根据修补部位的形状及大小确定。可以穿过侧面模板水平放置，也可以竖直放置。竖直放置时，压浆管距离模板不宜小于 50 cm，以免对模板产生过大压力。压浆管间距与位置，应根据浇筑范围、压浆管的作用半径及管径，砂浆流动度与灌浆压力等事先通过试验确定，一般间距为 1.5～2.0 m。

(4)当施工部位的厚度不大，而面积较大、埋设的灌浆管较多时，应对灌浆顺序进行安排。一般常用双线循环法，即从一端向另一端推进，如图 2-70 所示。开始灌浆时，第一线和第二线同时进行，当第一线灌完后，第二线仍继续灌浆，而将第一线的输浆管接到第三线，同样第二线灌完后，再把输浆管装到第四线，如此连续向前推进。

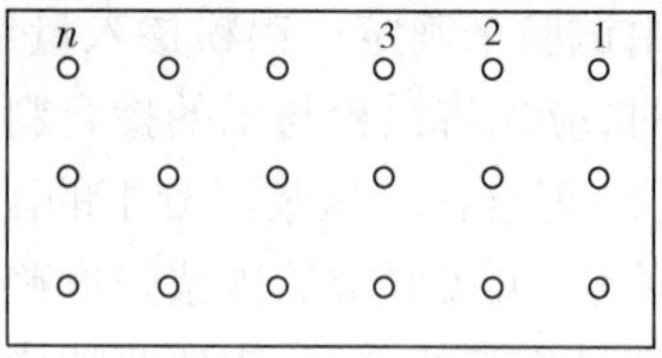

n　3　2　1

1,2,3,…,n—第一,二,三,…,n 线

图 2-70　灌浆顺序示意图

(5)当结构物的标高由四周向中心逐渐增高或者是斜面，而布置的灌浆管不能同时灌浆时，应先从最下部开始，逐渐上升，不得间断。

(6)压浆过程中，必须测定砂浆的上升情况，观测结果要作详细记录。

(7)发生严重故障时，如模板破坏和设备损坏等被迫停止工作时间较长，则应将被埋入砂浆中的所有灌浆管提升到砂浆面以上 10～15 cm 处，并用铁钎捅捣或通压缩空气等方法使管路通畅，将设备内的砂浆全部弃掉，且冲洗洁净。继续压浆前，应先适量地压送纯水泥浆(水灰比采用 0.5)后再压送砂浆，以免砂浆由上而下灌注时在接缝形成蜂窝麻面。

4.压浆混凝土的效果和应用

压浆混凝土早期强度增长较缓慢，但后期有显著增长，并有较高的抗渗能力，如 90 d 龄期的抗渗能力可达 1.5 MPa 以上，其强度可以达到普通混凝土的强度。它不仅适用于一般抗渗要求较高部位的修补，而且也适用于钢筋稠密、埋设件复杂、结构尺寸要求精确度较高以及水下不易浇筑捣固的部位的修补。

有抗冻要求的压浆混凝土，应通过试验合格后，才能使用。

子任务四　混凝土坝及浆砌石坝的渗漏处理

一、渗漏的原因及危害

(一)渗漏的种类

混凝土坝及浆砌石坝渗漏，按其发生的部位，可分为以下几种：

(1)坝体渗漏，如由裂缝、伸缩缝和蜂窝空洞等引起的渗漏。

(2)坝与岩石基础接触面渗漏。

(3)地基渗漏。

(4)绕坝渗漏。

（二）渗漏产生的原因

造成混凝土坝和浆砌石坝渗漏的原因很多，归纳起来有以下几个方面：

(1)因勘探工作做得不够，地基中存在的隐患未能发现和处理，水库蓄水后引起渗漏。

(2)在设计过程中，由于对某些问题考虑不全，在某种应力作用下，坝体产生裂缝，引起裂缝。

(3)施工质量差。如对坝体温度控制不严，使坝体内外温差过大产生裂缝，地基处理不当，使坝体产生沉陷裂缝，混凝土振捣不实，使坝体内部存在蜂窝空洞，浆砌石坝勾缝不严，帷幕灌浆质量不好，坝体与基础接触不良，坝体所用建筑材料质量差等，均会导致渗漏的产生。

(4)设计、施工过程中采取的防渗措施不合理，或运用期间由于物理、化学因素的作用，使原来的防渗措施失效或遭到破坏，均容易引起渗漏。

(5)运用期间，遭受强烈地震及其他破坏作用，使坝体或基础产生裂缝，引起渗漏。

（三）渗漏的危害

混凝土坝和浆砌石坝的渗漏危害是多方面的。坝体渗漏，将使坝体内部产生较大的渗透压力，影响坝体稳定。侵蚀性强的水还会产生侵蚀破坏作用，使混凝土强度降低，缩短建筑物的使用寿命。在北方地区，渗漏还容易造成坝体冻融破坏。坝基渗漏、接触面渗漏或绕坝渗漏，会增大坝下扬压力，影响坝身稳定，严重的将因流土、管涌等而引起沉陷、脱落，使坝身破坏。

二、渗透处理的原则

渗漏处理的基本原则是："上截下排"，以截为主，以排为辅。应根据渗漏的部位、危害程度以及修补条件等实际情况确定处理的措施。

(1)对坝体渗漏的处理，主要措施是在坝的上游面封堵，这样既可直接阻止渗漏，又可防止坝体侵蚀，降低坝体渗透压力，有利于建筑物的稳定。

(2)对坝基渗漏的处理，以截为主，以排为辅。排水虽可降低基础扬压力，但会增加渗漏量，对有软弱夹层的地基容易引起渗漏变形，应慎重对待。

(3)对于接触渗漏和绕坝渗漏的处理，应尽量采取封堵的措施，以减少水量损失，防止渗透变形。

三、渗漏处理措施

（一）坝体渗漏处理

1. 坝体裂缝渗漏的处理

坝体裂缝渗漏的处理可根据裂缝发生的原因及对结构影响的程度、渗漏量的大小和集中分散等情况，分别采取不同的处理措施。

1)表面处理

坝体裂缝渗漏按裂缝所在部位可采取表面涂抹、表面贴补、凿槽嵌补等表面处理方法，具体操作可见任务三内容。

对渗漏量较大,但渗透压力不直接影响建筑物正常运行的漏水裂缝,如在漏水出口进行处理时,先应采取导渗措施,然后进行封堵。其具体方法有以下两种:

(1)埋管导渗。沿漏水裂缝在混凝土表面凿"△"形槽,并在裂缝渗漏集中部位埋设引水铁管,然后用旧棉絮沿裂缝填塞,使漏水集中从引水管排出,再用快凝灰浆或防水快凝砂浆迅速回填封闭槽口,最后封堵引水管,如图 2-71 所示。

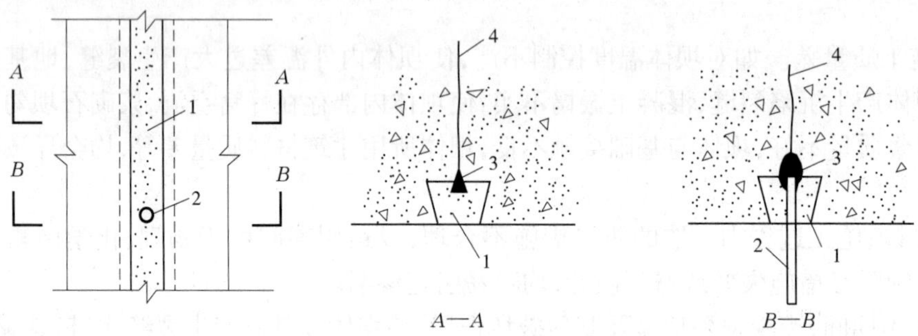

1—沿裂缝凿出的△形槽内填快凝灰浆;2—引水管;3—塞进的棉絮;4—向内延伸的裂缝

图 2-71　埋管导渗示意图

(2)钻孔导渗。用风钻在漏水裂缝一侧钻斜孔(水平缝则在缝的下方),穿过裂缝面,使漏水从钻孔中导出,然后封闭裂缝,从导渗孔灌浆填塞。

2)内部处理

内部处理是通过灌浆充填漏水通道,达到堵漏的目的。根据裂缝的特征,可分别采用骑缝钻孔灌浆或斜缝钻孔灌浆的方式。根据裂缝的开度和可灌性,可分别采用水泥灌浆或化学灌浆。根据渗漏的情况,又可分别采取全缝灌浆或局部灌浆的方法。有时为了灌浆的顺利进行,还需先在裂缝上游面进行表面处理或在裂缝下游面采取导渗并封闭裂缝的措施。有关灌浆的工艺与技术要求,可参阅任务二内容。

3)结构处理接合表面处理

对于影响建筑物整体性或破坏结构强度的渗水

裂缝,除灌浆处理外,有的还要采取结构处理结合表面处理的措施,以达到防渗、结构补强或恢复整体性的要求。图 2-72 是利用插筋结合止水塞处理大坝水平渗水裂缝的一个实例。其具体做法是:在上游面沿缝隙凿一宽 20 ~ 25 cm、深 8 ~ 10 cm 的槽,向槽的两侧各扩大约 40 cm 的凿毛面,共宽 100 cm。并在槽的两侧钻孔埋设两排锚筋。槽底涂沥青漆,然后在槽内填塞沥青水泥和沥青麻布 2 ~ 3 层,槽内填满后,再在上面铺设宽 50 cm 的沥青麻布两层,最后浇筑宽 100 cm、厚 25 cm 的钢筋混凝土盖板作为止水塞。从坝顶钻孔两排插筋锚固坝体。最后进行接缝灌浆。

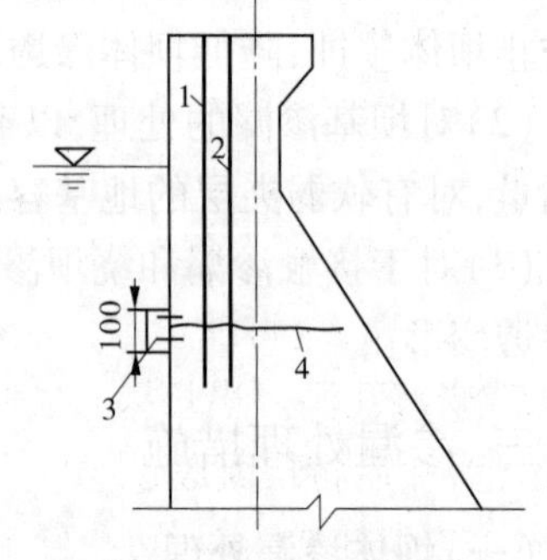

1—5 ϕ28 第一排插筋;2—5 ϕ28 第二排插筋;3—止水塞;4—裂缝

图 2-72　插筋结合止水塞处理渗水裂缝示意图　(单位:cm)

2. 混凝土石坝坝体散渗或集中渗漏的处理

混凝土坝由于蜂窝、空洞、不密实及抗渗标号不够等缺陷，引起坝体散渗或集中渗漏时，可根据渗漏的部位、程度和施工条件等情况，采取下列一种或几种方法结合进行处理：

(1)灌浆处理。主要用于建筑物内部密实性差、裂缝孔隙比较集中的部位。可用水泥灌浆，也可用化学灌浆，具体施工技术要求见任务二内容。

(2)表面处理。对大面积的细微散渗及水头较小的部位，可采取表面涂抹处理，对面积较小的散渗可采取表面贴补处理，具体处理方法详见任务三内容。

(3)筑防渗层。防渗层适用于大面积的散渗情况。防渗层一般做在坝体迎水面，结构一般有水泥喷浆、水泥浆及砂浆防渗层等形式。

水泥浆及砂浆防渗层，一般在坝的迎水面采用5层，总厚度12～14 mm。水泥浆及砂浆防渗层施工前需用钢丝刷或竹刷将渗水面松散的表层、泥沙、苔藓、污垢等刷洗干净，如渗水面凹凸不平，则需把凸起的部分剔除，凹陷的用1∶2.5水泥砂浆填平，并经常洒水，保持表面湿润。防渗层的施工，第一层为水灰比0.35～0.4的素灰浆，厚度2 mm，分二次涂抹。第一次涂抹用拌和的素灰浆抹1 mm厚，把混凝土表面的孔隙填平压实，然后抹第二次素灰浆，若施工时仍有少量渗水，可在灰浆中加入适量促凝剂，以加速素灰浆的凝固。第二层为灰砂比1∶2.5、水灰比0.55～0.60的水泥砂浆，厚度4～5 mm，应在初凝的素灰浆层上轻轻压抹，使砂粒能压入素灰浆层，以不压穿为度。这层表面应保持粗糙，待终凝后表面洒水湿润，再进行下一层施工。第三、第四层分别为厚度为2 mm的素灰浆和厚度为4～5 mm的水泥砂浆，操作工艺分别同第一层和第二层。第五层素灰浆层厚度2 mm，应在第四层初凝时进行，且表面需压实抹光。防渗层终凝后，应每隔4 h洒水一次，保持湿润，养护时间按混凝土施工规范规定进行。

(4)增设防渗面板。当坝体本身质量差、抗渗等级低、大面积渗漏严重时，可在上游坝面增设防渗面板。

防渗面板一般用混凝土材料，施工时需先放空水库，然后在原坝体布置锚筋并将原坝体凿毛、刷洗干净，最后浇筑混凝土。锚筋一般采用直径12 mm的钢筋，每平方米一根，混凝土强度一般不低于C13。混凝土防渗面板的两端和底部都应深入基岩1～1.5 m，根据经验，一般混凝土防渗面板底部厚度为上游水深的1/60～1/15，顶部厚度不少于30 cm。为防止面板因温度产生裂缝，应设伸缩缝，分块进行浇筑，伸缩缝间距不宜过大，一般为15～20 m，缝间设止水。

(5)堵塞孔洞。当坝体存在集中渗流孔洞时，若渗流流速不大，可先将孔洞内稍微扩大并凿毛，然后将快凝胶泥塞入孔洞中堵漏，若一次不能堵截，可分几次进行，直到堵截为止。当渗流流速较大时，可先在洞中锲入棉絮或麻丝，以降低流速和漏水量，然后再行堵塞。

(6)回填混凝土。对于局部混凝土疏松，或有蜂窝空洞而造成的渗漏，可先将质量差的混凝土全部凿除，再用现浇混凝土回填。

3. 混凝土坝止水、结构缝渗漏的处理

混凝土坝段间伸缩缝止水结构因损坏而漏水，其修补措施有以下几种。

1)补灌沥青

对沥青止水结构,应先采用加热补灌沥青方法堵漏,恢复止水,当补灌有困难或无效时,再用其他止水方法。

2)化学灌浆

伸缩缝漏水也可用聚氨酯、丙凝等具有一定弹性的化学材料进行灌浆处理,根据渗漏的情况,可进行全缝灌浆或局部灌浆。

3)补做止水

坝上游面补做止水,应在降低水位情况下进行,补做止水可在坝面加镶铜片或镀锌片,具体操作方法如下:

(1)沿伸缩缝中心线两边各凿一条槽,槽宽 3 cm、深 4 cm,两条槽中心距 20 cm,槽口尽量做到齐整顺直,如图 2-73 所示。

(2)沿伸缩缝凿一条宽 3 cm、深 3.5 cm 的槽,凿后清扫干净。

(3)将石棉绳放在盛有 60 号沥青的锅内,加热至 170 ~ 190 ℃,并浸煮 1 h 左右,使石棉绳内全部浸透沥青。

(4)用毛刷向缝内小槽刷上一层薄薄沥青漆,沥青漆中沥青、汽油比为 6∶4,然后把沥青石棉绳嵌入槽缝内,表面基本平整。沥青石棉绳面距槽口面保持 2.0 ~ 2.5 cm。

(5)把铜片或镀锌铁片加工成如图 2-74 所示形状。紫铜片厚度不宜小于 0.5 mm,紫铜片长度不够时,可用铆钉铆固搭接。

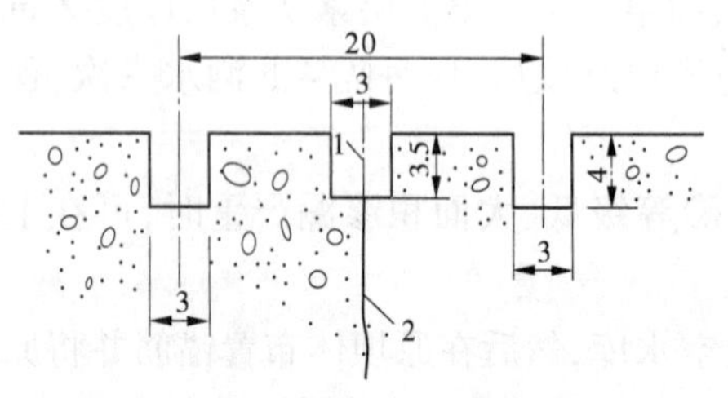

1—中心线;2—伸缩缝

图 2-73　坝面加镶铜片凿槽示意图　(单位:cm)

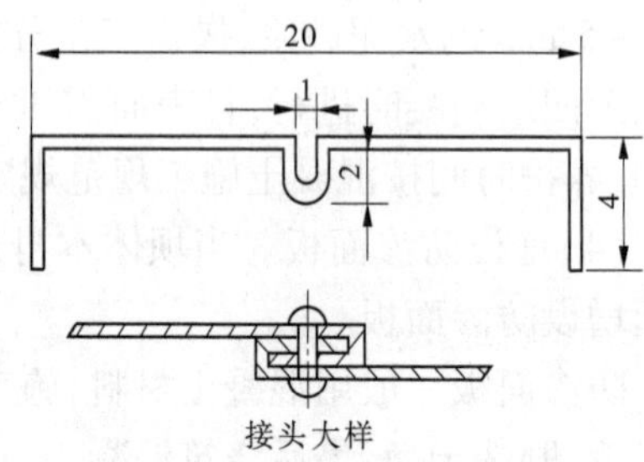

图 2-74　紫铜片形状尺寸　(单位:cm)

(6)用毛刷将配好的环氧基液在两边槽内刷一层,然后在槽内填入环氧砂浆,并将紫铜片嵌入填满环氧砂浆的槽内,如图 2-75 所示。将紫铜片压紧,使环氧砂浆与紫铜片紧密接合,然后加支撑将紫铜片顶紧,待固化后才拆除。

(7)在紫铜片面上和两边槽口环氧砂浆上刷一层环氧基液,待固化后再涂上一层沥青漆,经 15 ~ 30 min 后再涂一层冷沥青胶泥,作为保护层。

4. 浆砌石坝体渗漏的处理

浆砌石坝的上游防渗部分由于施工质量不好,砌筑时砌缝中砂浆存在较多孔隙,或者砌坝石料本身抗渗标号较低等均容易造成坝体渗漏。浆砌石坝体渗漏可根据渗漏产生的原因,用以下方法进行处理:

(1)重新勾缝。当坝体石料质量较好,仅局部地方由于施工质量差,砌缝中砂浆不够饱满,有孔隙,或者砂浆干缩产生裂缝而造成渗漏时,均可采用水泥砂浆重新勾缝处理。

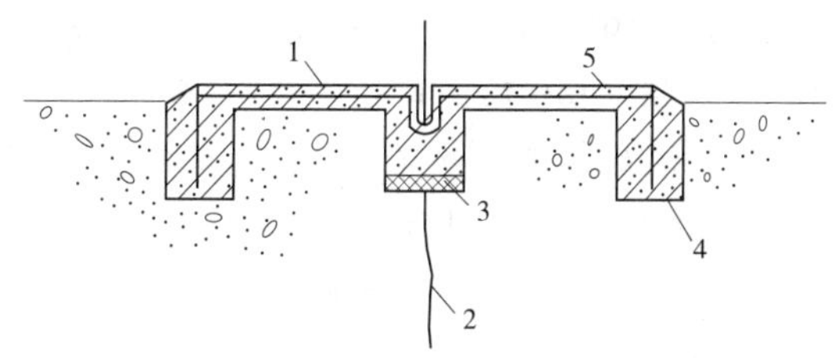

1—环氧基液与沥青漆;2—裂缝;3—沥青石棉绳;4—环氧砂浆;5—紫铜片

图 2-75 坝面加镶片示意图

一般浆砌石坝,当石料质量较好时,渗漏多沿灰缝发生,因此认真进行勾缝处理后,渗漏途径可全部堵塞。

(2)灌浆处理。当坝体砌筑质量普遍较差,大范围内出现严重渗漏,勾缝无效时,可采用从坝顶钻孔灌浆,在坝体上游形成防渗帷幕的方法处理。灌浆的具体工艺见任务二内容。

(3)加厚坝体。当坝体砌筑质量普遍较差、渗漏严重、勾缝无效,但又无灌浆处理条件时,可在上游面加厚坝体,加厚坝体需放空水库进行。若原坝体较单薄,则结合加固工作,采取加厚坝体防渗处理措施将更合理。

(4)上游面增设防渗层或防渗面板。当坝体石料本身质量差、抗渗标号较低,加上砌筑质量不符合要求、渗漏严重时,可在坝上游面增设防渗层或混凝土防渗面板,具体做法同混凝土坝。

(二)绕坝渗漏的处理

绕过混凝土或浆砌石坝的渗漏,应根据两岸的地质情况,摸清渗漏的原因及渗漏的来源与部位,采取相应措施进行处理。处理的方法可在上游面封堵,也可进行灌浆处理,对土质岸端的绕坝渗漏,还可采取开挖回填或加深刺墙的方法处理,具体处理方法详见项目一。

(三)基础渗漏的处理

对岩石基础,如出现扬压力升高,或排水孔涌水量增大等情况,可能是由原有帷幕失效、岩基断层裂隙扩大、混凝土与基岩接触不密实或排水系统堵塞等原因所致。对此,应首先查清有关部位的排水孔和测压孔的工作情况,然后根据原设计要求、施工情况进行综合分析,确定处理方法。一般有以下几种方法:

(1)若为原帷幕深度不够或下部孔距不满足要求,可对原帷幕进行加深、加密补灌。

(2)若是混凝土与基岩接触面产生渗漏,可进行接触灌浆处理。

(3)若为垂直或斜交于坝轴线且贯穿坝基的断层破碎带造成的渗漏,可进行帷幕加深、加厚和固结灌浆综合处理。

(4)若为是排水设备不畅或堵塞,可设法疏通,必要时增设排水孔以改善排水条件。

【案例】 大江水库漏水处理。

(1)水库基本情况。大江水库位于广西壮族自治区临桂县的漓江支流良丰河上游。工程于 1978 年 8 月建成蓄水。坝型为浆砌石重力坝,坝顶高程 257 m;集雨面积 60. 22 km^2,水库总库容 4.16×10^4 km^3。

(2)水库漏水情况。大坝于1977年关闸蓄水即发生渗漏,渗漏量逐年增大,1984年观测,库水位在252 m时,渗漏量1 140 L/s,经检查分析,漏水原因有以下几个:

①坝体漏水。施工时浆砌石的水泥浆液不饱满,孔洞多,空隙大,质量差。混凝土防渗截水墙设计厚60 cm,但无伸缩缝,施工时每层高1~1.5 m,没有用振捣器振实,出现蜂窝裂缝。迎水面出现裂缝17条,其中由坝顶到坝脚的有2条,最大缝宽2 cm,因而形成渗水通道。库水位在正常水位时,坝后有漏水点282处。

②绕坝和接触渗漏。坝址由砂岩和泥岩组成,左右两坝肩基岩走向基本倾向下游,左岸强风化层厚达2~5 m,右岸厚达5~10 m,裂缝极为发育,岩石破碎,透水性强。左岸吸水率最大达1.192 L/(min·m·m),右岸吸水率最大达到0.46~0.6 L/(min·m·m),属严重漏水带。但筑坝前和坝建成后,没有进行处理,防渗齿墙没有伸至弱风化带,又没有进行帷幕灌浆处理,这是绕坝和接触渗漏的原因。

③坝基断层裂隙漏水。坝址共有大小断层19条,其中与大坝关系密切的有7条,在施工时没有对这些断层进行认真处理,形成漏水通道。

(3)处理漏水的方法及效果。大江水库在选用处理方法时,曾进行过方案比较,对处理坝体渗漏曾提出做混凝土心墙、混凝土面板和灌浆处理。但坝体是浆砌石,做混凝土防渗墙难以造槽孔,做混凝土面板要求水下作业,施工技术复杂,并受汛期洪水影响,最后选用灌浆方案,对坝基漏水处理采用帷幕灌浆方案。坝体和坝基灌浆同时进行。灌浆时从坝顶施灌,布孔两排,排距1.5 m,孔距2 m,两排孔位成品字形,孔深伸入基岩相对不透水层,即吸水率小于0.03 L/(min·m·m)接触带,伸入接触面以下5 m。断层裂缝部位伸入到8~12 m。采取自上而下分段灌浆法,每段长一般为2~4.5 m。灌浆压力坝体为0~588 kPa,接触带196~490 kPa,基岩588~980 kPa。灌浆时,根据需要浆液中加入掺料和速凝剂。坝体和接触带孔洞多,空隙大,加掺料以节省水泥用料和投资,掺料采用粉煤灰,用量为水泥的15%~30%。在渗漏水流速较大的部位掺入速凝剂,以缩短浆液的凝结时间,速凝剂采用水玻璃和氯化钙,水玻璃为浆液的35%~50%,氯化钙为水泥用量的3%。灌浆后,经过压水试验,证明灌浆效果达到了设计要求。吸水率坝体$\omega<0.05$ L/(min·m·m),基础和接触带$\omega<0.05$ L/(min·m·m),符合设计要求。灌浆前与灌浆后漏水比较,漏水量减少96%以上。

案例分析

案例一:汾河二库病害处理

1. 基本情况

汾河二库坐落在山西省太原市境内的汾河干流上,距太原市30 km,集水面积2 348 km^2,总库容1.33亿m^3,是一座以防洪、灌溉为主,兼发电、旅游等综合利用的重点工程。整个工程由大坝、供水发电洞、水电站组成,大坝坝体为碾压混凝土重力坝,坝顶高程912 m,坝高88 m,坝顶长228 m,碾压混凝土达42.7万m^3。主体工程于1996年12月1日正式开工,于1999年12月12日大坝主体工程建设完成。工程建成运行几年后,上、下游坝

面均发现纵横裂缝，表面宽度 0.3 ~ 3.0 mm 不等，其中纵向裂缝贯通大坝上下游，水平裂缝从左岸延至右岸达 153.25 m。

2. 险情分析

汾河二库库区地处峡谷山区，属于大陆季风气候，夏季炎热，月极端最高气温达 39.4 ℃，冬季寒冷，进入 10 月中旬气温就开始出现负温，而且昼夜温差很大，月平均温差 16.5 ℃，从而造成混凝土内外温差过大，这是导致混凝土裂缝的主要因素。

3. 处理措施

（1）表面裂缝。对于缝宽小于 0.1 mm、缝深小于 1 m 及延伸长度小于 3 m 的浅层裂缝，在上游坝面做全坝面的聚氨酯保温防水层，下游坝面无须处理；对于贯通纵向裂缝的表面进行凿槽，并粘补橡皮弹性防渗材料；对于裂缝大于 0.1 mm、缝深大于 1 m 及延伸长度大于 3 m 的深层裂缝进行水泥灌浆。

（2）内部裂缝处理。对于裂缝大于 0.5 mm 的下游坝体裂缝采用水泥灌浆，水泥强度等级不低于 C50，要求灌浆的水泥有膨胀性；对于缝宽大于 0.1 mm、小于 0.5 mm 的上、下游坝体裂缝进行化学灌浆，灌浆材料要求在坝址寒冷气候条件下，具有耐久性、弹性好、黏聚力高，能适应裂缝缝宽可能发展的要求。

案例二：黑龙滩重力坝的病害处理

1. 基本情况

四川省黑龙滩浆砌条石重力坝，于 1971 年建成，最大坝高 55 m，总库容 3.6 亿 m^3，为一大型的灌溉蓄水工程。由于设计考虑不周，勘测条件较差，加以施工质量控制不严，因此，蓄水后出现了多方面的病害。

（1）坝体抗滑稳定性不够。施工时发现坝基内有黏土夹层，但未能全部清除，实际的摩擦系数远小于设计采用值 0.55。因此，大坝的抗滑稳定性不够，需加固处理。

（2）渗漏。坝体和坝基均有严重渗漏现象，坝内廊道多处漏水，当水库蓄水位较高时，右岸坝肩基岩也大面积渗水。据 1973 年 5 月观测，当库水位为 471 m 时，大坝渗漏水量为 96 L/min。

（3）裂缝。坝体有多处裂缝，有的为贯穿性裂缝。在廊道左岸出口下游坝面附近的一处裂缝，还有射水现象。

（4）廊道排水沟淤积。由排水带出大量钙质析出物，这些钙质析出物沿廊道排水沟沉积，每周沉积厚度可达 1 cm。

（5）由于部分排水孔被堵塞，坝体扬压力增大，增加了坝体的不稳定性。

2. 处理方法及效果

根据病害情况，采用了坝身灌浆、坝基帷幕补强灌浆和加厚坝体的综合处理方案。由于放空水库存在实际困难，而且渗漏范围较大，故未采取上游面勾缝或做防渗面板的处理措施。

坝身灌浆采用坝顶钻孔灌浆方法，经过处理后，坝身裂缝多已闭合，渗漏情况也大为好转，渗漏范围大为减小，廊道内和下游坝坡已能基本上保持干燥状态。帷幕灌浆时，排距 2 m，孔距 3 m，部分坝段孔距加密至 1.5 m。河床段深入基岩 40 m，两岸坝肩段深入基岩25～30 m。帷幕补强后，坝基渗漏也明显减少。通过坝身灌浆和帷幕灌浆后，1974年初测得渗透流量已减少为26 L/min，仅约为原渗透流量的1/4。坝体加厚，一方面通过地质勘测工作，确定黏土夹层的摩擦系数，另一方面根据库水位实际达到480 m时，认为原坝体处于极限平衡状态，求出摩擦系数，然后根据蓄水至484 m，并保持一定的抗滑稳定系数的要求，求得须加宽坝体13 m，整个加厚坝体如图2-76所示。核算结果为稳定系数满足要求。处理工作结束后，水库蓄水运用正常。

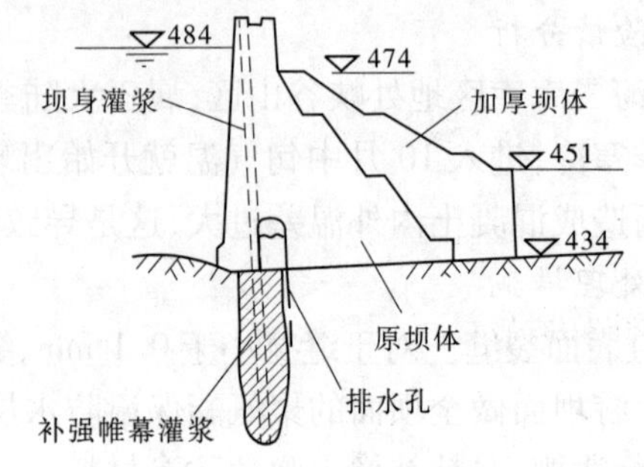

图2-76　黑龙滩重力坝病害处理示意图　（单位:m）

项目三　水闸的安全监测与维护

学习内容及目标

学习内容	任务一　水闸的检查观测与养护 　　子任务一　水闸的检查与观测 　　子任务二　水闸的操作运用 　　子任务三　水闸的日常养护
	任务二　水闸的病害处理 　　子任务一　水闸的裂缝处理 　　子任务二　水闸的渗漏处理 　　子任务三　水闸的冲刷破坏处理
知识目标	任务一： 　　(1)了解水闸的巡视检查的制度和内容； 　　(2)了解水闸的日常养护内容； 　　(3)掌握水闸的日常操作规则； 　　(4)掌握水闸的监测内容。
	任务二： 　　(1)掌握水闸裂缝的方法； 　　(2)掌握水闸渗漏处理的方法； 　　(3)掌握水闸冲刷破坏处理的方法。
能力目标	任务一： 　　(1)能够用直观的方法并辅以简单的工具对水工建筑物的外露部分进行检查； 　　(2)能够完成水闸的日常养护工作； 　　(3)熟练水闸的运行操作管理； 　　(4)能够完成能对水闸工程状态进行的监视量测工作。
	任务二： 　　(1)能够完成对水闸的裂缝缺陷进行修复处理的工作； 　　(2)能够完成对水闸的渗漏缺陷进行修复处理的工作； 　　(3)能够完成对水闸的局部冲刷破坏缺陷进行修复处理的工作。

任务一　水闸的检查观测与养护

子任务一　水闸的检查与观测

水闸是由混凝土、浆砌石及土等材料构成的，与前述混凝土及浆砌石水工建筑物的维修内容和方法有很多相似之处。

一、水闸的检查

水闸的检查是一项细致而重要的工作，对及时、准确地掌握工程的安全运行情况和工情、水情的变化规律，防止工程缺陷或隐患，都具有重要作用。

（一）水闸检查的周期

水闸检查可分经常检查、定期检查、特别检查和安全鉴定四类。

(1)经常检查。它是用眼看、耳听、手摸等方法对水闸的闸门、启闭机、机电设备、通信设备，管理范围内的河道、堤防和水流形态等进行检查。经常检查应指定专人按岗位职责分工进行。经常检查的周期按规定一般为每月不少于一次，但也应根据工程的不同情况另行规定。重要部位每月可以检查多次，次要部位或不易损坏的部位每月可只检查一次；在宣泄较大流量，出现较高水位及汛期每月可检查多次，在非汛期可减少检查次数。

(2)定期检查。一般指每年的汛前、汛后、用水期前后、冰冻期（指北方）的检查，每年的定期检查应为4～6次。根据不同地区汛期到来的时间确定检查时间，例如华北地区可安排3月上旬、5月下旬、7月、9月底、12月底、用水期前后等6次。

(3)特别检查。它是水闸经过特殊运用之后的检查，如特大洪水超标准运用、暴风雨、风暴潮、强烈地震和发生重大工程事故之后。

(4)安全鉴定。它应每隔15～20年进行一次，可以在上级主管部门的主持下进行。

（二）水闸的检查内容

对水闸工程的重要部位和薄弱部位及易发生问题的部位，要特别注意检查观测。检查的主要内容有：

(1)水闸闸墙背与干堤连接段有无渗漏迹象。

(2)砌石护坡有无坍塌、松动、隆起、底部淘空、垫层散失，砌石挡土墙有无倾斜、位移（水平或垂直）、勾缝脱落等现象。

(3)混凝土建筑物有无裂缝、腐蚀、磨损、剥蚀露筋；伸缩缝止水有无损坏、漏水；门槽、门坎的预埋件有无损坏。

(4)闸门有无表面涂层剥落，门体变形，锈蚀，焊缝开裂或螺栓、铆钉松动；支承行走机构是否运转灵活、止水装置是否完好等。

(5)启闭机械是否运转灵活，制动准确，有无腐蚀和异常声响；钢丝绳有无断丝、磨损、锈蚀、接头不牢、变形；零部件有无缺损、裂纹、磨损及螺杆有无弯曲变形；油压机油路是否通畅，油量、油质是否合乎规定要求，调控装置及指示仪表是否正常，油泵、油管系统有否漏油。

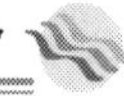

(6)机电及防雷设备、线路是否正常,接头是否牢固,安全保护装置动作是否准确可靠,指示仪表指示是否正确,备用电源是否完好可靠,照明、通信系统是否完好。

(7)进、出闸水流是否平顺,有无折冲水流或波状水跃等不良流态。

二、水闸的监测

水闸的监测项目主要有水位、流量、沉陷、裂缝、扬压力、上下游引河及护坦的冲刷和淤积等。根据工程具体情况,还可设置倾斜、水平位移、地基深层沉降、结构振动、闸下流态、结构应力、地基反力、墙后土压力等专门性观测项目。

水闸的沉陷标点可布置在闸室和岸墙、翼墙底板的端点和中点。标点先埋设在底板面层,放水前再转接到上部结构上,以便施工期间的观测。在标点安设后应立即进行观测,然后根据施工期不同荷载阶段分别进行观测。水闸竣工放水前、后应各观测一次,在运用期则根据情况定期观测,直至沉陷稳定。

裂缝的检查和观测应在水闸施工期和运用期经常进行,观测范围一般为结构主要受力部位和有防渗要求的部位。扬压力观测可埋设测压管或渗压计进行。测点通常布置在地下轮廓线有代表性的转折处,测压断面不少于两个,每个断面上的测点不少于三个,如图 3-1 所示。侧向绕渗观测的测点可设在岸墙、翼墙的填土侧。对于水位变化频繁或黏性土地基上的水闸,应尽量采用渗压计。扬压力观测的时间和次数根据上、下游水位变化情况确定。

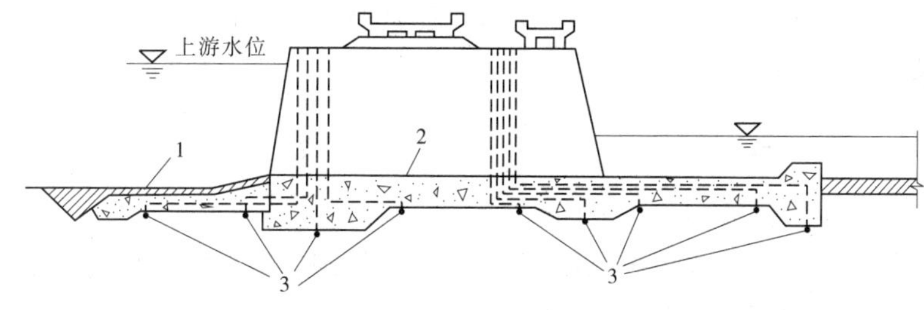

1—铺盖;2—底板;3—测压管进水管段

图 3-1　水闸闸基扬压力测点布置示意图

子任务二　水闸的操作运用

不同类型的水闸,有不同的特点及作用。现将水闸的一般操作及运用技术要求简要叙述如下。

一、闸门启闭前的准备工作

(一)严格执行启闭制度

(1)管理机构对闸门的启闭,应严格按照控制运用计划及负责指挥运用的上级主管部门的指示执行。对上级主管部门的指示,管理机构应详细记录,并由技术负责人确定闸门的运用方式和启闭次序,按规定程序下达执行。

(2)操作人员接到启闭闸门的任务后,应迅速做好各项准备工作。

(3)当闸门的开度较大,其泄流或水位变化对上、下游有危害或影响时,必须预先通知有关单位,做好准备,以免造成不必要的损失。

(二)认真进行检查工作

1. 闸门的检查

(1)闸门的开度是否在原定位置。

(2)闸门的周围有无漂浮物卡阻,门体有无歪斜,门槽是否堵塞。

(3)冰冻地区,冬季启闭闸门前还应注意检查闸门的活动部分有无冻结现象。

2. 启闭设备的检查

(1)启闭闸门的电源或动力有无故障。

(2)电动机是否正常,相序是否正确。

(3)机电安全保护设施、仪表是否完好。

(4)机电转动设备的润滑油是否充足,特别注意高速部位(如变速箱等)的油量是否符合规定要求。

(5)牵引设备是否正常。如钢丝绳有无锈蚀、断裂,螺杆等有无弯曲变形,吊点结合是否牢固。

(6)液压启闭机的油泵、阀、滤油器是否正常,油箱的油量是否充足,管道、油缸是否漏油。

3. 其他方面的检查

(1)上、下游有无船只、漂浮物或其他障碍物影响行水等情况。

(2)观测上、下游水位、流量、流态。

二、闸门的操作运用原则

闸门的操作运用原则如下:

(1)工作闸门可以在动水情况下启闭;船闸的工作闸门应在静水情况下启闭。

(2)检修闸门一般在静水情况下启闭。

三、闸门的操作运用

(一)工作闸门的操作

工作闸门在操作运用时,应注意以下几个问题:

(1)闸门在不同开启度情况下工作时,要注意闸门、闸身的振动和对下游冲刷。

(2)闸门放水时,必须与下游水位、流量相适应,水跃应发生在消力池内。应根据闸下水位与安全流量关系图表和水位—闸门开度—流量关系图表,进行分次开启。

(3)不允许局部开启的工作闸门,不得中途停留使用。

(二)多孔闸门的运行

(1)多孔闸门若能全部同时启闭,尽量全部同时启闭,若不能全部同时启闭,应由中间孔依次向两边对称开启或由两端向中间依次对称关闭。

(2)对上下双层孔口的闸门,应先开底层后开上层,关闭时顺序相反。

(3)多孔闸门下泄小流量时,只有当水跃能控制在消力池内时,才允许开启部分闸

孔。开启部分闸孔时，也应尽量考虑对称。

(4)多孔闸门允许局部开启时，应先确定闸下分次允许增加的流量，然后确定闸门分次启闭的高度。

四、启闭机的操作

(一)电动及手、电两用卷扬式、螺杆式启闭机的操作

(1)电动启闭机的操作程序，凡有锁定装置的，应先打开锁定装置，后合电器开关。当闸门运行到预定位置后，及时断开电器开关，装好锁锭，切断电源。

(2)人工操作手、电两用启闭机时，应先切断电源，合上离合器，方能操作。当使用电动时，应先取下摇柄，拉开离合器后，才能按电动操作程序进行。

(二)液压启闭机操作

(1)打开有关阀门，并将换向阀扳至所需位置。

(2)打开锁定装置，合上电器开关，启动油泵。

(3)逐渐关闭回油控制阀升压，开始运行闸门。

(4)在运行中若需改变闸门运行方向，应先打开回油控制阀至极限，然后扳动换向阀换向。

(5)停机前，应先逐步打开回油阀，当闸门达到上、下极限位置，而压力再升时，应立即将回油控制阀升至极限位置。

(6)停机后，应将换向阀扳至停止位置，关闭所有阀门，锁好锁锭，切断电源。

五、水闸操作运用应注意的事项

水闸的操作运用应注意如下事项：

(1)在操作过程中，不论是摇控、集中控制或机旁控制，均应有专人在机旁和控制室进行监护。

(2)启动后应注意：启闭机是否按要求的方向动作，电器、油压、机械设备的运用是否良好；开度指示器及各种仪表所示的位置是否准确；用两部启闭机控制一个闸门是否同步启闭。若发现当启闭力达到要求时，而闸门仍固定不动或发生其他异常现象，应即停机检查处理，不得强行启闭。

(3)闸门应避免停留在容易发生振动的开度上。如闸门或启闭机发生不正常的振动、声响等，应立即停机检查。消除不正常现象后，再行启闭。

(4)使用卷扬式启闭机关闭闸门时，不得在无电的情况下，单独松开制动器降落闸门(设有离心装置的除外)。

(5)当开启闸门接近最大开度或关闭闸门接近闸底时，应注意闸门指示器或标志，应停机时要及时停机，以避免启闭机机械损坏。

(6)在冰冻时期，如要开启闸门，应将闸门附近的冰破碎或融化后，再开启闸门。在解冻流冰时期泄水时，应将闸门全部提出水面，或控制小开度放水，以避免流冰撞击闸门。

(7)闸门启闭完毕后，应校核闸门的开度。

水闸的操作是一项业务性较强的工作，要求操作人员必须熟悉业务，思想集中，操作

过程中,必须坚守工作岗位,严格按操作规程办事,避免各种事故的发生。

子任务三　水闸的日常养护

衡量闸门及启闭机养护工作好坏的标准是:结构牢固、操作灵活、制动可靠、启闭自如、封水不漏和清洁无锈。下面介绍具体养护工作。

一、闸门的日常养护

(1)要经常清理闸门上附着的水生物和杂草污物等,避免钢材腐蚀,保持闸门清洁美观,运用灵活。要经常清理门槽处的碎石、杂物,以防卡阻闸门,造成闸门开度不足或关闭不严。

(2)严禁水闸的超载运行。严禁在水闸上堆放重物,以防引起地基不均匀沉陷或闸身裂缝。

(3)门叶是闸门的主体,要求门叶不锈不漏。要注意发现门叶变形、杆件弯曲或断裂及气蚀等病害。发现问题应及时处理。

(4)支承行走装置是闸门升降时的主要活动和支承部件,支承行走装置常因维护不善而引起不正常现象,如滚轮锈死、由滚动摩擦变为滑动摩擦、压合胶木滑块变形、增大摩擦系数等。对支承行走装置的养护工作,除防止压合胶木滑块劈裂变形及表面保持一定光滑度外,主要是加强润滑和防锈。

(5)水封装置要保证不漏水,按一般使用要求,闸门全闭时,各种水封的漏水量不应超过下列标准:水封:1.0 L/(s·m);木加橡皮水封:0.3 L/(s·m);橡皮水封:0.1 L/(s·m);金属水封(阀门上用):0.1 L/(s·m)。

水封养护工作主要是及时清理缠绕在水封上的杂草、冰凌或其他障碍物,及时拧紧或更换松动锈蚀的螺栓,定期调整橡胶水封的预压缩量,使松紧适当;打磨或涂抹环氧树脂于水封座的粗糙表面,使之光滑平整;对橡皮水封要做好防老化措施,如涂防老化涂料;木水封要做好防腐处理;金属水封要做好防锈蚀工作等。

(6)闸门工作时,往往由于水封漏水、开度不合理、波浪冲击、闸门底缘型式不好或门槽型式不适当等,闸门发生振动。振动过大,就容易使闸门结构遭受破坏。因此,在日常养护过程中,一旦发现闸门有异常振动现象,应及时检查,找出原因,采取相应处理措施。

二、启闭机的日常养护

(1)启闭机的动力部分应保证有足够容量的电源,良好的供电质量;应保持电动机外壳上无灰尘污物,以利于散热;应经常检查接线盒压线螺栓是否松动、烧伤,要保证润滑油脂填满轴承空腔的1/2~2/3,脏了要更换。

(2)电动机的主要操作设备如闸刀、开关等,应保持清洁、干净、触点良好,接线头连接可靠,电机的稳压、过载保护装置必须可靠。

(3)电动部分的各类指示仪表,应按有关规定进行检验,保证指示正确。

(4)启闭机的传动装置,润滑油料要充足,应及时更换变质润滑油和清洗加油设施。启闭机的制动器是启闭机的重要部件之一,要求动作灵活、制动准确,若发现闸门自动沉降,应立即对制动器进行彻底检查及修理。

三、其他日常养护工作

(1)定期清理机房、机身、闸门井、操作室以及照明设施等,并要充分通风。

(2)拦污栅必须定期进行清污,特别是水草和漂浮物多的河流上更应注意。在多泥沙河流上的闸门,为了防止门前大量淤积,影响闸门启闭,要定期排沙,并防止表面磨损。

(3)备用照明、通信、避雷设备等要经常保持完好状态。

任务二 水闸的病害处理

水闸工程土建部分与坝一样,都是由混凝土、浆砌石、块石及土等材料构成的。因此,其土建工程的维修工作与坝有很多相同之处,与坝相同的维修内容和方法,本章不再重复。本章着重阐述与这些建筑物自身特点有关的养护维修工作。

水闸的失事原因是多方面的,主要破坏形式有因地基不均匀沉陷引起的闸墩开裂、混凝土结构因温度变化和超载运用而开裂、闸门启闭机失灵、反滤层失效及渗透变形、出闸翼墙遭冲刷、泥沙淤积等。

淮河支流涡河上的蒙城节制闸,闸坎高程21.5 m、净长120 m,共10孔,每孔12 m,中间两孔闸槛下设有排沙底孔,两侧有排水廊道,底孔高程为17 m,冬春上游蓄水位26.5 m,相应下游最低水位为19 m,设计最大挡水高度为7.5 m,设计泄洪流量2 500 m^3/s。闸室为钢筋混凝土结构,上游防渗设有双层铺盖和混凝土板桩,具体布置见图3-2。节制闸建于近代河漫滩沉积层上,土质分布不均匀,闸室右侧从上到下土层为深灰色轻壤土、粉沙壤土和粉砂互层,分布极不规则,地表以下12 m为坚硬黏土层;左侧从上到下为硬质粉质壤土、坚实细砂层和坚实黏土层,闸基下的左右土质具有显著差别。

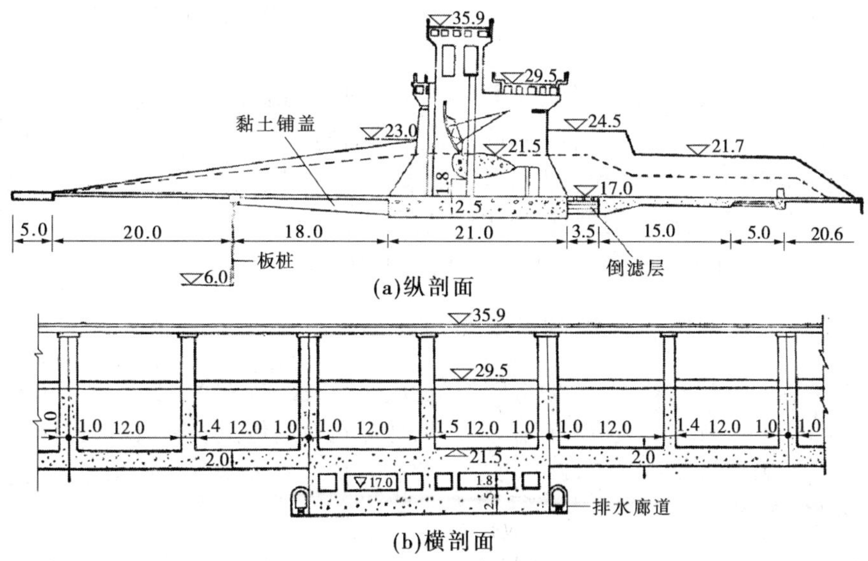

图3-2 蒙城节制闸防渗布置图 (单位:m)

该闸建成后,适逢大旱,拦河挡水至上游水位 26.5 m 时,仅隔 2 d 突然倒塌,从发觉闸身变形到整个闸倒塌仅经历几个小时,无法观测,倒塌是从右半部开始。事后检查,闸室基本在原位置陷落倾倒,最大陷落深度达 7 m 之多,浅孔闸室上部桥梁全部脱落闸墩,弧形钢闸门扭曲撕裂变形;深孔闸室闸门和桥梁仍架立在闸墩上。上游钢筋混凝土铺盖及下游消力池均倾翻,彻底破坏,上游板桩未动,但有接缝张开,下游海漫基本完好。估计破坏过程为闸基下发生渗透变形,由小到大,引起闸室变形下沉,伸缩缝和止水片断裂失效,渗透变形加剧,伴随水流冲刷,以致迅速陷落倒塌。

产生渗透变形破坏的原因有二:即总体布置和防渗设计存在严重缺陷;施工方法和程序不合理,破坏了地基原状结构。前者首先是用深浅孔布置不当,开挖深孔闸基时破坏浅孔地基,右侧粉细砂地基尤为如此。深浅孔铺盖不在同一高程,二者不仅有水平接缝,且有垂直接缝,很难避免沉降不均匀使止水失效,若深浅孔分开布置,中间用导流堤可以避免上述缺陷。其次是在深孔底板两侧的浅孔底板以下设置排水廊道是个致命弱点,因为处于水下无法检修、检查,同时很难保证在土基上廊道本身的可靠,只需微小变形即会开裂,造成严重渗透变形,而且无法抢修。再次是防渗布置极不合理,板桩布设在铺盖顶端不够合理,因铺盖高程不一致,接缝众多,一旦铺盖接缝漏水,板桩防渗效果大减,另一侧面渗水段长,亦影响板桩防渗效果。后者主要是盲目追求施工进度,施工质量差;违反施工操作规程,任意改变原设计等。由于全闸被毁,最后不得不重建,教训深刻。

子任务一　水闸的裂缝处理

一、闸底板和胸墙的裂缝处理

闸底板和胸墙的刚度比较小,适应地基变形的能力较差,很容易受到地基不均匀沉陷的影响,而发生裂缝。另外,混凝土强度不足、温差过大或者施工质量差也会引起闸底板和胸墙裂缝。

对不均匀沉陷引起的裂缝,在修补前,应首先采取措施稳定地基,一般有两种方法:一种方法就是卸载,比如将边墩后的土清除改为空箱结构,或者拆除交通桥;另一种方法就是加固地基,常用的方法是对地基进行补强灌浆,提高地基的承载能力。对于因混凝土强度不足或因施工质量而产生的裂缝,应主要进行结构补强处理。

裂缝处理的具体方法可参见项目二任务三相关内容。

二、翼墙和浆砌块石护坡的裂缝处理

地基不均匀沉陷和墙后排水设备失效是造成翼墙裂缝的两个主要原因。由于不均匀沉陷而产生的裂缝,首先应通过减荷稳定地基,然后再对裂缝进行修补处理,因墙后排水设备失效,应先修复排水设施,再修补裂缝。浆砌石护坡裂缝常常是由填土不实造成的,严重时应进行翻修。

三、护坦的裂缝处理

护坦的裂缝产生原因有地基不均匀沉陷、温度应力过大和底部排水失效等。因地基

不均匀沉陷产生的裂缝，可待地基稳定后，在裂缝上设止水，将裂缝改为沉陷缝。温度裂缝可采取补强措施进行修补，底部排水失效，应先修复排水设备。

四、钢筋混凝土的顺筋裂缝处理

钢筋混凝土的顺筋裂缝是沿海地区挡潮闸普遍存在的一种病害现象。裂缝的发展可使混凝土脱落、钢筋锈蚀，使结构强度过早地丧失。顺筋裂缝产生的原因是海水渗入混凝土后，降低了混凝土碱度，使钢筋表面的氧化膜遭到破坏，导致海水直接接触钢筋而产生电化学反应，使钢筋锈蚀。锈蚀引起的体积膨胀致使混凝土顺筋开裂。

顺筋裂缝修补的施工过程为：沿缝凿除保护层，再将钢筋周围的混凝土凿除 2 cm；对钢筋彻底除锈并清洗干净；在钢筋表面涂上一层环氧基液，在混凝土修补面上涂一层环氧胶，再填筑修补材料。

顺筋裂缝的修补材料应具有抗硫酸盐、抗碳化、抗渗、抗冲、强度高、黏聚力大等特性。目前常用的有铁铝酸盐早强水泥砂浆及混凝土、抗硫酸盐水泥砂浆及细石混凝土、聚合物水泥砂浆及混凝土和树脂砂浆及混凝土等。

五、闸墩及工作桥裂缝处理

我国早期建成的许多闸墩及工作桥，发现许多细小裂缝，严重老化剥离。其主要原因是混凝土的碳化。混凝土的碳化是指空气中的二氧化碳与水泥中的氢氧化钙作用生成碳酸钙和水，使混凝土的碱度降低，钢筋表面的氢氧化钙保护膜破坏而开始生锈，混凝土膨胀形成裂缝。

此种病害的处理应对锈蚀钢筋除锈，锈蚀面积大的加设新筋，采用预缩砂浆并掺入阻锈剂进行加固。混凝土的碳化，不仅在水闸中存在，在其他类型混凝土中同样存在。碳化的原因是多方面的，提高混凝土抗碳化能力的措施，尚待不断完善。

子任务二　水闸的渗漏处理

一、水闸的渗漏成因

渗漏也是水闸的破坏症状之一。渗漏的途径一般是通过闸室本身构造和闸基向下游渗漏，也有通过闸室与两岸连接处的绕流渗漏。

渗漏按照性质分为正常渗漏和异常渗漏两种。不会引起土体产生变形渗透的称为正常渗漏；反之，称为异常渗漏。在水闸的运行过程中允许产生正常渗漏，而异常渗漏会产生管涌或流土，淘空闸基或两岸连接处，危及闸室的安全。

水闸在运行过程中发生异常渗漏的原因是很复杂的。如勘察工作深度不够、基础本身存在着严重的隐患；设计考虑不周、运行管理不当、长时间超负荷运行及地震等方面的原因而产生裂缝、止水撕裂；上游防渗体（如防渗铺盖、两岸防渗齿墙等）遭受冲刷和出现裂缝；下游的排水设施失效等。

异常渗漏产生的破坏性是很大的。首先是增大闸底板的扬压力，减小闸室的有效重量，对闸室的稳定不利；其次是缩短了渗径，增加了逸出坡降和流速，引发渗透变形和集中冲刷。

渗漏按照渗漏的部位分为结构本身的渗漏、闸基渗漏、闸侧绕渗漏。

二、水闸渗漏处理

(一)结构本身的渗漏处理

结构本身的渗漏处理主要是对裂缝进行修补以达到防止渗漏的目的,具体方法参看项目二有关内容。

(二)基础渗漏的处理

(1)正常渗漏与异常渗漏的识别。从排水设施或闸后基础中渗出的水清澈,一般属于正常渗漏;闸下游混凝土与土基的接合部位出现集中渗漏,若渗漏水急剧增加或突然变浑,则是基础发生渗透破坏的征兆。

(2)基础渗漏的修复方法。混凝土铺盖与底板之间沉陷缝中的止水,因受到闸室的不均匀沉陷而破坏断裂时,造成渗径缩短,底板上的扬压力增大,逸出比降和流速加大,必须进行修复。其措施是重新补做止水设施。

下游护坦底部的排水设施,由于运行时间过长而淤积、堵塞,对闸室的安全不利,必须修复。其方法有:拆除护坦底部的反滤层,重新修复;在护坦下游的海漫段加做反滤排水设施;可适当加长上游的防渗铺盖。

当闸基板桩被破坏,无法满足防渗要求时,可在下游加做排水设施,或在上游适当延长防渗铺盖,同时对闸基可采用泥浆或水泥浆的灌浆处理。

对于在汛期已发生闸基渗透变形的水闸,只要水闸还能满足使用要求,可对闸基进行加固,其主要方法是在闸底板上钻孔对基础作灌浆处理。

(三)侧向渗漏的处理

水闸的侧向渗漏,应根据两岸的地质情况,摸清渗漏的成因,采用相应措施进行处理。具体做法有:开挖回填;加深和加长防渗齿墙;灌浆处理。如因绕渗引起闸墙背后填土被冲走,而建筑物本身完好,则按所连接的堤坝要求,分层填土夯实。回填土应根据渗径要求,采用黏性土或黏壤土,不能使用砂或细砂土回填。

子任务三　水闸的冲刷破坏处理

水闸下游发生冲刷破坏极为普遍,有的护坦、海漫受到破坏,特别是两岸边坡冲刷更为严重,甚至导致建筑物损毁。冲刷破坏往往又被人们所忽视,因此必须查明原因,针对不同情况,采取有效措施防止水闸下游冲刷破坏。

一、水闸下游冲刷的成因

(一)闸室底板、护坦和消能工的冲刷、磨损与气蚀

闸室底板、护坦和消能工的冲刷、磨损与气蚀的主要原因是过闸水流流速过大以及出闸水流不能均匀扩散产生波状水跃。其结果是底板和护坦混凝土严重剥落、钢筋外露;消力坎和消能工被冲毁;排水孔被堵塞。最终导致消能设施破坏和排水失效,危及闸室和护坦的稳定。

（二）下游翼墙的冲刷和气蚀

下游翼墙冲刷和气蚀的主要原因是过闸水流扩散角太大，过渡段太短而引起折冲水流以及回流区的水流压迫主流。结果是混凝土翼墙表面剥蚀；浆砌石翼墙的水泥砂浆勾缝脱落，石块被冲翻。破坏的部位大多在下游翼墙与下游护坡交接处。

（三）海漫及防冲槽的冲刷

海漫及防冲槽的冲刷的主要原因是闸后水流产生波状水跃和流出消力池的单宽流量太大。结果是浆砌石海漫的水泥砂浆勾缝剥落、块石被冲走；砌石段的整个块石被冲走、掀底。调查资料表明，干砌石海漫和防冲槽冲刷极为严重，绝大多数无法正常运行。

二、水闸下游冲刷的处理

（一）上游防冲槽、护底及下游海漫、防冲槽冲刷的修复

这一类设施主要是起保护河床免受冲刷的作用，一旦自身被破坏，只要将其破坏的部位拆除掉，重新按原设计进行修复即可。

（二）闸室段底板冲刷、气蚀的修复

将冲刷的部位凿毛，清洗破损面并保湿，如果板内受力筋被冲断，则要按钢筋搭接要求重新搭接钢筋，并将原钢筋头锯平；最后浇筑二期混凝土抹面。应当注意的是：二期混凝土的强度应比原设计的混凝土强度高一级，施工时，创面不允许流水。

水闸产生气蚀的部位一般在闸门周围、消力槛、翼墙突变等部位，这些部位往往由于水流脱离边界产生过低负压区而产生气蚀。对气蚀的处理可采取改善边界轮廓、对低压区通气、修补破坏部位等措施。多推移质河流上的水闸，磨损现象也较普遍。对因设计不周而引起的闸底板、护坦的磨损，可通过改善结构布置来减免。对难以改变磨损条件的部位，可采用抗蚀性能好的材料进行护面修补。

（三）消能设施冲刷和磨损的修复

消能设施是水闸中冲刷最为严重的部位，如护坦的冲刷、消能工的冲毁、海漫的冲刷等。

护坦因抗冲能力差而引起的冲刷破坏，可进行局部补强处理，必要时可增设一层钢筋混凝土防护层，以提高护坦的抗冲能力。为防止因海漫破坏引起护坦基础被淘空，可在护坦末端增设一道钢筋混凝土防冲齿墙，如图 3-3 所示。

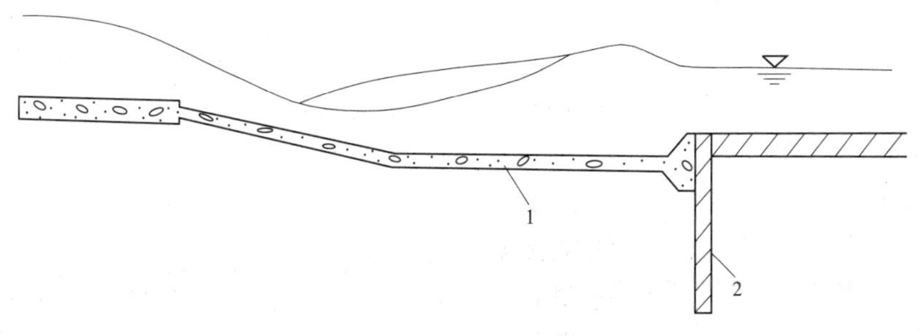

1—护坦；2—混凝土齿墙

图 3-3 钢筋混凝土防冲齿墙

对于岩基水闸,可在护坦末端设置鼻坎,将水流挑至远处河床,以保证护坦的安全。对软基水闸,在护坦的末端可设置尾槛以减小出池水流的底部流速。也可采取降低海漫出口高程、增大过水断面来保护海漫基础不被淘空及减小水流对海漫的冲刷。

近年来,土工织物作为防冲保护和排水反滤的一种新型材料,已在闸坝等水利工程中得到了越来越广泛的应用。土工织物是高分子材料经聚合加工而成的,目前应用较多的有涤纶、锦纶、丙纶等。

选择土工织物时,需要了解其下列特性:

(1)物理特性。主要包括聚合物的种类,材料类型及结构,单位面积的重量,不同压力下的厚度、密度、压缩性等。

(2)力学特性。包括抗拉强度、撕裂强度、不同材料间摩擦系数等。

(3)水力学特性。包括渗透系数、织物的孔径、平面渗透能力等。

(4)耐久性。如抗老化、磨损、生物分解、化学侵蚀、温度变化的能力等。

(四)下游翼墙、下游河道及岸坡的破坏及修理

下游翼墙原是混凝土材料的,冲刷后可按混凝土修补方法进行修复;若是浆砌石材料,冲毁后,可更换混凝土材料进行修复。但修复时一定要注意翼墙的扩散角不超过10°,过渡段长度按设计规范要求进行设计施工。下游护坡的修复是将已冲毁的部位清除干净,堤坡用土料回填夯实,再用混凝土或浆砌石进行护坡衬砌。

水闸下游河道及岸坡的冲刷原因较多,当下游水深不够,水跃不能发生在消力池内时,会引起河床的冲刷;上游河道的流态不良使过闸水流的主流偏向一边。引起岸坡冲刷;水闸下游翼墙扩散角设计不当产生折冲水流也容易引起河道及岸坡的冲刷。

河床的冲刷破坏的处理可采用与海漫冲刷破坏大致相同的处理方法。河岸冲刷的处理方法应根据冲刷产生的原因来确定,可在过闸水流的主流偏向的一边修导水墙或丁坝,亦可通过改善翼墙扩散角以及加强运用管理等来处理。

【案例】 事件1:江苏某9孔闸,净宽90 m,设计流量和校核流量分别为504 m³/s、940 m³/s。闸区河床由容易被冲刷的极细砂组成。由于超载运行,过闸流量逐年加大到800~1 000 m³/s,因而引起河床严重冲刷。水闸上、下游分别冲深6~7 m、2~3 m,近闸两岸坍塌,严重威胁水闸安全。

事件2:松花江哈尔滨老头湾河段,因修建江桥,江堤迎流顶冲,低水位以下护底柴排屡遭破坏,年年需要维修加固。

事件3:挡潮闸下游河道及出海口岸的岸坡、护坡的施工受到潮汛一天两次涨落的影响,潮汛来时流速往往较大,给护坡加固施工带来很大困难。

问题:对上述事件应用土工布方法进行处理。

事件1处理:在水下沉放了6块软体排护底护岸。排体采用丙纶丝布,以聚氯乙烯绳网加筋,总面积2.4万多m²,用混凝土预制块及聚丙烯袋装卵石压重。此法使用10多年来,排体稳定、覆盖良好,上游已落淤30~40 cm,岸坡及闸下游不再冲刷,工程效益显著。7年后曾抽样检查,性能指标基本无变化。

事件2处理:采用DS-450型土土织物做排体,沉放了1 600 m长的软体排。排体下面用$\phi 8$的钢筋网做支托,将排体用尼龙绳固定在钢筋网上,排体上面用块石压重。由于

排体具有一定柔软性，能适应水下地形变化而使护岸排体紧贴堤坡岸脚，因而形成了一层良好的保护层。工程完工后，经受了多次洪水考验，堤岸完好无损。

事件3处理：土工织物模袋(如图3-4所示)混凝土作为一种新的护坡技术，它具有可以直接在水下施工，无须修筑围堰及施工排水的特点，模袋混凝土灌注结束，就能经受较大流速的冲刷。

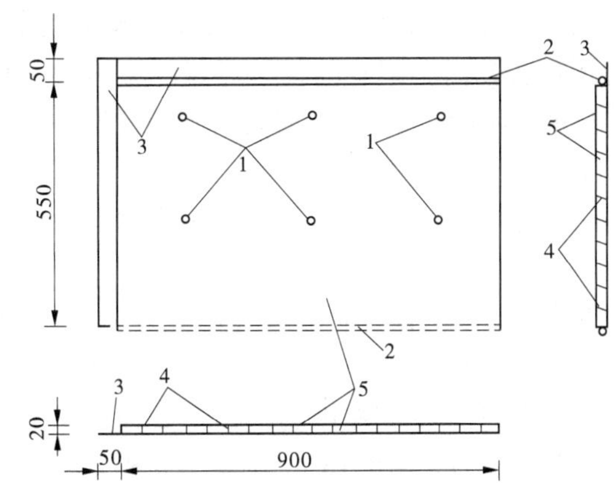

1—浇筑孔；2—穿管处；3—接缝反滤布；4—锦纶线拉索；5—土工织物模袋

图3-4　土工织物模袋示意图　(单位：cm)

机织模袋是用透水不透浆的高强度绵纶纤维织成，织物厚度大，强度高。流动混凝土或水泥砂浆依靠压力在模袋内充胀成形，固化后形成高强度抗侵蚀的护坡。土壤和模袋之间不需另设反滤层。

案例分析

案例一：峡口水库的除险加固

1. 工程概况

渭源县峡口水库是一座集防洪、供水及灌溉等多种功能的综合利用型水库。水库总库容745×10^4 m^3，为Ⅳ等小(1)型工程。水库枢纽由大坝、输水洞、泄洪洞3部分组成，大坝形式为沥青混凝土斜墙砂砾石坝，坝高36 m，坝顶长度276 m，坝顶高程2 342.0 m，坝顶上游肩部设1.0 m高防浪墙，坝顶宽6.0 m，上游坝坡1∶2.25，一坡到底，下游坝坡1∶1.8，中间设戗台。输水洞布置在大坝左岸，为坝下涵洞，洞进口高程2 310.0 m，型式为城门洞型，洞宽2.0 m，洞高2.5，洞长147.1 m，坡比为1/40，在汛限水位2 335 m时设计下泄流量为30 m^3/s。涵洞进口设2孔平板钢闸门，孔口尺寸为1.0 m×1.0 m(宽×高)，闸门上部安置2台25 t卷扬式启闭机，工作门前设1.0 m×1.2 m检修闸门，上部安置2台20 t螺杆启闭机。泄洪洞布置在大坝右岸，平面直线布置，进口高程2 335.0 m，型式为城门洞型，宽2.5 m，高3.0 m，洞长197.6 m，校核洪水位洞前最大水头5.4 m，最大泄流量34 m^3/s。泄洪洞进口设1孔弧形钢闸门，孔口尺寸4.0 m×4.0 m(宽×高)，闸门上部安置1台2×5 t卷扬式启闭机，出口接陡坡，设消力池后将洪水泄入原河道。

2. 水库存在问题及原因

峡口水库存在的主要问题如下：输水洞放水时进水闸闸塔振动严重，排气管“炮鸣声”响亮，闸门从未完全开启，灌溉期仅在小流量下开启运行，泄洪期也以3.0 m^3/s左右小流量泄水，输水洞泄流量从未达到设计流量30 m^3/s；闸门变形，启闭困难。输水洞部分洞段顶拱钢筋锈蚀，存在安全隐患。

经分析，输水洞存在的问题主要是闸门型式选择不合理。正常水位下，工作闸门前水头为30.2 m，该闸门为深式底孔门。闸孔的设计过流能力为0～30 m^3/s，下游所需供水流量1.0 m^3/s，下游所需灌溉流量2.5 m^3/s，需要由闸门经常性地小开度启闭调节流量。现状工作门为平板闸门，深式底孔采用平板闸门小开度启闭，必然会出现振动、炮鸣等现象，进而造成门槽前后混凝土破坏、门槽变形、闸门启闭困难、止水不严等后果。

3. 方案比选

为解决输水洞存在的问题，本次设计将对改建闸室方案、改建输水洞方案、左岸新建有压输水方案、右岸新建有压输水方案等4种方案进行技术经济比较。

(1)改建闸室方案。拆除原框架式闸室及渐变段，在原闸室前新建竖井式闸室。新建闸室长9 m，宽7.5 m，底板高程为2 310.18 m，闸墩顶高程2 314.18 m，闸底板厚1.5 m，工作闸门尺寸为1.5 m×1.55 m，检修闸门尺寸为1.5 m×1.75 m。闸室上部为矩形竖井，长6.5 m，宽2.5 m。

(2)改建输水洞方案。原输水洞进水闸室长7 m，宽5.6 m，底板高程2 010 m，工作闸门为2孔潜孔式平板钢闸门，闸孔尺寸为1 m×1 m。本次设计将工作闸门改为检修闸门，结构尺寸不变，其后接压力涵洞。原输水洞为城门洞形无压涵洞，宽2 m，高2.5 m，长147 m。本次设计将其改建为直径1.8 m的圆形有压涵洞。在原涵洞中安装直径1.8 m的钢管，涵洞和钢管之间采用C20混凝土填充，钢管进口高程2 310 m，出口高程2 306.8 m，设计纵坡为1/40。涵洞出口布置锥形阀闸室及消能箱，在闸室上设操作室。锥形阀室长7.5 m，宽4 m；消能箱长15 m，宽3 m，底板高程2 303.9 m。

(3)左岸新建有压输水洞。在大坝左岸岩体内新建有压输水洞，隧洞全长234.04 m，断面形式为圆形，直径按最小施工断面确定为2.0 m，最大输水流量30 m^3/s，设计坡降1/80。检修闸室为竖井式，横断面尺寸为2.4 m×1.8 m，设在洞进口后70 m处。闸底板高程2 309.15 m，设一扇平板检修闸门，孔口尺寸为1.8 m×1.8 m。隧洞出口采用锥形阀控制流量，直径1.6 m。锥形阀室后布设消力池，池长20 m，池深1.5 m；出口接泄洪渠至下游河道。新输水洞建成后，关闭原输水洞，采用C15混凝土封堵。

(4)右岸新建有压输水洞。在大坝右岸岩体内新建有压输水洞，隧洞全长215.62 m，断面形式为圆形，直径为2.0 m，最大输水流量30 m^3/s，设计坡降1/100。检修闸室为竖井式，横断面尺寸为2.4 m×1.8 m，设在洞进口后30 m处。闸底板高程2 309.70 m，设一扇平板检修闸门，孔口尺寸1.8 m×1.8 m。隧洞出口采用锥形阀控制流量，直径1.6 m。锥形阀室后布设消力池，池长15 m，宽6 m。水流在消力池消能后，经28 m明渠进入下游河道。新输水洞建成后，关闭原输水洞，采用C15混凝土封堵。

水库在除险加固方案比选中，考虑到工程存在的问题，通过多种方案比选，最终选定投资小、施工方便、建设周期短的改建输水洞方案，有效解决了水库当前存在的问题。

目前,该水库除险加固后已运行,运行状况良好,说明该水库的除险加固方案是可行的。

案例二:团福闸病害处理

1. 基本情况

湖南省华容县团洲垸大堤桩号 18 + 700 处有一水闸叫团福闸,该闸为钢筋混凝土箱涵结构,闸室长 42 m,底板高程 25.8 m,孔径 3 m × 3.5 m,闸门为钢筋混凝土梁板结构,闸身基础为洞庭湖淤积砂层,闸顶大堤面宽 10 m,高程 36.5 m,内外坡比 1∶3。闸室施工时设置了三条伸缩缝。1998 年 6 月 29 日,上游水位为 33.68 m,闸内水位为 26.60 m,闸室中水深 0.8 m,凌晨 2 时,防汛守闸人员感觉到该闸内有异常水声,经检查是闸室中三条伸缩缝中的正中间一条伸缩缝处水面并排冒出三朵直径约 0.6 m、高出水面 0.1 m 的水花,四周水温冰凉,伸缩缝上三个出逸点处明显鼓水翻砂,底板上已沉积约 0.2 m 厚的黑砂,积砂面积达 18 m^2(伸缩缝上、下游各积砂长 3 m)。

2. 主要原因

病害主要原因为:一是伸缩缝已破坏;二是涵闸基础土质差;三是水头差较高。

3. 处理措施

病害处理措施为:一是在伸缩缝处用砂石反滤层措施制止带出基础细砂;二是尽可能降低闸室内外水头差,减小渗透压力;三是确保堤垸安全。

项目四　溢洪道的安全监测与维护

学习内容及目标

<table>
<tr><td rowspan="2">学习内容</td><td>任务一　溢洪道的监测与养护
子任务一　溢洪道的检查与观测
子任务二　溢洪道的日常养护</td></tr>
<tr><td>任务二　溢洪道的病害处理
子任务一　溢洪道泄流能力的扩大
子任务二　溢洪道在高速水流下的破坏处理
子任务三　溢洪道混凝土板裂缝的处理</td></tr>
<tr><td rowspan="2">知识目标</td><td>任务一：
(1)了解溢洪道巡视检查的制度和内容；
(2)了解溢洪道的日常养护内容；
(3)掌握溢洪道的监测内容。</td></tr>
<tr><td>任务二：
(1)掌握溢洪道泄流能力不足的原因及处理方法；
(2)掌握溢洪道在高速水流下产生破坏的处理方法；
(3)掌握溢洪道混凝土底板处理裂缝的方法。</td></tr>
<tr><td rowspan="2">能力目标</td><td>任务一：
(1)能够用直观的方法并辅以简单的工具对水工建筑物的外露部分进行检查；
(2)能够完成溢洪道的日常养护工作；
(3)能够完成对溢洪道工程状态进行的监视量测工作。</td></tr>
<tr><td>任务二：
(1)能够完成溢洪道泄洪能力不足的处理工作；
(2)能够完成对溢洪道在高速水流下产生破坏的修复处理工作；
(3)能够完成对溢洪道的底板产生的裂缝缺陷进行修复处理的工作。</td></tr>
</table>

任务一　溢洪道的监测与养护

溢洪道是水利枢纽中用来宣泄水库多余水量，保证坝体安全和枢纽安全运行的泄洪建筑物。对于大多数土石坝、连拱坝水库枢纽及少数河谷狭窄、枢纽建筑物布置困难的混凝土坝枢纽中都需要另设河岸泄洪建筑物，故本项目主要介绍河岸式溢洪道。

对于大多数水库来说，溢洪道泄洪机会不多，宣泄大流量洪水的机会则更少，有的几年甚至十几年才泄一次水。但是，由于目前还无法准确预报特大洪水的出现时间，故溢洪道每年都要做好宣泄最大洪水的预防和准备工作。这对溢洪道的日常检查和养护工作提出了较高的要求。可见，做好溢洪道的安全检查和加固工作，保证溢洪道具有足够泄洪能力，对确保水库大坝的安全是非常重要的。

子任务一　溢洪道的检查与观测

一、溢洪道检查的内容

（一）日常检查

溢洪道的日常检查主要内容有：

（1）检查水库的集水面积、库容、沙量等规划设计基本资料是否准确，是否符合设计要求的防洪标准，是否需要补充或修改设计。

（2）检查溢洪道的进水渠及两岸岩石是否裂隙发育、风化严重或有崩坍现象。

（3）检查溢洪道结构物的完好情况，要检查闸墩、底板、胸墙、消力池等结构有无裂缝和渗水现象，排水系统是否完整，陡坡段底板有无下滑、被冲刷、淘空、气蚀等现象。

（4）检查风浪对闸门的影响。

（5）检查闸门及启闭机情况。

（6）检查拦鱼栅和交通桥等建筑物对溢洪道过水能力的影响。

（二）非常时期的检查

溢洪道的非常时期的检查主要内容有：

（1）泄洪期间观察漂浮物对溢洪道胸墙、闸门、闸墩的影响。

（2）泄洪期间检查控制堰下游水流形态及陡坡段水面线有无异常变化。

（3）泄水时检查溢洪道的消能效果，特别注意检查消力池中水跃产生情况，挑射水流是否冲刷坝脚，冲坑深度是否继续扩大。

（4）汛期过水时检查断面尺寸是否满足，是否达到设计的过水能力。

（5）每年汛后马上检查各组成部分有无淤积或坍塌、堵塞现象和其他冲刷破坏现象。

（6）北方冬季检查结冰对闸门的影响。

二、溢洪道的观测

溢洪道的变形观测包括水平位移观测和沉陷观测，方法与混凝土坝相同。水力学方面的观测主要有水流形态观测和高速水流观测。

(一)水流形态观测

水流形态观测包括水流平面形态(漩涡、回流、折冲水流、急流冲击波等)、水跃、水面曲线和挑射水流等项目观测，观测时应同时记录上、下游水位、流量,闸门开度,风向等,以便验证在各种组合情况下泄流量和水流情况是否满足设计要求。

平面流态的观测范围,应分别向上、下游延伸至水流正常处。观测方法有目测法、摄影法,有时还可设置浮标,用经纬仪或平板仪交会法测定浮标位置。

水跃观测方法有方格坐标法、水尺组法和活动测锤法。

方格坐标法适用于水面较窄,用目测或望远镜能清楚地看见侧墙的情况。在侧墙上,从消能设备起点开始,向下游按桩号每米绘一条纵线,另从消能设备底板开始,向上按高程每米绘一条横线,并注明高程。在水面经常变动的范围内,纵线、横线分别加密至0.1 m和0.5 m。观测前,先将泄水建筑物及绘制的方格缩晒成图,比例可取为1/100;观测时,待水流稳定后,持图站在能清楚观察水跃侧面形状的位置上,按水面在方格坐标上的位置描绘在图上。为便于比较，可把两侧墙上观测的成果用不同颜色绘于同一图上。

水尺组法是在两岸侧墙上沿水流方向设置一系列的水尺来代替方格坐标进行观测。如在侧墙上无法绘制方格坐标或设立水尺组,可采用活动测锤法,即在垂直于水流的方向上架设若干条固定断面索，其上设活动测锤来观测水面线。

挑射水流应观测水面线形态、尾水位、射流最高点和落水点位置、冲刷坑位置和水流掺气情况,常用的方法是拍照或用经纬仪交会法。

(二)高速水流观测

高速水流将引起建筑物和闸阀门产生振动,为了研究减免振动的措施(尤其要避免产生共振)，需进行振动观测。高速水流的观测项目有振动、水流脉动压力、负压、进气量、空蚀和过水断面压力分布等。

振动观测的内容有振幅和频率,测点常设在闸阀门、工作桥大梁等受动能冲击最大且有代表性的部位,采用的观测仪器有电测振动仪、接触式振动仪和振动表等。

脉动压力的观测内容是脉动的振幅和频率,测点常布设在闸门底缘、门槽、门后、闸墩后、挑流鼻坎后、泄水孔洞出口处、溢流坝面、护坦和水流受扰动最大的区域,采用电阻式脉动压强观测仪器进行观测,同时应观测平均压力,以对比校验。

负压观测的测点布设常与通气管结合,测点一般布设在高压闸门的门槽、门后顶部、进水喇叭口曲线段、溢流面、反弧段末端和消力池槛表面等水流边界条件突变易产生空蚀的部位。施工时,在测点埋设直径18 mm或25 mm的金属负压观测管,管口应与建筑面表面垂直并齐平,另一端引至翼墙、观测廊道或观测井内,安装真空压力表或水银压差计。

进气量观测的目的是了解通气管的工作效能,并为研究振动、负压、空蚀等提供资料。进气量观测可采用孔口板法、毕托管法、风速仪法及热丝风速法等方法进行,其中孔口板法和毕托管法适用于小型通气管,热丝风速法适用于进气风速较小的情况。

空蚀观测包括空蚀量观测与空蚀平面分布观测。空蚀量观测可用沥青、石膏、橡皮泥等塑性材料充填空蚀所形成的空洞,以测出空蚀体积。大型的空蚀,也可测量其面积、深度,计算空蚀量。空蚀平面分布观测用摄影、拓印、网格等方法进行。

过水断面压力分布观测,是在过水断面上布设一系列测压管,得出压力分布图。测点

的布置以能测出过水断面上压力分布为度。

子任务二　溢洪道的日常养护

一、溢洪道日常养护的工作内容

溢洪道日常养护的工作内容如下：

(1)对溢洪道的进水渠及两岸岩石的各种损坏进行及时处理，加强维护加固。

(2)对泄水后溢洪道各组成部分出现的问题进行及时处理和修复。

(3)做好控制闸门的日常养护，确保汛期闸门正常工作(闸门养护在项目三叙述)。

(4)严禁在溢洪道周围爆破、取土、修建其他无关建筑物。

(5)注意清除溢洪道周围的漂浮物，禁止在溢洪道上堆放重物。

(6)如果水库的规划基本资料有变化，要及时复核溢洪道的过水能力 。

(7)北方冬季若水位较高，结冰对闸门产生影响，应有相应的破冰和保护措施。

二、非常溢洪道的管理养护

一般在有条件的土石坝水库枢纽中，泄洪设施分为正常溢洪道和非常溢洪道两部分。非常溢洪道的泄流能力一般为校核洪水流量和设计洪水流量之差的那部分或估算的可能超校核洪水流量，这部分流量是很稀遇的。因此，使用的机会要比正常溢洪道少得多，但绝不能因此而忽视其管理养护，要保证其一旦启用，应主动、灵活、可靠。

非常溢洪道有以下几种形式：

(1)对于采用与正常溢洪道基本相同的非常溢洪道，因其结构组成和正常溢洪道基本相同，只是部分结构设计标准略为低点，因此其日常检查和养护与正常溢洪道相同，只是在泄水后要特别检查结构物的损毁情况，及时修复。

(2)对于采用漫顶自溃式溢洪道或引冲自溃式非常溢洪道，因其平时还要挡水，所以应注意检查土石坝坝坡和地基在防渗和稳定方面是否存在问题。在汛前还应注意检查自溃结构物的完好情况及泄洪槽是否有破损和阻水情况等，必须保证水流漫顶后或水流将引冲槽冲刷扩大后，土石坝能自溃顺畅泄洪。溃坝泄洪后，要在库水位降落后将土石坝修复挡水。另外，在汛前还要准备好炸药和爆破器材，万一自溃不成功可人工爆破。

(3)对于采用爆破副坝非常溢洪道，因其溢流堰与泄水槽与正常溢洪道相同，只是用土石坝代替闸门，并在土石坝内设廊道和药室。需泄洪时，在药室内装入炸药，爆破土石坝，经水流冲刷在溢流堰顶泄洪。平时要注意保护好药室，防止雨水进入受潮和野兽破坏。每年汛前都要准备好炸药和爆破器材。

任务二　溢洪道的病害处理

溢洪道在运用中存在的主要问题是泄洪能力不足、闸墩开裂、闸底板开裂、池槽底板被掀起、边墙冲毁、消能设施破坏等。

一、泄洪能力不足

在我国241座大型水库的1 000次事故中,因泄洪能力不足而漫坝失事的占42%,因超设计标准洪水而漫坝失事的占9.5%。造成溢洪道泄洪能力不足的原因主要包括以下几个方面:

(1)设计资料不全,如降雨资料不准、系列较短、水库积水面积计算差别大等。

(2)计算方法与实际差别较大,如设计洪水标准确定和溢洪道泄洪能力计算。

(3)进口增设拦鱼栅及闸前堆渣等障洪物。

(4)引水渠水头损失考虑不足或根本未计入。

(5)大坝沉降使溢洪道的堰顶水头达不到设计要求等。

二、泄槽底板被掀起及边墙被冲毁

泄槽底板被掀起及边墙被冲毁的原因主要包括以下几个方面:

(1)泄水槽高速水流掺气,而导致水深的增加,当边墙保护高度不足时,将直接冲毁边墙。

(2)受地形限制,进口收缩不对称、槽身转弯、出口扩散布置时,槽内水流易发生侧向水跃、菱形冲击波及掺气现象,槽内流态紊乱、破坏力强,同时菱形冲击波的作用,严重恶化了下游的消能条件。

(3)槽内流速大、流态差,易产生气蚀破坏而使接缝破坏等现象。

(4)施工质量差、平整度不满足要求、接缝不合理、强度不够、维护不及时造成局部气蚀。

(5)陡槽底板下部扬压力过大、排水失效。

(6)基础为土基或风化带未清理干净、泡水后强度降低及不均匀沉陷、底板淘空等造成破坏。

三、消能设施的破坏

大中型水库枢纽中的溢洪道多采用底流和挑流两种消能形式,在工程选用中,消能设施破坏的主要原因如下:

(1)底流消能时,消力池尺寸过小,不满足水跃消能的要求;护坦的厚度过于单薄,底部反滤层不符合要求;平面形状布置不合理,扩散角偏大造成两侧回流,压迫主流而形成水流折冲现象;消力池上游泄水槽采用弯道,进入消力池单宽流量沿进口宽分布不均,水流紊乱、气蚀等;施工质量差、强度不足、结构不合理、维护不及时等均能引起消力池的破坏。

(2)挑流消能时,挑距达不到设计要求,冲坑危及挑坎和防冲墙;反弧及挑坎磨损、气蚀,使其表面高低不平而不能正常运用;采用差动式挑流鼻坎时,在高坎的侧壁易产生气蚀破坏;挑坎上过流量较小,易产生贴壁流,直接淘刷防冲墙的基础,并且挑出的水流向两侧扩散,冲刷两岸岸坡;设计不合理、地质条件差、施工质量低、强度不足及维护不及时等都会造成挑流设施的破坏。

四、闸墩和底板开裂

建在岩基上的河岸溢洪道，闸墩开裂部位比较规则，多在牛腿前 1 ~2 m 范围内。主要原因是温度应力，由于岩石和混凝土的线膨胀系数、弹性模数及泊桑比不同，在温度作用下，二者的伸缩率亦不同。温升时，闸墩的两端可自由伸长，其伸长率大，岩基的伸长率小，故岩基对闸墩有约束作用，所以墩处于受压状态。温降时，混凝土收缩率大，而岩石收缩率小，故在闸墩内底部处于受拉状态，其拉应力超过闸墩底部抗拉强度时，将在墩底中间部位开裂。

子任务一　溢洪道泄流能力的扩大

一、复核溢洪道过水断面的泄流能力

溢洪道的泄洪能力主要取决于控制段。因溢洪道控制段的大多水流是堰流，因此可用堰流公式分析溢洪道的泄洪能力。公式为

$$Q = \varepsilon m B \sqrt{2g} H^{3/2} \tag{4-1}$$

式中　Q——泄洪流量，m^3/s。

ε——侧收缩系数；

m——流量系数；

B——堰顶宽度，m；

g——重力加速度，$g = 9.8\ m/s^2$；

H——堰顶水头，m。

由式(4-1)可知，溢洪道过水能力与堰上水深、堰型和过水净宽等有关，要经常检查控制段的断面、高程是否符合设计要求。如陕西省清河水库，坝高 15 m，库容 20 万 m^3，1973 年建成后，溢洪道只开了一部分，又急于蓄水，将涵闸关闭，水库水位随即迅速上涨，由于溢洪道少开了 5 m，过水能力小，结果造成洪水漫顶。又如四川狮子滩水库，建成后最初几年，来水较少，溢洪道负担较轻，于是未经深入分析便封堵一孔，将闸门拆下移往他地使用，后来出现较大洪水时，显得过水断面不够，水库出现了险情，出口消能设备也受到冲刷，后来不得不又恢复原有的闸孔数目。也有的水库看到溢洪道多年不泄洪，加上农田建设的发展，需要多蓄水多灌田，便任意在溢洪道上筑挡水埝，有的甚至做浆砌石或混凝土的永久性挡水埝，而坝顶高程却未加高；有的则在进口处随意堆放弃渣，形成阻水。当检查到有这些不安全因素后，务必及时认真处理，不能抱姑息侥幸心理。

为了全面掌握准确的水库集水面积、库容、地形、地质条件和来水量来沙量等基本资料，在复核泄流能力前必须复核以下资料：

(1)水库上、下游情况。上游的淹没情况，下游河道的泄流能力，下游有无重要城镇、厂矿、铁路等，它们是否有防洪要求，万一发生超标准特大洪水时，可能造成的淹没损失等。

(2)集水面积。是指坝址以上分水岭界限内所包括的面积。集水面积和降水量是计算上游来水的主要依据。

(3)库容。一般来说,水库库容是指校核洪水位以下的库容,在水库管理过程中可从水位—库容、水位—水库面积的关系曲线中查得。因此,对水位—库容曲线也要经常进行复核。

(4)降水量。是确定水库洪水的主要资料,是确定防洪标准的主要依据。确定本地区可能最大降水时,应根据我国长期积累的文献资料,做好历史暴雨和历史洪水的调查考证工作,配合一定的分析计算,使最大降水值合理可靠。

(5)地形地质。从降水量推算洪峰流量时,还要考虑集水面积内的地形、地质、土壤和植被等因素,因它们直接影响产流条件和汇流时间,是决定洪峰、洪量和洪水过程线及其类型的重要因素。另外,要增建或扩建溢洪道时,也要考虑地形、地质条件。

二、增大溢洪道泄流能力的措施

(一)扩建、改建和增设溢洪道

溢洪道的泄流能力与堰顶水头、堰型和溢流宽度等有关。扩建、改建工作也主要从以下几方面入手进行:

(1)加宽方法。若溢洪道岸坡不高,挖方量不大,则应首先考虑加宽溢洪道控制段断面的方法。若溢洪道是与土石坝紧相连接的,则加宽断面只能在靠岸坡的一侧进行。

(2)加深方法。若溢洪道岸坡较陡,挖方量大,则可考虑加深溢洪道过水断面的方法。加深过水断面即需降低堰顶高程,在这种情况下,需增加闸门的高度,在无闸门控制的溢洪道上,降低堰顶高程将使兴利水位降低,水库的兴利库容相应减小,降低水库效益。因此,有些水库就考虑在加深后的溢洪道上建闸,以抬高兴利水位,解决泄洪和增加水库效益之间的矛盾。在溢洪道上建闸,必须有专人管理,保证在汛期闸门能启闭灵活、方便。

(3)改变堰型。不同堰型的流量系数不同,同种堰型的形状不同,流量系数也不一样。实用堰的流量系数一般为0.42~0.44,宽顶堰的流量系数一般为0.32~0.385。因此,当所需增加的泄流能力的幅度不大,扩宽或增建溢洪道有困难时,可将宽顶堰改为流量系数较大的曲线形实用堰。

(4)改善闸墩和边墩形状。通过改善闸墩和边墩的头部平面形状,可提高侧收缩系数,从而提高泄洪能力。

(5)综合方法。在实际工程中,也可采用上述两种或几种方法相结合的方法,如采用加宽和加深相结合的方法扩大溢洪道的过水断面,增大泄流能力等。

在有条件的地方,也可增设新的溢洪道。

(二)加强溢洪道的日常管理

要经常检查控制段的断面、高程是否符合设计要求。对人为封堵缩小溢洪道宽度,在进口处随意堆放弃渣,甚至做成永久性挡水埝的情况,应及时处理,防止汛期出现险情。此外,还应注意拦鱼栅和交通桥等建筑物对溢洪道过水能力的影响,减小闸前泥沙淤积等,增加溢洪道的泄洪能力。

(三)加大坝高

通过加大坝高,抬高上游库水位,增大堰顶水头。这种措施应以满足大坝本身安全和经济合理为前提。

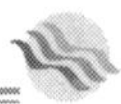

子任务二　溢洪道在高速水流下的破坏处理

一、破坏原因

溢洪道在高速水流下的破坏原因有以下几个方面：

(1)陡坡段内坡陡、流急，水流流速大，流态混乱，再加上底板施工质量差，表面不平整造成局部气蚀，或因接缝不符合要求，水流渗入底板下产生很大的扬压力，或底板下部排水失效，使底板下的扬压力增大，有些工程因底部风化带未清理干净，泡水后使强度降低并产生不均匀沉陷等，从而导致泄水槽的边墙和底板破坏。

(2)有些溢洪道由于地形限制，采用直线布置开挖量过大，坡度过陡及高边坡的稳定不易解决，故常随地形布置成弯道，高速水流进入弯道，水流因受到惯性力和离心力的作用，互相折冲撞击，形成冲击波，使弯道外侧水位明显高于内侧，形成横向高差。有的工程因此发生弯道破坏事故。

(3)消能设施尺寸过小或结构不合理，底部反滤层不合要求，或平面形状布置不合理产生折冲水流，下泄单宽流量分布不均匀，造成水流紊乱及流量过分集中，出现负压区产生气蚀等造成消能设施破坏。

二、溢洪道冲刷破坏的处理

(一)溢洪道泄洪槽冲刷破坏的处理

1. 弯道水流的影响及处理

有些溢洪道因地形条件的限制，泄槽段陡坡建在弯道上，高速水流进入弯道，水流因受到惯性力和离心力的作用，互相折冲撞击，形成冲击波，使弯道外侧水位明显高于内侧，形成横向高差，弯道半径 R 愈小、流速愈大，则横向水面坡降也愈大。有的工程由此产生水流漫过外侧翼墙顶，使墙背填料冲刷、翼墙向外倾倒，甚至出现更为严重的事故。安徽省屯仓水库，溢洪道净宽 20 m，设计流量 302 m^3/s，陡坡建于弯道上。1975 年 8 月遇到特大暴雨，溢洪道泄量达 670 m^3/s，结果由于弯道水流的影响，在闸后 90 ~ 120 m 陡坡处冲成一个深约 15 m 的大坑，内弯翼墙被冲走约 30 m，外弯翼墙被冲走约 140 m。

减小弯道水流影响的措施一般有两种，一是将弯道外侧的渠底抬高，形成一个横向坡度，使水体产生横向的重力分力，与弯道水流的离心力相平衡，从而减小边墙对水流的影响。另一种是在进弯道时设置分流隔墩，使集中的水面横比降由隔墩分散，如图 4-1 所示。

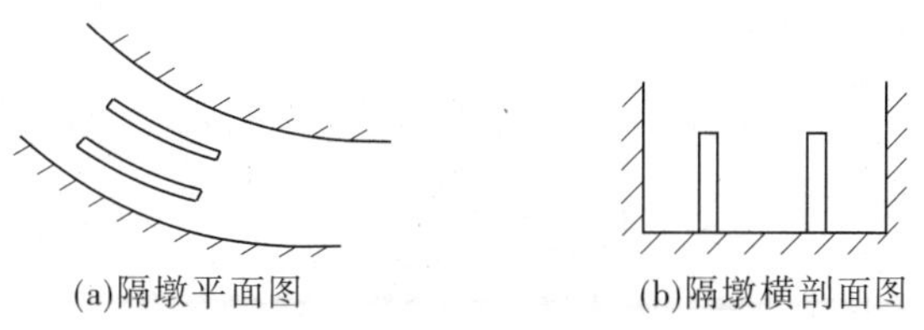

图 4-1　弯道隔水墙布置示意图

2. 动水压力引起的底板掀起及修理

溢洪道的泄槽段的高速水流，不仅冲击泄槽段的边墙，造成边墙冲毁，威胁溢洪道本身的安全。而且泄槽段内流速大，流态混乱，再加上底板表面不平整，有缝隙，缝中进入动水，使底板下浮托力过大而掀起破坏。例如，黄河刘家峡水库溢洪道，全长 870 m，进口堰宽 42 m，最大泄量 3 900 m^3/s，泄槽段宽 30 m，流速 25 ~ 35 m/s。溢洪道位于基岩上，底板混凝土厚度 0.4 ~ 1.5 m。溢洪道建成后，当渠内流量只有设计泄量的 50% 时，厚 1 m 多的混凝土底板即被冲坏，有的整个冲翻，有的底板被掀起后，翻滚到下游数十米处。分析损坏原因认为是施工时混凝土块体间不平整，横向接缝中未设止水，高速水流的巨大动水压力通过接缝窜入底板以下，加上排水系统不良，产生极大的浮托力，使底板掀起。后采取的处理措施是重新浇筑底板，设止水，底板下设排水，底板与基岩间加设锚筋，并严格控制底板的平整度。

因此，溢洪道在平面布置上要合理。尽量采用直线、等宽、一坡到底的布置形式。当必须收缩时，也应控制收缩角度不超过 18°；若必须变坡，最好先缓后陡，并尽可能改善边壁条件，变坡处均应用曲线连接，使水流贴槽而流，避免产生负压，减小冲击波的干扰和反射，改善进入消力池的水流条件。同时要求衬砌表面平整，局部凸出的部分不能超过 3 ~ 5 mm，横向接缝不能有升坎，接缝形式应合理，能防止高速水流进入，并在接缝处设好止水，下部设有良好的反滤设施等。

3. 泄槽底板下滑的处理

泄槽底板可能因摩擦系数小、底板下扬压力大、底板自重轻等原因，在高速水流作用下向下滑动。为防止土基上的底板下滑、截断沿底板底面的渗水和被掀起，可在每块底板端部做一段横向齿墙，如图 4-2 所示，齿墙深度为 0.4 ~ 0.5 m。

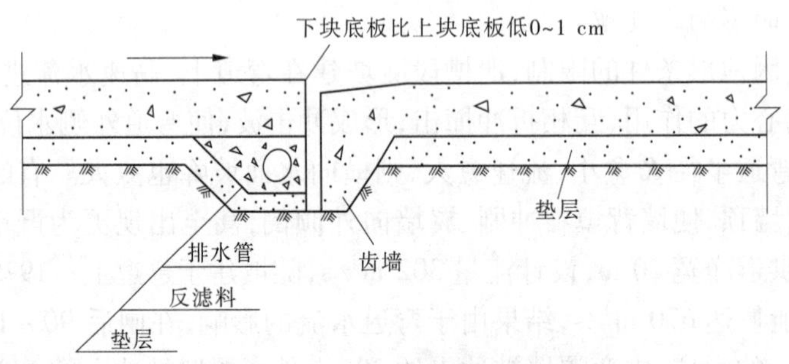

图 4-2　土基底板接缝布置图

岩基上的薄底板，因自重较轻，有时需用锚筋加固以增加抗浮性。锚筋可用直径 20 mm 以上的粗钢筋，埋入深度 1 ~ 2 m，间距 1 ~ 3 m，上端应很好地嵌固在底板内。土基上的底板如嫌自重不够，可采用锚拉桩的办法，桩头采用爆扩桩效果更好。

4. 排水系统失效的处理

泄槽段底板下设置排水系统是消除浮托力、渗透压力的有效措施。排水系统能否正常工作，在很大程度上决定底板是否安全可靠。山西省漳泽水库，溢洪道净宽 40 m，设计泄量为 1 055 m^3/s，溢洪道全长 314 m，混凝土底板厚度为 0.2 ~ 1.0 m，底板建于土基上，排水系统为板下式排水管网，1975 年 7 月 18 日溢洪道第一次过水，由于地下排水管路被堵，当流量达 60 m^3/s 时，底板 1 块被冲走，4 块断裂，如图 4-3 所示。排水系统失效一般需翻修重做。

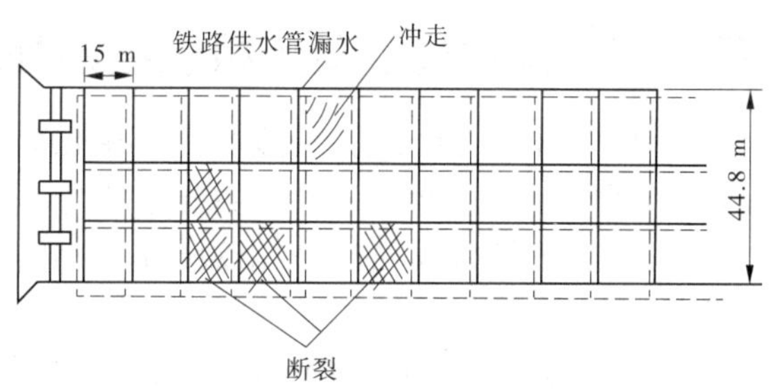

图 4-3　漳泽水库溢洪道破坏情况示意图

5. 地基土淘空破坏及处理

当泄槽底板下为软基时，由于底板接缝处地基土被高速水流引起的负压吸空，或者板下排水管周围的反滤层失效，土壤颗粒随水流经排水管排出，均容易造成地基被淘空，造成底板开裂等破坏。前者的处理方法是做好接缝处反滤，并增设止水；后者的处理方法是对排水管周围的反滤层重新翻修。

为适应伸缩变形需要设置伸缩缝，通常缝的间距为 10 m 左右。土基上薄的钢筋混凝土底板对温度变形敏感，缝间距应略小些；岩基上的底板因受地基约束，不能自由变形，往往自发地产生发丝缝来调整内部的应力状态，所以只需预留施工缝即可。

缝内可不加任何填料，只要在相邻的先浇混凝土接触面上刷一层肥皂水或废机油即可。也有一些工程采用沥青油纸、沥青麻布作为填料的。底板接缝间还需埋设橡胶止水、塑料止水或铝片止水。承受高速水流的底板，要注意表面平整度，切忌上块低于下块，因为这样会产生极大的动水压力，使水流潜入底板下边，掀起底板。有些资料建议上块底板高于下块底板 0 ~ 1 cm。

在底板与地基之间，除直接做在基岩上的外，一般需设置砂垫层以减少地下水渗透压力。但要注意闸室底板下不可设置垫层，以免缩短对防渗有利的渗径长度。砂垫层厚度一般取 10 ~ 20 cm。

许多水库管理单位总结了实际工程中的经验教训，将在高速水流作用下保证溢洪道结构安全的措施归纳为四个字，即“封、排、压、光”。“封”就是要求截断渗流，上游库水用位于堰前的齿墙或防渗帷幕隔离；下游尾水用位于底板末端的齿墙隔离；底板间的分缝也最好用止水材料或其他措施与底板下的动水隔离，目的是尽量减少浮托水和动水压力对底板的破坏。“排”就是做好排水系统，布置要合理，将未被截住而已经渗来的水迅速、妥善地予以排出。“压（或拉）”就是利用底板自重压住浮托力和脉动压力，使其不致漂起掀动，在地基条件许可时，可用锚筋或锚桩拉住底板以减少底板的厚度。“光”就是要求底板表面光滑平整，彻底清除施工时残留的钢筋头和脚手用混凝土柱头等，局部的错台必须磨成斜坡，因为底板不平往往是底板在高速水流作用下被掀翻或产生气蚀的重要原因。这四个方面是相辅相成的，需要互相配合。

（二）消能设施冲刷破坏的处理

（1）对底流消能可改善消力池的结构形式和尺寸达到防止破坏的目的。如新疆福尔海水库二级水电站的泄水槽末端采用圆形断面 2 m 深的消力池消能，运行多年情况良好。

（2）挑流消能应正确选择挑射角度及相应的设计流量等。

子任务三　溢洪道混凝土板裂缝的处理

溢洪道的闸墩、边墙、堰体、底板、消能工等，一般均由混凝土或浆砌块石建成，裂缝也是这些结构物上经常出现的现象。裂缝产生的原因，主要还是温差过大、地基沉陷不均以及材料强度不够等。位于岩基上的结构物，裂缝多由温度应力引起；位于土基上的结构物，裂缝多因沉陷不均所致。

裂缝从方向上可分为垂直于溢洪道堰轴线的横缝；平行于溢洪道堰轴线的水平缝或纵缝；与堰轴线斜交的斜缝和无一定方向的纵横交错的龟裂缝等。

裂缝产生后，可能造成两种后果：一种是建筑物的整体性和密实性受到一定程度的破坏，但还不渗水；另一种是整体性破坏，而且渗水。前者修理时主要在于恢复其整体性，而后者则除要求恢复其整体性外，还应同时解决渗漏问题。因此，修理裂缝的方法基本上可分为恢复整体性、结构补强和防渗、堵漏几个方面。

(1)缝宽在 0.1 mm 以下表面无渗水的龟裂缝，不影响混凝土结构强度的，可不加修理。但对处于高流速下比较密集的龟裂缝，宜用环氧砂浆进行表面涂抹，以增强其抗冲耐蚀能力。

(2)缝宽在 0.1 mm 以上的无渗水裂缝，当不影响结构强度时，为防止钢筋锈蚀，可采用表面胶泥粘补的方法。

(3)有少量渗水，但不影响结构强度的少数裂缝，可采用凿槽嵌补和喷浆等方法进行处理。

(4)数量较多，分布面积较广的细微裂缝，当不影响结构强度时，可采用水泥砂浆抹面，浇筑混凝土隔水层、沥青混凝土防水层或表面喷浆等方法进行处理。

(5)渗漏较大，但对结构强度无影响的裂缝，可在渗水出口面凿槽，把漏水集中导流后，再嵌补水泥砂浆或其他材料；如渗漏量较大，最好在渗水进口面粘补胶泥或粘补其他材料。也可凿槽嵌补环氧焦油砂浆或酮亚环氧砂浆等材料，或采用钻孔灌浆堵漏的方法。

(6)开裂的伸缩缝，要区分有无渗漏两种情况。不渗水的可采用凿槽嵌补的方法；有渗水的则要加止水片，然后封补。

(7)沉陷缝应首先加固基础(例如采用灌浆的方法)，然后堵塞裂缝，必要时可辅以其他措施以增强结构的整体性。恢复或增强结构整体性的方法有浇筑新混凝土或新钢筋混凝土、灌水泥浆或水泥砂浆、喷水泥浆或水泥砂浆、钢板衬护、钢筋锚固或预应力锚索加固等。

案例分析

案例一：刘家峡水电站溢洪道病害处理

1.基本情况

黄河刘家峡水电站溢洪道位于基岩上，底板厚 0.4～1.5 m，全长 870 m，堰宽 42 m，最大泄量 3 900 m^3/s，泄水渠宽 30 m，流速为 25～35 m/s。建成后，过水流量为设计流量的一半时渠内水流异常，不久底板即被冲坏，在控制堰后陡坡段上出现三处大冲坑，有的

整个混凝土块被冲翻，有的底板被掀起后冲到下游，冲坑之间的底板隆起裂缝，地基岩石被冲成深坑，边墙地基也被淘刷。

2. 分析破坏原因

施工时混凝土块体间不平整、底板与边墙接缝错距较大、表面起伏不平、后块高于前块、横向接缝中未设止水、底板排水不良等，导致高速水流窜入底板下，产生较大浮托力将底板掀起。

3. 处理措施

重新浇筑底板，严格控制底板平整度，设止水，做好排水，并在底板与基岩间加设锚筋。

案例二：丙乳砂浆处理鹤地水库溢洪道的病害

1. 基本情况

湛江市鹤地水库位于广东省湛江市九洲江中游，拦截九洲江干流蓄水成库，现坝址位于廉江市河唇镇，距湛江市约 60 km。本次加固工程位于鹤地水库第一溢洪道闸室底板、护坦。第一溢洪道建于 1958 年，闸室部分长 31.1 m，宽 50.0 m，护坦部分长 30 m，宽 58 m，总加固面积 3 650 m^2。经过多年运行，溢洪道闸室底板、护坦混凝土出现严重破损现象：溢洪道护坦东北角严重下沉，致使护坦混凝土出现多条脉状裂缝，裂缝累计长度 250 m；混凝土表面剥蚀现象严重；混凝土严重碳化。

2. 处理措施

通过实地检验，用丙乳砂浆加固修补鹤地水库第一溢洪道闸室底板、护坦是成功的，并证明丙乳胶乳水泥砂浆性能优良、施工简便、易于掌握，是一种优良的薄层修补材料，可用于混凝土的表面密封防护、防碳化、防氯离子侵入处理、混凝土建筑物防渗漏处理、大坝溢流面或其他建筑物的破坏修补。

3. 丙乳砂浆的应用

丙乳砂浆是丙烯酸酯共聚乳液水泥砂浆的简称。丙烯酸酯共聚乳液是由甲基丙烯酸甲酯、丙烯酸丁酯、甲基丙烯酸共聚制成的水溶性乳液，在丙烯酸酯共聚乳液中加入农乳 600 号稳定剂和 284P 有机硅乳液后的混合液，可以与水、水泥和砂拌制成丙烯酸酯共聚乳液水泥砂浆。

丙乳砂浆是相同条件下普通水泥砂浆抗压强度的 75%，抗拉强度的 1.05 倍，它比旧水泥砂浆的黏结强度提高 1.4～4.0 倍，极限引伸率提高 3.5 倍，吸水率降低 30%，抗碳化能力增强 5 倍左右，抗海水氯离子渗透能力增强 9 倍左右，是抗拉弹模的 50% 左右，收缩变形的 60%，抗磨性能的 1.35 倍，且具有抗老化的良好性能。

丙乳砂浆性能的改善不仅是由于显著地减少了用水量，而且由于聚合物乳液在水泥水化时失水形成聚合物膜，与水泥浆体呈连续相，改善了硬化水泥砂浆的物理组织结构与结构内应力，大大减少了微裂缝出现的可能性，同时聚合物纤维越过裂缝，起到了架桥和填充作用，限制了裂缝的蔓延，切断其与外界的通道，填充了空隙，从而使丙乳胶乳水泥砂浆抗裂性、黏结强度、抗碳化、抗渗、抗氯离子渗透能力均得到极大提高。

1)施工方法

丙乳砂浆施工可采用 JB－12 型挤压式砂浆泵或人工涂刷的方法进行。

采用挤压式砂浆泵操作时要注意通过调整风嘴、喷枪口径、喷枪口与工作面的距离以及工作压力，要求喷出的砂浆充分分散、回弹少、不阻管、无流淌。为防止大面积喷涂造成收缩裂缝，一般要求分层喷涂，并控制好间隔时间。采用人工涂刷时，为保证质量，需采用丙乳胶乳净浆打底和罩面。此次加固工程采用人工涂刷施工。

2)施工过程

丙乳砂浆铺筑施工工艺如图 4-4 所示。

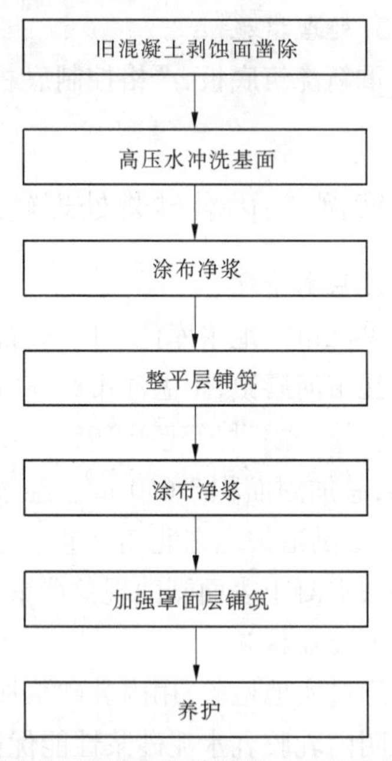

图 4-4　丙乳砂浆铺筑施工工艺流程

施工前需将旧混凝土剥蚀层凿除，凿除厚度为 3 cm，在凿毛的旧混凝土表面(简称基面)用高压水冲洗干净，待基面无积水呈潮湿状时，先于基面涂刷一层丙乳胶乳净浆，要求净浆涂布均匀，无漏涂。净浆涂刷后立即摊铺搅拌均匀的丙乳胶乳水泥砂浆，砂浆采用砂浆拌和机拌制，砂浆连续拌和 4～5 min，停顿 1 min，在拌和机内再拌和 1 min 后才能入仓。

为防止大面积施工造成收缩裂缝，施工前将板面划分成 26 个单元，每个单元再划分成 3 m×6 m 小块，各小块四周铺设纤维板条作为工作面模板及层面整平导轨，层面整平用 3.5 m 长直尺刮平，纤维板条高程即为整个加固板面设计高程。

丙乳砂浆要分层摊铺，每层厚度 1.5 cm，第一层为整平层，第二层为加强罩面层，每层均需用木抹子拍实抹平，加强罩面层用铁抹子抹光。为增加整平层和基底的黏结强度，施工人员穿胶靴在摊铺好的砂浆层上踩踏一遍，然后用木抹子拍实抹平。抹光操作半小时后，砂浆表面成膜，立即用塑料薄膜覆盖。待砂浆终凝后(约 4 h)，即进行喷雾养护并覆盖塑料薄膜，养护时间为 3 d；之后进行洒水养护，养护时间为 7 d；7 d 后自然干燥养护。

施工缝保持原有旧混凝土施工缝位置，各小块之间不设施工缝。为避免旧混凝土施工缝开合变形引起砂浆开裂，在旧混凝土施工缝处铺设 18 目钢丝网以增强该部分的砂浆抗拉强度。整个板面铺筑完成后，用切割机锯缝并浇灌沥青的方式制作伸缩缝。

项目五　渠系建筑物的安全监测与维护

学习内容及目标

<table>
<tr><td rowspan="4">学习内容</td><td>任务一　渠道的养护与修理
　子任务一　渠道的检查与日常养护
　子任务二　渠道的病害修理</td></tr>
<tr><td>任务二　输水隧洞的养护与修理
　子任务一　输水隧洞的检查与养护
　子任务二　输水隧洞常见病害处理</td></tr>
<tr><td>任务三　倒虹吸管与涵管的养护与修理
　子任务一　倒虹吸管及涵管的检查与养护
　子任务二　倒虹吸管与涵管的病害处理</td></tr>
<tr><td>任务四　渡槽的养护与修理
　子任务一　渡槽的检查与养护
　子任务二　渡槽的病害处理</td></tr>
<tr><td rowspan="4">知识目标</td><td>任务一：
（1）了解渠道的巡视检查的内容及日常养护内容；
（2）掌握渠道的各种病害处理方法。</td></tr>
<tr><td>任务二：
（1）了解隧洞的巡视检查的内容及日常养护内容；
（2）掌握隧洞的各种病害处理方法。</td></tr>
<tr><td>任务三：
（1）了解倒虹吸管与涵管的巡视检查的内容及日常养护内容；
（2）掌握倒虹吸管与涵管的各种病害处理方法。</td></tr>
<tr><td>任务四：
（1）了解渡槽的巡视检查的内容及日常养护内容；
（2）掌握渡槽的各种病害处理方法。</td></tr>
<tr><td>能力目标</td><td>（1）能够用直观的方法并辅以简单的工具对水工建筑物的外露部分进行检查；
（2）能够完成渠系建筑物的日常养护工作；
（3）能够完成对渠系建筑物的工程状态进行的监视量测工作；
（4）能够分析判断建筑物的安全状态以及病害原因；
（5）能够完成对渠系建筑物的缺陷进行的修复处理工作。</td></tr>
</table>

任务一　渠道的养护与修理

子任务一　渠道的检查与日常养护

一、渠道的检查

渠道的检查包括以下几个方面：

(1)经常性检查。包括平时检查和汛期检查。平时检查着重检查干、支渠渠堤险工险段;检查渠堤上有无雨淋沟、浪窝、洞穴、裂缝、滑坡、塌岸、淤积、杂草滋生等现象;检查路口及交叉建筑物连接处是否合乎要求同时应检查渠道保护区有无人为乱挖乱垦等破坏现象。汛期检查主要是检查防汛的准备情况和具体措施的落实情况。

(2)临时性检查。主要包括在大雨中、台风后和地震后的检查。着重检查有无沉陷、裂缝、崩塌及渗漏等情况。

(3)定期检查。主要包括汛前、汛后、封冻前、解冻后进行的检查,若发现薄弱环节和问题,应及时采取措施,加以修复解决。对北方地区冬灌渠道,应注意冰凌冻害的影响。

(4)渠道行水期间的检查。渠道行水期间应检查观测各渠段流态,是否存在阻水、冲刷、淤积和渗漏损坏等现象,有无较大漂浮物冲击渠坡和风浪影响,渠顶超高是否足够等。

二、渠道的养护

渠道的日常养护包括以下几个方面：

(1)禁止向渠道倾倒垃圾等废弃物、毒鱼、炸鱼,定期进行水质检验,防止污染环境。

(2)经常清理渠道内的垃圾堆积物、清除杂草等,保证渠道正常行水。

(3)禁止在渠道上及其内外坡垦植、铲草、放牧及滥伐护渠林。

(4)禁止在保护范围内任意挖砂、埋坟、打井、修塘、建筑。

(5)渠道两旁山坡上的截流沟和泄水沟要经常清理,防止淤塞,尽量减少山洪或客水进渠。

(6)未经管理部门批准,不得在渠道上修建建筑物,排放污水、废水,不得私自抬高水位。

(7)通航渠道,机动船应控制速度,不准使用尖头撑篙,渠道上不准抛锚。

(8)渠道遭受局部冲刷破坏之处,要及时修复,防止破坏加剧。

(9)严格控制渠道流量、流速和水位,放水和停水时避免猛增猛减,确保渠道输水安全。

三、渠道的运行控制

渠道的运行控制包括以下几方面：

(1)流量控制。输水流量应根据用水要求、水源情况和工程运用情况,按计划进行调配。渠道输水流量不能超过加大流量,渠水含沙量大时,一般也不宜小于最小流量。

(2)水位控制。渠道通过设计流量时,水位应严格控制在设计水位以下,保证渠道的

正常工作;当通过加大流量时,渠道水位不得超过加大水位线,持续时间不得超过设计规定,防止渠道出现严重的冲刷变形,避免漫堤、决口事故发生;当通过最小流量时,要主动调节节制闸,水位应控制在最小水位线以上,一般要求最低水位线不低于设计水位线的70%,保证下级渠道的正常取水,避免渠道淤积。

(3)流速控制。渠道流速过大易引起冲刷,过小易造成淤积,都会影响正常输水,所以必须严格控制渠道流速。渠道流速的控制范围是大于不淤流速且小于不冲流速。

子任务二　渠道的病害修理

渠道的病害形式多种多样,主要有冲刷、淤积、渗漏、洪毁、沉陷、滑坡、裂缝、蚁害及风沙埋没等,渠道渗漏、沉陷、裂缝、蚁害等病害处理可参见有关项目任务内容,以下就严重影响渠道输水或危及渠道安全的常见病害及处理加以介绍。

一、渠道滑坡的治理

(一)滑坡产生的原因

渠道产生滑坡的原因很复杂,归纳起来可分为内因和外因两个方面。

1. 产生滑坡的内因

(1)材料抗剪强度低。如由软弱岩石及覆盖土所组成的斜坡,在雨季或浸水后,抗剪强度明显降低,而引起滑坡。

(2)岩层层面、节理、裂隙切割。顺坡切割面,极易破坏岩层的完整性,遇水软化后,其上部的岩土层会失去抗滑稳定性。

(3)地下水作用。地下水位较高时,将对渠道产生渗透压力、侵蚀、渗漏等现象,降低边坡抗滑能力而导致滑坡。

(4)新老接合不良。渠道的新老接合面、岩土接合面等,往往是薄弱环节,处理不当,易造成漏水而导致崩塌滑坡。

2. 产生滑坡的外因

(1)边坡选择过陡。当地质条件较差时,边坡过陡,易引起滑坡现象。

(2)施工方法不当。如不合理的爆破开挖、先抽槽后扩坡、在坡脚大量取土、随意堆放弃土等,均会增加滑坡可能性。

(3)排水条件差。若排水系统排水能力不足或失效,就会引起渠道抗滑能力降低而产生滑坡。

(二)滑坡的处理

生产实际中处理滑坡的措施较多,一般有排水、减载、反压、支挡、换填、改暗涵,还可加对撑、倒虹吸、渡槽和改线等。其中,排水、减载、反压等措施可参考土石坝有关内容。下面介绍几种常用措施。

1. 砌体支挡

渠道滑坡地段,当受地形限制,单纯采用削坡方量较大时,则可在坡脚及边坡砌筑各种形式的挡土墙支挡,用于增加边坡抗滑能力。

挡土墙的形式较多,如重力式挡土墙、连拱式挡土墙、倾斜式挡土墙及自上而下分级式挡土墙等,如图 5-1 所示。施工时应注意边削坡边砌筑,防止继续滑坡。

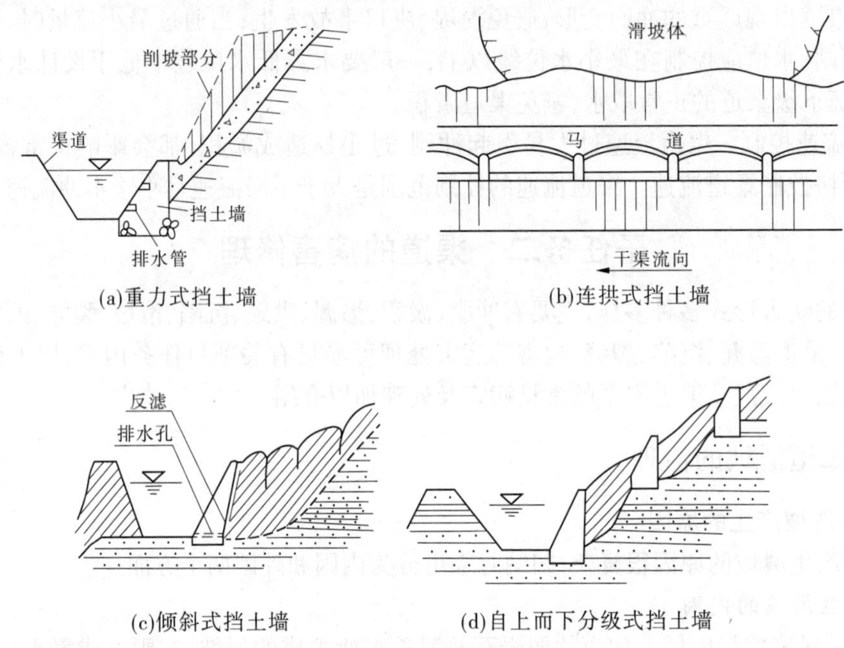

(a)重力式挡土墙

(b)连拱式挡土墙

(c)倾斜式挡土墙

(d)自上而下分级式挡土墙

图 5-1 挡土墙形式

2. 换填好土

渠道通过软弱风化岩面或淤泥等地质条件较差地带,产生滑坡的渠段,除削坡减载外,可考虑换填好土,重新夯实,改善土的物理力学性质,以达到稳定边坡的目的。一般应边挖边填,回填土多用黏土、壤土或壤土夹碎石等,如图 5-2 所示。

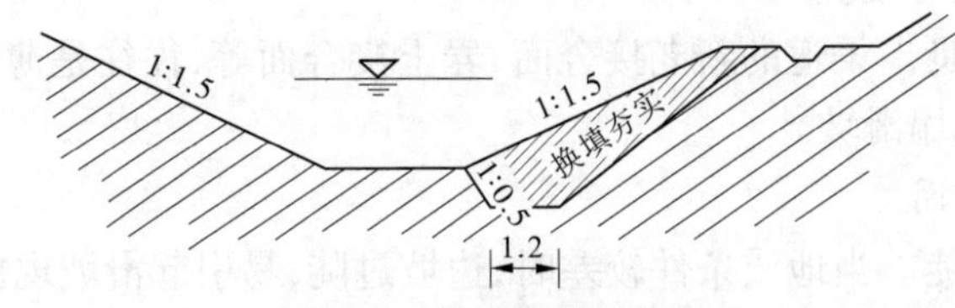

图 5-2 换填好土示意图

3. 明渠改线

一般中小型渠道,在选线时地质勘探不细或根本未勘探,致使渠段筑在地质条件很差,甚至在大滑坡或崩塌体上,渠道稳定性无法保证,一旦雨水入渗,整个渠段会发生位移、沉陷。采用上述措施难以解决时,应考虑改线。

渠道的滑坡多在深挖方地段发生,其主要原因有设计边坡过陡、地质条件较差、雨水入渗等。这种滑坡一旦发生,清理工作量很大,严重影响渠道的正常输水,因此需做好滑坡地段的处理工作。

当过陡的边坡改为缓坡有困难时,可根据具体情况,分别采用暗涵、钢筋混凝土板加支撑或挡土墙等办法处理,如图 5-3 所示。

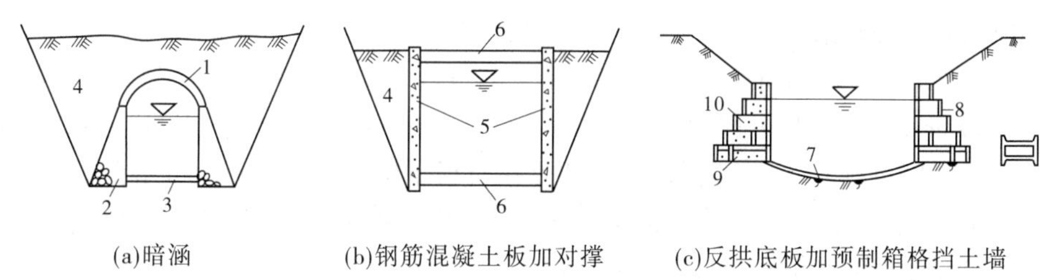

(a)暗涵　(b)钢筋混凝土板加对撑　(c)反拱底板加预制箱格挡土墙

1—顶拱;2—侧墙;3—底板;4—坡土回填;5—钢筋混凝土板;6—钢筋混凝土对撑杆;
7—混凝土反拱底板;8—预制箱格;9—混凝土;10—砂卵石或贫混凝土埋块石

图 5-3　渠道滑坡处理示意图

二、渠道防渗技术

土质渠道的渗漏一般都较大,据有的灌区实测,其渗漏量占渠首引入水量的 40% ~ 50% 。当渠道土质较差或填筑质量不良时,其渗漏量将更大,因此渠道的渗漏严重影响灌溉效益的发挥。另外,严重渗漏可能使渠岸遭到渗透破坏,引起塌滑和溃决。所以,加强渠道防渗工作,对提高灌溉效益和保证渠道正常运用有着非常重要的意义。

(一)土料夯实防渗

土料夯实法是将渠床除草清淤后,翻松表层土,在最优含水量情况下再将松土分层夯实。为利于层间接合,前一层夯实土的表面应刨毛。夯实层的总厚度,温暖地区一般为 30 ~50 cm,冰冻地区为 50 cm 以上,并根据冻土深度另加保护层。这是降低渠床土壤透水性的一种方法,不需添加任何材料,具有施工简便、经济实用的优点,但防渗效果较差,适用于黏性土渠道。

(二)黏土护面防渗

黏土护面法是将渠床修整后,铺上一定厚度的黏土或掺合料,在最优含水量时进行夯实,即成土防渗护面。为保证防渗效果,黏土防渗层的厚度一般为 15 ~30 cm,对于大型渠道,其厚度可随水深的增加而增厚,常采用 25 ~40 cm。纯黏土易干缩开裂,当黏粒含量高于 50% 时,可掺入适量的砂,土砂重量比一般为 1∶0 7 ~1∶1。产卵石地区也可掺入适量卵石,黏土、砂、卵石的重量比一般为 1∶(0. 43 ~0. 5)∶(0. 3 ~0. 57)。黏土护面防渗具有施工简便、能就地取材、造价低的优点,但因易干裂和冻融而影响防渗效果,抗冲刷能力也较差,只适用于黏土料丰富、流速不大的渠道。

(三)三合土护面防渗

三合土由石灰粉、砂、黏土以重量比为 1∶(1 ~1. 5)∶(4 ~6)拌制而成,是一种很好的防渗材料。施工时,先将三者按比例配合拌匀,再加水(灰土含水量控制在 35% 左右)拌匀后堆置一段时间,使石灰充分沤熟即可铺筑。防渗层的厚度一般为 25 ~30 cm,铺筑时渠坡应分层铺设夯实,每层厚 30 ~35 cm,逐层上升至渠顶,然后削坡拍打至出浆。为提高防渗性能和表面强度,可在阴干后的三合土表面涂刷一层青矾(硫酸亚铁)水,再拍打一次,效果较好。采用三合土防渗护面可就地取材,且防渗效果好,但施工工艺要求高,若施工质量控制不好,容易剥落和产生裂缝,一般适用于盛产石灰地区流量不大的中小型渠道,在严重冰冻地区不宜采用。

(四)砌石护面防渗

砌石护面防渗常用的有浆砌块石防渗和干砌石板勾缝防渗两种。浆砌块石的厚度一般为20~30 cm,砌筑砂浆可用30~50号水泥黏土(或石灰)砂浆,再用80~100号水泥砂浆勾缝(见图5-4(a))。干砌石板防渗即是在石板干砌时预留1~2 cm缝隙,缝间用砂浆填实止水。砌石防渗护面的常见断面为梯形(见图5-4(b)),在陡峻山坡的渠道,才采用挡土墙式的近似矩形断面(见图5-4(c))。

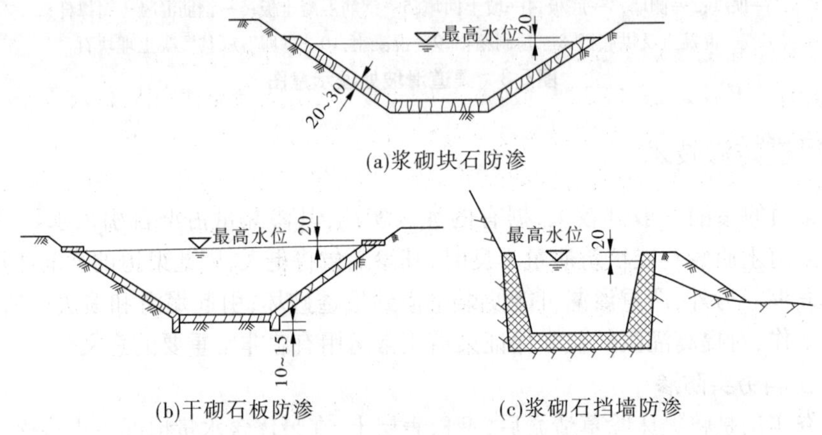

图5-4 砌石防渗示意图 (单位:cm)

砌石防渗护面具有就地取材、施工方便、防渗效果好和坚固耐用的优点,适用于采石方便地区的渠道防渗。

(五)砌砖护面防渗

对于缺乏其他防渗材料的地区,可用砌砖防渗。防渗用砖多采用普通黏土砖,砌筑厚度应视边坡缓陡和设计要求而定,一般为单砖平砌和单砖立砌,砌筑砂浆可用50号水泥砂浆。

近年来,福建省用煤渣砖做渠道防渗护面材料的试验已取得了较好的成果。煤渣砖由消化沤透的煤渣掺入重量6%的水泥,在控制含水量下,根据颗粒要求磨细冲压而成,其渗透系数达1.7×10^{-8} cm/d。用煤渣砖作为渠道防渗材料,具有就地取材、变废为利、制造简便、施工容易和造价较低等优点,适用于温暖和较寒冷地区中小型渠道的防渗。

(六)混凝土护面防渗

用混凝土衬砌渠道具有防渗效果好、糙率小、经久耐用和适应性强等优点,是一种被广泛采用的防渗措施,但一次投资较大,需要大量水泥。按其施工方式不同可分就地浇筑、预制装配和压力喷射3种。就地浇筑法与渠床的接合较好,分块尺寸较大,一般为5 m^2左右,所以衬砌接缝少。预制装配法施工受气候条件影响少,能缩短衬砌期,混凝土的质量易保证,但为便于人力搬运砌筑,其每块尺寸较小,一般为1~1.5 m^2,因此接缝较多。压力喷浆法与渠床接合好、施工工序少、进度快、能节省劳力,单位衬砌的造价低,但需一套喷浆机具。渠道衬砌多采用素混凝土,只有在地质条件特别差时,才使用钢筋混凝土。混凝土的标号一般为100~150号,其衬砌的厚度,南方一般为5~10 cm,北方为10~15 cm。为防止衬砌因地基不均匀沉陷和温度影响而发生裂缝,衬砌应设置温度沉陷缝。纵

缝一般设在渠底与边坡的连接处和渠坡的折线处;当底宽超过 8 m 时,在渠底中部可另设纵缝;当边坡衬砌长度超过 8 m 且为填挖方组成时,亦应设置纵缝。横缝的间距一般不超过 5 m。缝的宽度一般为 1 ~3 cm,其间设止水,常用的止水措施有沥青水泥(水泥:沥青:砂为1:1:4)、聚氯乙烯胶泥和塑料油膏等。

(七)塑料薄膜防渗

塑料薄膜用于渠道防渗具有投资少、效果好的优点,已为很多灌区所采用。根据我国目前生产的塑料薄膜情况,以选用聚氯乙烯薄膜为好,因其生产量大、品种多、价格低。薄膜的厚度采用 0.12 ~0.2 mm 为宜,且以黑色、棕色等深颜色的为好。

施工时,先将渠床表层 30 ~40 cm 厚的土挖出,清除杂草、树根、石块等坚硬杂物,避免回填时刺破薄膜,并将渠床夯实整平;将塑料薄膜裁剪成长 50 ~100 m 的段,利用热合机拼宽成渠道横断面边长所需要的尺寸,然后将其折卷以利于搬运。铺设前将渠床洒水湿润,展开薄膜并紧贴在基土上,但薄膜切忌拉得过紧,最好能均匀地留有小褶纹,铺好后用松软湿土压住边缘。铺好薄膜后应当天回填土层保护,土层的厚度为 20 ~40 cm。

塑料薄膜铺设渠道的基槽形式如图 5-5 所示,以复式梯形基槽和锯齿形基槽的稳定性较好。

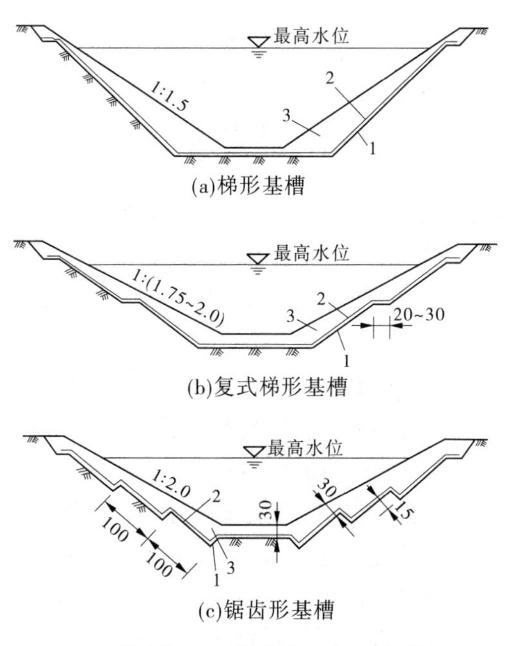

图 5-5　塑料薄膜铺设渠道的基槽形式　(单位:cm)

三、渠道冲刷及处理

(一)冲刷产生的原因

渠道冲刷主要发生在狭窄处、转弯段以及陡坡段,这些渠段水流不平顺且流速较大,往往造成渠道的冲刷。具体原因主要是设计不合理、施工质量差和管理运用不善等。

（二）冲刷的处理

渠道冲刷问题应根据冲刷产生的原因，采取相应措施进行处理。

（1）因渠道设计问题，造成渠道流速超过渠道不冲流速，导致渠道冲刷时，可采取建跌水、陡坡、砌石护坡护底等办法，调整渠道纵坡，减缓流速，达到不冲的目的。

（2）渠道土质不好、施工质量差，引起大范围的冲刷时，可采取夯实渠床或渠道衬砌措施，以防止冲刷。

（3）渠道弯曲过急、水流不顺，造成凹岸冲刷时，根治办法是：如地形条件许可，可裁弯取直，加大弯曲半径，使水流平缓顺直；或在冲刷段用浆砌石或混凝土衬砌。

（4）渠道管理运用不善，流量猛增猛减，水流淘刷或其他漂浮物撞击渠坡时，可从加强管理入手，避免流量猛增猛减，消除漂浮物。

四、渠道淤积及处理

（一）淤积产生的原因

渠道淤积主要是由坡水入渠挟带大量泥沙所致，此外，有些灌区水源含沙量大，取水口防沙效果不好也会带来泥沙淤积。

（二）淤积的处理

1. 防淤

（1）在渠道设置防沙、排沙设施，减少进入渠中的泥沙。

（2）改变引水时间，即在河水含沙量小时，加大引水量；在河水含沙量大时，把引水量减到最低限度，甚至停止引水。

（3）防止客水挟沙入渠。如遇大雨、发生山洪，应严防洪水进入渠道，淤积渠床。

（4）用石料或混凝土衬砌渠道。通过衬砌渠道，减小渠床糙率，加大渠道流速，从而增大挟沙能力，减少淤积。

2. 清淤

渠道产生淤积后，渠道过水断面减小，输水能力降低。因此，为了保证渠道能按计划进行输水，必须进行清淤。渠道清淤的方法有水力清淤、人工清淤、机械清淤等。

（1）水力清淤。在水源比较充足的地区，可在每年秋冬非用水季节，利用河流、水库或泉源含沙量很低的清水，按设计流量引入渠道，有计划、有步骤地分段用现有排沙闸、泄水闸等工程泄水拉沙，先上游后下游，逐段进行，最后一段泥沙从渠尾排入河道中。在淤积严重的渠段，可辅以人工用铁锨、铁耙等工具搅动，加强水流挟沙能力。有的渠道也常利用防洪、岁修断流时机，泄水拉沙，效果也较好。

（2）人工清淤。是我国目前运用最普遍的清淤方法。在渠道停水后，组织人力用铁锨等工具挖除渠道淤沙。一般一年进行 1 ~ 2 次，北方地区在秋收后至土地冻结前进行一次，春季解冻后再进行一次；南方地区多与岁修结合起来进行清淤。人工清淤时，应注意不要损坏渠道边坡。

（3）机械清淤。主要是用吸泥船、挖土机、开挖机、推土机、塔式铲运装置等机械来清除渠道中的淤沙。使用机械清淤能节省大量的劳动力，提高清淤效率。主要应具备以下条件：①沿渠要有通行机械的道路；②渠道植树应考虑机械清淤的要求；③泥沙堆积段比

较集中,要具备处理措施。

五、渠道防洪

(一)洪毁产生的原因

山丘区、洼地灌区,由于渠系规划,打乱了原有的天然水系,截断了许多沟谷,沿渠线路将形成许多的小块积雨面积,遇汛期,这些小块的集雨范围内会形成暴雨洪水,如果不及时处理,将造成山洪灾害,影响渠道的正常运用,甚至造成渠系工程的破坏。

(二)防洪措施

要做好渠道防洪,应着重解决以下问题:

(1)复核渠道的防洪标准,对超标准洪水应严格控制入渠。

(2)在渠道与河沟相交时,应设置排洪建筑物。傍山渠道应设拦洪、排洪沟槽,将坡面的雨水、洪水就近引入天然河沟。

(3)加强渠道上的排洪、泄洪工程管理,保持排泄畅通。当渠道被洪水冲毁后,应及时进行修复。

六、渠道防风沙

在气候干旱、风沙很大的地区,渠道常会遭到风沙埋没,影响正常工作。风沙的移动强度决定于风力、风向和植被对固沙的作用等,一般3~4 m/s的风速,就可使0.25 mm的沙粒移动。防止风沙埋渠的根本措施是营造防风固沙林带进行固沙。陕西榆林地区一般在渠旁50 m宽范围内,垂直于主风向营造林带,交叉种植乔木与灌木,起到了较好的防风固沙作用。此外,如当地有充足的水源条件,可引水冲沙拉沙,用水拉平渠道两旁的沙丘,也可减少风沙危害。

任务二　输水隧洞的养护与修理

子任务一　输水隧洞的检查与养护

一、输水隧洞的检查养护

输水隧洞的检查,主要是看洞壁有无裂缝、变形、位移、渗漏、剥蚀、磨损、气蚀、碳化、止水填充物流失等迹象。对附属工程,还应检查动力、照明、交通、通信、避雷设施、安全设施和观测设备等是否完好,另外还要检查附近地区有无山体坍塌滑坡、地表排水系统受阻、泄流状态异常或回流淘刷、漂浮物撞击或堵塞泄水口、禁区人为放牧或乱挖砂石等人为破坏现象。

二、输水隧洞的养护工作

输水隧洞的日常养护工作包括以下几个方面:

(1)为防止污物破坏洞口结构和堵塞取水设备,要经常清理隧洞进水口附近的漂浮物，在漂浮物较多的河流上，要在进口设置拦污栅。

(2)寒冷地区要采取有效措施，避免洞口结构冰冻破坏；隧洞放空后，冬季在出口处应做好保温措施。

(3)运用中尽量避免隧洞内出现不稳定流态，发电输水洞每次充、泄水过程要尽量缓慢，避免猛增突减，以免洞内出现超压、负压或水锤而引起破坏。

(4)发现局部的衬砌裂缝、漏水等，要及时进行封堵，以免扩大。

(5)对放空有困难的隧洞，要加强平时的观测，要观测外部，观测隧洞沿线的内水压力和外水压力是否正常，如发现有漏水和塌坑征兆，应研究是否放空隧洞进行检查和修理。

(6)对未衬砌的隧洞，要对因冲刷引起松动的岩块和阻水的岩石及时清除并进行修理。

(7)当发生异常水锤或六级以上地震后，要对隧洞进行全面检查和养护。

子任务二　输水隧洞常见病害处理

一、隧洞的病害与成因

隧洞的病害有衬砌裂缝漏水、气蚀、冲磨、混凝土溶蚀等。

(一)输水洞的断裂破坏原因

1. 输水隧洞洞身衬砌断裂破坏的常见原因

隧洞与坝下涵洞比较，工作安全可靠，养护修理任务小。但是，设计、施工及运用管理方面存在的缺点也会引起断裂漏水事故，常见的原因有下列几个方面：

(1)洞周岩石变形或不均匀沉陷。如隧洞经过地区岩石质量较差，开挖隧洞后，由于岩石变形，衬砌将遭受过大的应力而破坏。例如奥地利格尔乐斯压力隧洞，有一排水检查廊道，位于隧洞下部而与隧洞平行，隧洞与廊道之间只有一层较薄的混凝土隔开，基岩为石英千叶岩和页岩，部分裂成片状，间或有黏土夹层。运用后发生 4 起破坏，都在排水廊道右边。事后进行详细分析，认为破坏是由洞周岩石变形引起的，并和衬砌钢板质量较差有关。又如日本殿渊第三电站隧洞因通过石膏矿坑道，引起隧洞不均匀沉陷，因而混凝土衬砌发生多次裂缝破坏。

(2)衬砌质量差。隧洞衬砌质量不好也会引起隧洞破坏。例如澳大利亚的悉尼压力隧洞，基岩为透水性较大的砂岩，节理发育，设计要求用高标号混凝土衬砌。但施工质量很差，混凝土抗压强度最高为 1 580 N/cm^2，最低仅 292 N/cm^2，从隧洞的拱腹和拱顶所取试件的强度最低衬砌和周围岩石间的空隙系用灌浆方法堵塞，施工后发现洞顶衬砌与岩石间仍有成排的空穴存在。由于施工质量令人怀疑，因此采用了分段压水试验，试验结果在埋藏较浅的一段中，当压力还没有达到设计最大水头时，大量的水即被压出地面，停止试验进行检查，发现有 300 m 长一段混凝土衬砌已严重损毁。在按理论计算覆盖足够深的地段，虽然衬砌只发生一些小裂缝，但上部岩石都已有明显的变形迹象，位移方向与隧洞轴线方向一致，位移为 1.3～1.9 cm。

(3)水锤作用产生谐振波而引起衬砌裂缝。一些隧洞的破坏事故证明，即使在设有调压井的压力隧洞内，由于产生高次谐振波可以越过调压井而使隧洞内发生压力波破坏衬砌。例如坎德斯提电站的压力隧洞，末端有一容量为 15 000 m^3 的调压井。经过长期

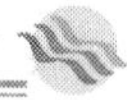

运用后,隧洞衬砌曾三次在同一地点发生裂缝。最后一次破坏使渗水积聚在一层倾斜的不透水岩层上,山脚下出现一股泉水,随之整个山坡发生了滑动,导致附近地区的生命财产遭受很大的损失。

(4)其他原因引起的隧洞衬砌断裂。若隧洞衬砌所受山岩压力大大超过设计计算数值,或隧洞原有截渗设备失效,则隧洞周围地下水位大幅度升高,或地下水压力远大于设计数值,均将造成原有衬砌厚度显得不够,从而引起断裂。也有的隧洞由于衬砌层外残留的施工临时木支撑腐朽,使衬砌与洞壁间出现空隙,在内水压力等作用下,造成隧洞衬砌纵向裂缝或横向裂缝。也有的隧洞,由于运用管理不当而造成断裂漏水。例如用闸门控制进水的无压隧洞,由于操作疏忽,使工作闸门开度过大,造成洞门充满水流,形成有压隧洞,致使隧洞衬砌在内水压力作用下发生断裂。

2. 坝下涵洞断裂破坏的常见原因

1)地基不均匀沉陷

坝下输水涵洞的理想要求是修建在完整、同一性质的岩石地基上。但实际上涵洞地基的情况往往是比较复杂的,有的需要穿越岩石和风化岩、岩石和土基、土和砂卵石等交替地带。即使是比较均匀的软土地基,也往往由于洞上坝体填土高度不同而产生不均匀沉陷。因此,如果对不均质地基不采取有效处理措施,涵洞建成后产生不均匀沉陷,就可能使洞身产生断裂破坏,甚至影响坝体安全。

河北省柏山水库坝高28.5 m,坝下有1 m×0.8 m的砌石方涵,洞顶是混凝土盖板,修建在均质黄土地基上,其中有约20 m长的一段是回填土,回填前该处原先是一道冲沟。由于该段填土质量不好,又没有妥善采取加固基础的处理措施,所以涵洞建成后地基产生不均匀沉陷,洞身出现了十几处环向断裂,回填土部分的洞身整段下沉,最大错距达30 cm。

山东省卧虎山水库坝高40.5 m,坝下为钢筋混凝土涵管,直径2 m,涵管基础为20多m深的土与砾卵石互层。由于荷载分布不均,坝顶部位的荷载最大,因而产生了不均匀沉陷,造成管壁断裂。涵管于1971年建成,1972年断裂3处,1973年又断裂5处,最大裂缝宽度7~8 mm,1974年又发生2处断裂,1972~1975年共先后4次进行灌浆处理,处理过的断裂部位没有重新断裂。

2)荷载集中

有的水库,坝下涵洞局部有集中荷载,如闸门竖井等,如果竖井和洞身间不设伸缩缝,就会造成洞身断裂。如安徽省三湾水库的浆砌块石涵洞,由于洞身与闸门井附近未设沉陷缝,在闸门下游洞身出现了环向裂缝。裂缝的位置,顶部距闸门1.3~1.5 m,底部距闸门2~2.2 m,两边墙的裂缝稍倾斜,形成连续环形折裂。

3)结构强度不够

设计采用的材料尺寸偏小,钢筋不够或荷载超过原设计等,使涵洞本身材料强度不够,以致断裂。

河北省东沟水库的方形涵洞,填土高度20 m,钢筋混凝土顶板厚度30 cm,洞身的断面为1.8 m×1.5 m,根据估算当洞身的断面为1 m×1 m时,混凝土顶板至少需要32 cm。由于实际工程采用的顶板厚度比设计要求偏小,因此该水库涵洞在运用中,顶板出现了纵向裂缝,这与顶板强度不够有直接关系。

广西壮族自治区的那板水库导流洞，原设计洞顶最大填土高度为 10 m，后因改为永久性涵洞，洞顶填土高度达 48.8 m，涵洞的结构强度显然不够，但事先未做补强工作，当土石坝加高后，洞内顶板出现了长达 170 m 的纵向裂缝，遭受严重破坏。

4）洞内水流流态发生变化

坝下无压输水涵洞在结构设计上不考虑承受内水压力，但由于思想上疏忽、制度不严、操作错误或对结构要求不清楚等原因，洞内水流流态由无压变为明满流交替，或有压流，以致在内水压力作用下，造成洞身的破坏。如山东省松山水库坝下涵洞为 1.0 m × 1.5 m 浆砌块石无压矩形涵洞，因平板钢闸门一滚轮脱落，准备修理，没有采取减流措施即将闸门抬起，使洞内充满水变成压力流，造成条石盖板裂缝，机房沉陷开裂。

5）洞身接头不牢

一些水库坝下埋设混凝土管，但接头不牢固，发生断裂漏水。例如河北省燕窝庄水库，坝下埋有内径 50 cm 的混凝土管，阀门设在涵洞出口。蓄水后发现涵管出口附近坝坡上冒浑水，在坝下游坡出现了塌坑。经开挖检查发现，在阀门上游有一个管的接头强度不够，在内水压力作用下引起断裂。

6）洞身施工质量差洞壁漏水

一些水库洞身施工质量不好，形成洞壁漏水。如广西壮族自治区石祥河水库坝下埋设内径 2 m 的钢筋混凝土圆管，浇筑混凝土时未仔细振捣，以致管壁质量不好，出现蜂窝。水库蓄水后就漏水，初期漏水量 0.44 m^3/s，以后漏洞被水溶蚀，漏水量达 0.69 m^3/s。又如安徽省横山嘴水库，由于卧管质量不好，漏水量达 0.5 m^3/s。10 d 不下雨就漏成空库，无法蓄水。

（二）气蚀

1. 气蚀的特征与成因

当高速水流通过隧洞中体形不佳或表面不平整的边界时，水流会把不平整处的空气带走，水流会与边壁分离，造成局部压强降低或形成负压。当流场中局部压强下降，低于水的气化压强值时，将会产生空化，形成空泡水流，空泡进入高压区会突然溃灭，对边壁产生巨大的冲击力。这种连续不断的冲击力和吸力造成边壁材料疲劳损伤，引起边壁材料的剥蚀破坏，则称为气蚀。气蚀的原因还是掺气不足。

2. 气蚀的部位

工程实践证明，明流中平均流速达到 15 m/s 左右就可能产生气蚀现象。气蚀现象一般发生在边界形状突变、水流流线与边界分离的部位。洞壁横断面进出口的变化、闸门槽处的凹陷、闸门的启闭、洞壁的不平整等，都会引起过洞水流的脉动，水流与边界分离形成漩涡，产生负压，从而造成气蚀破坏。

对压力隧洞和涵洞，气蚀常发生在进口上唇处、门槽处、洞顶处、分岔处，出口挑流坎、反弧末端、消力墩周围，洞身施工不平整等部位。

（三）冲磨

含沙水流经过隧洞，对隧洞衬砌的混凝土会产生冲磨破坏，尤其是对隧洞的底部产生的冲磨比较严重。冲磨破坏的程度主要与：①洞内水流速度；②泥沙含量、粒径大小及其组成；③洞壁体形和平整程度等有关。

一般来说，洞内流速越高，泥沙含量越大，洞壁体形越差，洞壁表面越不平整，洞壁冲磨破坏就越严重。特别是在洪水季节，水流挟带泥沙及杂物多，当隧洞进出口连接建筑物处理不当时，冲磨会更为严重。水流中悬移质和推移质对隧洞均有磨损，悬移质泥沙摩擦边壁，产生边壁剥离，其磨损过程比较缓慢；推移质泥沙不仅有摩擦作用，还有冲击作用，粗颗粒的冲击、碰撞破坏作用，对边壁破坏尤为显著。

（四）混凝土溶蚀破坏

隧洞由于长期受到水流的冲磨和山岩裂隙水沿洞壁裂缝向洞内渗漏，极易产生溶蚀破坏。实际工程中，隧洞的溶蚀破坏大致分为两种：一种是输送水流对洞壁混凝土的溶蚀，由于水流在一般情况下偏酸性，混凝土的碱性物质含量高，洞壁表层混凝土中的有效成分氢氧化钙被溶蚀带走，从而降低表面强度；另一种是洞壁内部混凝土被穿透洞壁渗流溶解并析出，在内壁表面析出白色沉淀物（碳酸钙），这种溶蚀破坏对表面强度影响不大，但当溶解析出有效成分较多时，会严重降低洞体强度，甚至导致钢筋锈蚀。

二、病害处理

（一）断裂与漏水的处理方法

1. 用水泥砂浆或环氧砂浆封堵或抹面

对于隧洞衬砌和涵洞洞壁的一般裂缝漏水，可采用水泥砂浆或环氧砂浆进行处理。通常是在裂缝部位凿深 2 ~ 3 cm，并将周围混凝土面用钢钎凿毛。然后用钢丝刷和毛刷清除混凝土碎渣，用清水冲洗干净，最后用水泥砂浆或环氧砂浆封堵。

环氧砂浆是一种强度较高的材料，它比一般混凝土的强度要高 3 ~ 4 倍，因此在水利工程的维修工作中得到广泛的应用。

2. 灌浆处理

坝下输水涵洞洞身断裂可采用灌浆进行处理。对于因不均匀沉陷而产生的洞身断裂，一般要等沉陷趋于稳定，或加固地基，断裂不再发展时进行处理。但为了保证工程安全，可以提前灌浆处理，灌浆以后，如继续断裂，再次进行灌浆。有的水库就是通过 4 次灌浆才处理成功的。

灌浆处理通常可采用水泥砂浆。断裂部位可用环氧砂浆封堵。如山东省日照水库就是用这样的方法来处理钢筋混凝土涵洞断裂的。

洞身断裂还可采用灌环氧浆液处理。灌浆施工工艺共分如下 6 道工序。

1）表面处理

用喷灯沿裂缝进行烘干，烘干宽度范围为 50 ~ 60 cm，在烘干的同时沿缝用钢丝刷清除碎屑污物，缝两边各见新茬 8 cm（清除厚度 2 mm 左右），并沿缝剔成 V 形槽，深 1.5 ~ 2 cm，宽 2 ~ 3 cm。将粉末渣清除干净，用棉纱蘸丙酮将处理部位全部擦洗一遍。

2）封闭缝隙

裂缝表面处理好之后，均匀涂刷一层环氧基液，厚 0.5 ~ 1.0 mm，然后在槽内回填环氧水泥砂浆封闭裂缝。

3）粘贴灌浆管嘴

管嘴沿裂缝布置，间距 25 ~ 30 cm，缝两端各布置一孔，在需设管嘴的地方做好记号，把管嘴底盘用丙酮擦干净，然后用环氧水泥砂浆将管嘴粘贴在既定的位置上。浆液通过管嘴灌入缝隙。

4）试气

一般在裂缝封闭一天后即可试气。试气的目的是通过压缩空气吹净残留于裂缝内的积尘，检查裂缝的贯通情况、管嘴通气情况、裂缝封闭质量。检查时，依次把管嘴与输风管接通，在邻近管嘴、封闭带上和周围刷肥皂水。如发现冒泡漏气处，可用环氧水泥砂浆封堵。

5）浆液配制

浆液配比及配制方法如下：将#6101 环氧树脂：二丁脂：#501：二甲苯（比例为 100：5：20：20）拌和均匀，再将乙二胺（18）均匀拌和成环氧浆液。

6）灌浆

灌浆是沿裂缝从一端向另一端循序渐进，灌浆压力采用 40 N/cm^2，待邻近的管嘴冒浆后，立即用备好的木塞堵塞，直至不进浆或很少进浆。然后将灌浆管移至第二个管嘴上，继续灌浆，循序渐进，直到整条裂缝充满浆液。待最后一个管嘴冒浆后，用木塞塞住，再保持压力 5 ~ 10 min，灌浆即结束。灌浆后 1 ~ 2 d 即可将管嘴剔下，用环氧水泥浆填补压平，并沿整个封闭带均匀涂刷一层环氧基液。经过灌环氧浆液处理后 12 h，放水洞即可投入运用。西苇水库放水洞处理后，曾意外地经受过水锤压力的考验，已处理的裂缝完整无损，证明处理效果良好。

【案例】 河北省钓鱼台水库，由于运用期间产生明满流交替的半有压流态，因此运用初期，浆砌块石洞壁漏水，漏水点有 29 处。两年后，在 92 m 长的洞壁上漏水点发展到 59 处，其中筷子粗的漏水孔眼有 13 处，总漏水量为 0.003 m^3/s。根据这种情况，进行了灌水泥浆处理。全洞共钻孔 120 个，灌浆孔布设在洞壁两侧，每侧两排，上下错开呈梅花形，上排离洞底 0.7 ~ 0.8 m，孔深 0.7 ~ 0.9 m；下排离洞底 0.1 m，孔深 1 ~ 1.2 m。灌浆压力为 10 ~ 20 N/cm^2，后因库水位上升，因而升压灌注，最大灌浆压力达 28 N/cm^2。浆液为纯水泥浆，水灰比开始用 4：1，以后逐渐加稠至 0.8：1。为了加快水泥浆的凝固，在浆液中加入水量 2% 的速凝剂。全部耗浆量达 15 660 kg。经灌浆处理，基本止住了漏水，效果很好。

3. 输水隧洞的喷锚支护

输水隧洞无衬砌段的加固或衬砌损坏的补强，可采用喷射混凝土和锚杆支护的方法，简称喷锚支护。喷锚支护与现场浇筑的混凝土衬砌相比，具有与硐室围岩黏结力高、能提高围岩整体稳定性和承载能力、节约投资、加快施工进度等优点。如国内某输水隧洞采用喷锚支衬后，不仅大大节约劳力、钢材和木材，而且使工期较原方案提前了 13 个月。

喷锚支护可分为喷混凝土、喷混凝土 + 锚杆联合支护、喷混凝土 + 锚杆 + 钢筋网联合支护等类型。其工艺可参考水利水电施工技术课程的相关内容。

4. 涵洞内衬砌补强处理

对于范围较大的纵向裂缝、损坏严重的横向裂缝、影响结构强度的局部冲蚀破坏，均应采取加固补强措施：

（1）对于查明原因和位置，无法进人操作时，可挖开填土，在原洞外包一层混凝土，断

裂严重的地带，应拆除重建，并设置沉降缝，洞外按一定距离设置黏土截水环，以免沿洞壁渗漏。

(2)对于采用条石或钢筋混凝土做盖板的涵洞，如果发生部分断裂，可在洞内用盖板和支撑加固。

(3)预制混凝土涵洞接头开裂时，若能进人操作，可用环氧树脂补贴，也可以将混凝土接头处的砂浆剔除并清洗干净，用沥青麻丝或石棉水泥(由重量30%的石棉纤维和重量70%的水泥，以及占水泥重量10～20%的水配制而成)塞入嵌紧，内壁用水泥砂浆抹平；若无法进人操作，就进行开挖后处理。

【案例】 广东省马踏石水库土石坝下埋设高1.2 m，宽0.6 m的浆砌石涵洞，顶拱用青砖砌筑。在运用期间断裂漏水，先后有13处被漏水淘空，后来采用内套钢丝网水泥管，管壁厚3 cm，在工地分段浇筑后进行安装，安装后在新老管壁间进行灌浆处理，效果很好。

【案例】 福建省月洋水库土石坝下有高1.2 m，宽0.8 m的浆砌石涵洞，洞顶为混凝土盖板。由于基础为风化岩和砂卵石、壤土等相交替，建成后产生不均匀沉陷，致使涵洞断裂，先后发现有73处漏水点。经研究采用内衬砌方法加固处理。洞底及侧墙分别浇筑厚10 cm的混凝土和钢筋混凝土，顶板加了8 cm厚混凝土板。新老管壁间用块石或混凝土块堵塞，并用压力灌浆灌实。处理后运用情况良好。

5. 用“顶管法”重建坝下涵洞

坝下涵洞洞径较小，无法进行加固，只好废弃旧洞，重建新洞。重建新洞以往都是挖开坝体重建，近年来，广东等地采用顶管法重建坝下涵洞，大大减少了开挖和回填土石方量，节约钢材、水泥和投资，节省劳力，缩短工期，并能保证较好的质量，为坝下涵洞的加固重建提供了一条新的途径。顶管法重建新洞，不需开挖坝体，而是在坝下游用千斤顶将预制混凝土管顶入坝体，直到预定位置，然后在上游坝坡开挖，在管道上游修建进口建筑物。顶管施工目前有以下两种方法。

1)导头前人工挖土法

此法系在预制管端前设一断面略大的钢质导头，用人工在导头前端先挖进一小段(每段长度按坝体土质而定，土质好的可达2 m以上，土质差的可在0.5 m左右)，然后在管的外端用油压千斤顶将预制管逐步顶进。挖进一段，顶进一次，秩序推顶，直至顶到预定位置。

2)挤压法

在预制管端装设有刃口的钢导头，用油压千斤顶将预制管顶进，使钢导头切入坝体土壤，然后用割土绳或人工将挤入管内的土挖除运出，然后再次把管顶进，直至顶完。

(二)气蚀破坏的防止与修复

气蚀对输水洞的安全极其不利。防治气蚀的措施有改善边界条件、控制闸门开度、改善掺气条件、改善过流条件、采用高强度的抗气蚀材料等。

1. 改善边界条件

当进口形状不恰当时，极易产生气蚀现象。渐变的进口形状，最好做成椭圆曲线形。

2. 控制闸门开度

据观察分析发现:小开度时,闸门底部止水后易形成负压区,引起闸门沿竖直方向振动,闸门底部容易出现气蚀;大开度时,闸门后易产生明满流交替出现的现象,闸门后部形成负压区,引起闸门沿水流方向产生振动,造成闸门后部洞壁产生气蚀。所以,要控制闸门开度在合适的范围内,避免不利开度和不利流态的出现。

3. 改善掺气条件

掺气能够降低或消除负压区,增加空泡中气体空泡所占的比例,含大量空气使得空泡在溃灭时可大大减少传到边壁上的冲击力,含气水流也成了弹性可压缩体,从而减少气蚀。因此,将空气直接输入可能产生气蚀的部位,可有效地防止建筑物气蚀破坏。当水中掺气的气水比达到7% ~8%时,可以消除气蚀。1960 年美国大古力坝泄水孔应用通气减蚀取得成功后,世界上不少水利工程相继采用此法,取得良好效果。我国自 20 世纪 70 年代起,先后在陕西冯家山水库溢洪隧洞、新安江水电站挑流鼻坎、石头河隧洞中使用,也取得了较好的效果。

通气孔的大小关系到掺气质量,闸门不同开度对通气量的要求也不同。

通气量的计算(或验算)可采用康培尔公式:

$$Q_a = 0.04Q\left(\frac{v}{gh} - 1\right)^{0.85} \tag{5-1}$$

式中 Q_a——通气量, m^3/s;

Q——闸门开度为80%时的流量, m^3/s;

v——收缩断面的平均流速, m/s;

h——收缩断面的水深, m。

通气孔或通气管的截面面积$A(m^2)$可以采用下式估算:

$$A = 0.001Q\left(\frac{v}{\sqrt{gh}} - 1\right)^{0.85} \tag{5-2}$$

4. 改善过流条件

除进口顶部做成 1/4 的椭圆曲线外,中高压水头的矩形门槽可改为带错距和倒角的斜坡形门槽。出口断面可适当缩小,以提高洞内压力,避免气蚀。对于衬砌材料的质量要严格控制,使其达到设计要求。应保证衬砌表面的平整度,对凸起部分要凿除或研磨成设计要求的斜面。

5. 采用高强度的抗气蚀材料

采用高强度的抗气蚀材料,有助于消除或减缓气蚀破坏。提高洞壁材料抗水流冲击作用,在一定程度上可以消除水流冲蚀造成表面粗糙而引起的气蚀破坏。资料表明,高强度的不透水混凝土,可以承受 30 m/s 的高速水流而不损坏。护面材料的抗磨能力增加,可以消除由泥沙磨损产生的粗糙表面而引起气蚀的可能性,环氧树脂砂浆的抗磨能力,比普通混凝土及岩石的抗磨能力高约 30 倍。采用高标号的混凝土可以缓冲气蚀破坏甚至消除气蚀。采用钢板或不锈钢做衬砌护面,也会产生很好的效果。

(三)冲磨破坏的处理

冲磨破坏修复效果的好坏主要取决于修补材料的抗冲磨强度,抗冲磨材料的选择要根据挟沙水流的流速、含沙量、含沙类型确定。常用的抗冲磨材料有以下几种：

（1）高强度水泥砂浆。这是一种较好的抗冲磨材料，特别是用硬度较大的石英砂替代普通砂后，砂浆的抗冲磨强度有一定提高。水泥石英砂浆价格低廉、制作工艺简单、施工方便，是一种良好的抗悬移质冲磨的材料。

（2）铸石板。根据原材料和加工工艺的不同有辉绿岩、玄武岩、硅锰碴铸石和微晶铸石等。铸石板具有优异的抗磨、抗气蚀性能，比石英具有更高的抗磨强度和抗悬移质切削性能。铸石板的缺点是质脆，抗冲击强度低；施工工艺要求高，粘贴不牢时，容易被冲走。例如在刘家峡溢洪道的底板和侧墙、碧口泄洪闸的出口等处所做的抗冲磨试验，铸石板均被水流冲走，因此目前很少采用铸石板，而是将铸石粉碎成粗细骨料，利用其高抗磨蚀的优点配制成高抗冲磨混凝土。

（3）耐磨骨料的高强度混凝土。除选用铸石外，选择耐冲磨性能好的岩石，如以石英石、铁矿石等耐磨骨料，配制成高强度的混凝土或砂浆，具有很好的抗悬移质冲磨的性能。试验表明，当流速小于 15 m/s，平均含沙量小于 40 kg/m^3 时，用耐磨骨料配制成强度达 C30 以上的混凝土，磨损甚微。

（4）环氧砂浆。具有固化收缩小、与混凝土黏结力强、机械强度高、抗冲磨和抗气蚀性能好等优点。环氧砂浆抗冲磨强度约为养护 28 d 抗压强度 60 MPa 水泥石英砂浆的 5 倍，C30 混凝土的 20 倍，合金钢和普通钢的 20～25 倍。固化的环氧树脂抗冲磨强度并不高，但由于其黏结力极强，含沙水流要剥离环氧砂浆中的耐磨砂砾相当困难，因此使用耐磨骨料配制成的环氧砂浆，其抗冲磨性能相当优越。

（5）聚合物水泥砂浆。它是通过向水泥砂浆中掺加聚合物乳液改性而制成的有机－无机复合材料。聚合物既提高了水泥砂浆的密实性、黏结性，又降低了水泥砂浆的脆性，是一种比较理想的薄层修补材料，其耐蚀性能也比掺加前有明显提高，可用于中等抗冲磨气蚀要求的混凝土的破坏修补。常用的聚合物砂浆有丙乳（PAE）砂浆和氯丁胶乳（CR）砂浆。

（6）钢板。具有很高的强度和抗冲击韧性，抗推移质冲磨性能好。在石棉冲沙闸、鱼子溪一级冲沙闸等工程中分别使用，抗冲效果良好。钢板厚度一般选用 12～20 mm，与插入混凝土中的锚筋焊接。

任务三　倒虹吸管与涵管的养护与修理

倒虹吸管是渠道穿越山谷、河流、洼地，以及通过道路或其他渠道时设置的压力输水管道，是一种交叉输水建筑物，是灌区配套工程的重要建筑物之一。倒虹吸管一般由进口、管身段和出口三部分组成。管身断面型式主要有圆形和箱形两种。

子任务一　倒虹吸管及涵管的检查与养护

一、倒虹吸管及涵管的检查

倒虹吸管的管理养护制度，可分为平时巡回检查和年度冬修两种。每年冬天，要放干水，对照平时检查记录，全面检查，彻底处理。

巡回检查应着重掌握渗漏、裂缝、震动等情况。

(1)渗漏。即管壁漏水，按其严重程度可分为三种情况，即潮湿(仅可看出水痕)、湿润(手摸有水)、渗出(如同冒汗)。对渗漏部位，发生时间、渗漏面积大小、渗漏量多少及变化情况要做详细记录，并用红漆在管壁上标明其位置。

(2)裂缝。按发生部位及形状，可分为横向裂缝、纵向裂缝和龟纹裂缝三种。裂缝要用红漆在管上标明其位置、大小及其随温度升降变化的规律，并绘成裂缝位置图，供分析裂缝原因及采取处理措施时参考。一般裂缝都可留到冬修时处理。而现浇混凝土的干缩裂缝则要通过改进施工工艺、加强养护等措施，预以防止。

(3)负压和震动。巡回检查中，要注意用耳倾听管内的过水声。有的倒虹吸管在越过小山包时，形成一个向上突起的弯管段。设计中在弯管顶部应有放气阀，第一次放水时要把阀门打开，排除空气，然后通水。如果忽略了这项工作，就会在这个地方造成负压，使管壁气蚀剥落。注意倾听就会听到阵发性的"咚、咚"响声。应立即将放气阀缓缓打开，排除空气，当阀门开始喷水时，即可关闭阀门。有的倒虹吸管第一次放水过急，也易在管道进口下游产生负压。所以，倒虹吸管口下游应设通气孔，并应经常检查以免被杂物堵塞。

二、倒虹吸管及涵管的养护

倒虹吸管运用管理中，较常遇到的问题有以下几个方面：

(1)接头漏水，管壁渗漏。

(2)管身发生纵向裂缝和横向裂缝。

(3)排气阀未及时打开，管内发生负压。

(4)通过小流量时，未及时调节阀门，管道进口产生水跃，使管身震动或接头破坏。

(5)未及时清污，杂物堵塞进口，压弯拦污栅，壅高渠水，造成漫堤决口。

(6)洪水期，未及时打开上游泄洪闸造成洪水漫堤决口。

(7)洪水期未及时关闸，沿山渠塌方，洪水挟带大量推移质沉积管中。

(8)第一次放水或冬修后放水太急，管中掺气，水流回涌，顶坏进口盖板。

(9)严寒地区，冬季未排干管内积水，冻害造成管壁裂缝。

(10)多泥沙河流，沉沙池大量积沙，未及时放水冲沙。

(11)裸露斜管，地面无排水系统，雨水淘刷管底，威胁管身安全。

(12)闸门操作失灵。

除第(1)、(2)、(11)属于设计施工的原因外，其余都是由于管理不善造成的。因此，应制订必要的规章制度及管理养护方法，并严格执行。

(1)倒虹吸管上的保护设施，如果有损坏或失效，应及时修复。

(2)进出口应设立水尺，标出最大的和最小的极限水位，经常观测水位流量变化，保证通过的流量与流速符合设计规定。

(3)进出水流状态保持平稳，不冲刷、淤塞，拦污栅要及时清理。

(4)对渠道衔接处有不均匀沉陷、裂缝、漏水、变形、进出口护坡不完整等现象，应立

即停水修复。

(5)倒虹吸水管水位,应关闭进出口闸门,防止杂物进入阀内或发生人身事故。

(6)管道、沉沙及排沙设施应经常清理。暴雨季节防止山洪淤积管身,倒虹吸管如有低孔排水设备,冬季放水后或管内淤积时,应立即开启闸阀,排水冲淤,保持管道畅通。

(7)直径较大的裸露式倒虹吸管,在高温或低温季节要妥善保护,以防发生温度裂缝、冻裂或冻胀破坏。

(8)倒虹吸管顶有冒水发生时,停水后在内部进行裂缝填塞处理,严重时可挖开填土进行内外彻底处理。

子任务二　倒虹吸管与涵管的病害处理

一、常见病害与成因

(一)倒虹吸管常见病害与成因

(1)管身裂缝。有环向裂缝、纵向裂缝和龟纹裂缝三种。环向裂缝主要是由于管身分节过长,当温度降低时引起纵向收缩变形造成管身脱节,当基础约束过大时会造成拉裂甚至断裂,在斜坡段也有因为镇墩基础沉陷、滑坡或雨水冲刷而失稳引起管身脱节或断裂;纵向裂缝是倒虹吸管最常见的病害,而现浇混凝土管出现纵向裂缝的居多,纵向裂缝常出现在管身顶部,主要原因是现浇管顶施工质量差,同时外露的管顶受到阳光的直射,管身顶部内外温差过大,管壁内外变形不一致;严寒地区,当冬季没有排完管内积水或没有采取保温措施时,也将发生冻害而造成管身纵向裂缝。管身出现裂缝后必然发生漏水,并且结构承载力降低,管道耐久性随之变差。

(2)接头漏水。接头止水材料老化或接头脱节将止水拉裂会引起漏水。

(3)边墙失稳。进口处地基沉陷或顶部超载会导致进口处边墙失稳。

(4)混凝土表面剥落。冻融作用(北方地区)或钢筋锈蚀会使混凝土表面剥落。

(5)设备故障。管理不善、年久失修和设备老化会引起沉沙拦污设施、闸门、启闭设备等的失效和破坏。

(6)淤积堵塞。未及时清污,杂物堵塞进口或山洪入渠,挟带大量推移质沉积管中。

(7)气蚀与冲刷。因掺气不足,水流含沙量大,管壁耐磨性差而引起。

(8)钢筋锈蚀。主要原因是管身裂缝处或缺陷处,钢筋裸露失去混凝土的碱性保护,钢筋钝化膜被破坏而锈蚀。

(二)涵管常见病害与成因

(1)管身断裂和漏水。发生管身断裂常见的原因有:①地基处理不当,涵管在上部荷载的作用下,产生不均匀沉陷,引起管身断裂。②结构处理有缺陷,在管身和竖井之间荷载突变处未设置沉降缝,会引起管身断裂。③设计考虑不周,结构尺寸偏小、钢筋配置率不足、混凝土强度等级偏低等,都会导致管身断裂。④管身分缝间距过大或位置不当,也会导致管身断裂。⑤管内流态异变,无压涵管内出现有压流,也容易造成管身断裂破坏。⑥施工质量较差。

(2)管身气蚀破坏。发生气蚀的原因主要是管内水流状态不稳,其原因是:①闸门开启不当，造成涵管内明满流交替出现。②规划设计不当，同样流量条件下，出现管内实际水深比设计值大，发生水面碰顶现象，或涵管进口曲率变化不平顺或下游水位顶托而封闭管口，形成管内水流紊乱等。

(3)涵管出口消力池的破坏。由于设计不合理、基础处理不好或运用条件发生变化，消力池在运用时下游水位偏低，池内不能形成完整水跃，导致下游渠底冲刷、海漫基础淘刷，进而危及消力池，严重时会导致消力池本身结构的破坏。

二、倒虹吸管及涵管病害处理与维修

(一)倒虹吸管病害处理与维修

1. 裂缝的预防处理

裂缝处理的原则是：①对于既未考虑运用期温度应力，又未采取隔热措施的管道，要采取填土等隔热措施；②对于强度不足、施工质量差的管道所产生的裂缝，要采取全面加固措施；③对有足够强度的管道的裂缝，主要采取防渗措施。

(1)腹裹保护。这是防止纵向裂缝发生和扩展的有效措施。对裸露在外部的倒虹吸管两侧使用预制空心混凝土砌块进行砌筑外包，上部填土夯实，既能对倒虹吸管起到明显的隔热保温作用，又能减轻风霜雨雪等对管身混凝土的侵蚀。

(2)加固补强。对因沉陷引起的裂缝，首先应进行固基处理，如采取灌浆、培厚等方法；对强度安全系数太低的管道，可采用内衬钢板加固措施进行处理，处理步骤是：在混凝土管内，衬砌一层厚4~6 mm的钢板，钢板事先在工厂加工成卷，其外壁与钢筋混凝土内壁之间留1 cm左右的间隙，钢板从进出口送入管内就位、撑开，再焊接成型，然后在二者之间进行回填灌浆。该法的优点是能有效地提高安全系数，加固后安全可靠耐久，缺点是造价高，钢材用量多，施工难度大。

(3)表面涂抹、贴补或嵌补封缝。对结构整体性影响不大的裂缝一般只在表面采用涂抹、贴补或嵌补等方法进行封缝处理，有刚性处理和柔性处理两种类型。①刚性处理方案有钢丝水泥砂浆、钢丝网环氧砂浆和环氧砂浆粘钢板等方法，这类方法不仅能够防渗抗裂，而且还分担裂缝处钢筋的一部分应力，提高建筑物的安全性。②柔性处理方案有环氧砂浆贴橡皮、环氧基液贴玻璃丝布、环氧基液贴纱布、聚氯乙烯油膏填缝及乳化沥青掺苯溶氯丁胶刷缝等方法，柔性处理能够适应裂缝开合的微小变形，造价较低，施工方便。缝宽小于0.2 mm时，采用加大增塑性比例的环氧砂浆修补效果好；缝宽大于0.2 mm时，采用环氧砂浆贴橡皮效果好。

2. 渗漏处理

(1)对因裂缝引起的渗漏可按裂缝处理方法进行。

(2)管壁一般渗漏的处理。可在管内壁刷2~3层环氧基液或橡胶液，涂刷时应力求薄而匀，每日刷一遍，总厚约0.5 mm。若为局部漏水孔或气蚀破坏，可涂抹环氧砂浆封堵。

(3)接头漏水的处理。对于受温度变化影响大的，仍需保持柔性接头的管道，可在接缝处充填沥青麻丝，然后在内壁表面用环氧砂浆贴橡皮。对于已做腹裹处理受温度影响显著减小的管道，可改用刚性接头，并隔一定距离设一柔性接头。刚性接头施工时可在接

头内外打入石棉水泥或水泥砂浆，并在管内壁表面涂刷环氧树脂，防止钢管伸缩接头漏水，并应定期更换止水材料。

3. 淤积处理

在进口处设置拦污栅隔离漂浮物以防止堵塞；在进口上游一定距离设置沉沙池和冲沙孔防止推移质的堆积；控制过水流量和流速以防止悬移质的沉积。当出现堵塞，应先排除管内积水，再用人工挖出。

4. 气蚀与冲磨的处理

增加通气量，防止气蚀发生。设置拦沙槽拦截沙石，减轻对管壁的磨损。对已发生气蚀与冲磨的管壁可进行凿除并重新涂抹耐磨材料。

（二）涵管常见病害的处理

涵管断裂漏水的加固及修复措施如下：

（1）管基加固。对因基础不均匀沉陷而引起断裂的涵管，一方面进行管身结构补强，另一方面还须加固地基。对坝身不很高，断裂发生在管口附近的，可直接开挖坝身进行处理。对于软基，应先拆除被破坏部分涵管，然后挖除基础部分的软土至坚实土层，并均匀夯实，再用浆砌石或混凝土回填密实。对岩石基础软弱带可进行回填灌浆或固结灌浆处理。

（2）更换管道。当涵管直径较小、断裂严重、漏水点多、维修困难时，须更换管道。对埋深较大的管道可采用顶管法完成。顶管法是采用大吨位油压千斤顶将预制好的涵管逐节顶进土体中的施工方法。顶管施工的程序为：测量放线→工作坑布置→安装后座及铺导轨→布置及安装机械设备→下管顶进→管的接缝处理→截水环处理→管外灌水泥浆→试压。顶管法施工技术要求高，施工中定向定位困难。但它与开挖沟埋法比较，具有节约投资、施工安全、工期短、需用劳动力少、对工程运用干扰较小等优点。

（3）对过水界面出现的蜂窝麻面及细小漏洞可采取表面贴补法处理，对影响结构强度的裂缝可采取结构补强措施处理，这些方法前已叙述。

任务四　渡槽的养护与修理

子任务一　渡槽的检查与养护

渡槽一般由输水槽身、支撑结构、基础、进口和出口建筑物组成。实际工程中，绝大部分是钢筋混凝土渡槽，有整体现浇的和预制装配的。常用的槽身断面形式有矩形和 U 形两种。支撑结构常用梁式、拱式、桁架式、桁架梁及桁架拱式、斜拉式等。

渡槽的日常检查与养护工作包括以下几个方面：

（1）槽内水流应均匀平顺，发现裂缝漏水、沉陷、变形应及时处理。

（2）渡槽原设计未考虑交通时，应禁止人、畜通行，防止意外发生。

（3）要经常清理槽内淤积物和漂浮物，保证正常输水，防止上淤下冲。

（4）跨越沟溪的渡槽，基础埋深要在最大冲刷线之下，防止基础遭受淘刷。

（5）寒冷地区的渡槽，基础埋深要在最大冰冻深度下，防止基础冻胀破坏。

(6)跨越多泥沙河流的渡槽,应防止河道淤积、洪水位抬高危及渡槽安全。

子任务二　渡槽的病害处理

渡槽常见病害有冻胀与冻融破坏,混凝土碳化、剥蚀,裂缝及钢筋锈蚀,支承结构发生不均匀沉陷和断裂,止水老化破坏,进口泥沙淤积和出口发生冲刷等。此外,有些渡槽因设计原因,在槽中出现涌波现象,造成槽内水流外溢。

一、冻融剥蚀的修补

(一)修补材料

修补材料首先应满足工程所要求的抗冻性指标,《水工混凝土结构设计规范》(SL 191—2008)规定,混凝土的抗冻等级在严寒地区不小于F300,在寒冷地区不小于F200,在温和地区不小于F100。常用的修补材料有高抗冻性混凝土、聚合物水泥砂浆,预缩水泥砂浆等。

(二)修补方法

修补方法与项目二混凝土表面处理方法类似。

(1)当剥蚀深度大于5 cm时,即可采用高抗冻性混凝土进行填塞修补,根据工程的具体情况,可采用常规浇筑和滑模浇筑、真空模板浇筑、泵送浇筑、预填骨料压浆浇筑、喷射浇筑等多种工艺。

(2)当剥蚀厚度为1~2 cm且面积比较大时,可选用聚合物水泥砂浆修补;当剥蚀厚度大于3~4 cm时,则可考虑选用聚合物混凝土修补。由于聚合物乳液比较昂贵,因此从经济角度出发,当剥蚀深度完全能采用高抗冻性混凝土修补(大于5 cm)时,应优先选用高抗冻性混凝土修复。

(3)小面积的薄层剥蚀可采用预缩水泥砂浆修补。

二、混凝土碳化及钢筋锈蚀的处理与修复

(一)混凝土碳化的处理

一般情况下,不主张对混凝土的碳化进行大面积处理,因为施工质量较好的水工建筑物,在其设计使用年限内,平均碳化层深度基本上不会超过平均保护层厚度。一旦建筑物的保护层厚度全部被碳化,说明该建筑物的剩余使用寿命已不长,对其进行全面防碳化处理,不仅投资大,而且没有多大实际意义。若建筑物的使用年限不长,绝大部分碳化不严重,只是少数构件或小部分碳化严重,对其进行防碳化处理十分必要。当混凝土内钢筋尚未锈蚀,宜对其作封闭防护处理。处理过程是:①采用高压水清洗机(最大水压力可达6 MPa)清洗建筑物表面;②用无气高压喷涂机喷涂,涂料内不夹空气,能有效保证涂层的密封性和防护效果,分两次喷涂,两层总厚度达150 μm即可。一般喷涂材料用乙烯-醋酸乙烯共聚乳液(EVA)作为防碳化涂料,其表干时间为10~30 min,黏强度大于0.2 MPa,抗-25 ℃~85 ℃冷热温度循环大于20次,气密性好,颜色为浅灰色。

(二)钢筋锈蚀的处理

钢筋锈蚀对建筑物的危害极大,其锈蚀发展到加速期和破坏期会明显降低结构的承

载力,严重威胁结构的安全性,而且修复技术复杂,耗资大,修复效果不能得到完全保证。故一旦发现钢筋混凝土中有钢筋锈蚀迹象,就应立即采取合适的措施进行修复。常用的措施有三个方面:①恢复钢筋周围的碱性环境,使锈蚀钢筋重新钝化。将锈蚀钢筋周围已碳化或遭氯盐污染的混凝土剥除,重新浇筑新的砂浆(混凝土)或聚合物水泥砂浆(混凝土)。②限制混凝土中的水分含量,延缓或抑制混凝土中钢筋的锈蚀。采用涂刷防护涂层,限制或降低混凝土中氧和水分含量,提高混凝土的电阻,减小锈蚀电流,延缓和抑制锈蚀的发展。③采取外加电流阴极保护技术。向被保护的锈蚀钢筋通入微小直流电,使锈蚀钢筋变成阴极,受到保护,免遭锈蚀破坏,另设耐腐材料作为阳极。目前,这种技术主要用于海岸工程的重要结构,在输水建筑物未见采用。

三、渡槽接缝漏水处理

渡槽接缝止水的方法很多,如橡皮压板式止水、套环填料式止水及粘贴式(粘贴橡皮或玻璃丝布)止水等。目前采用最多的是填料式止水和粘贴式止水。

(一)聚氯乙烯胶泥止水

(1)配料。胶泥配合比(重量比):煤焦油 100,聚氯乙烯 12.5,邻苯二甲酸二丁脂 10,硬脂酸钙 0.5,滑石粉 25。按上述配方配制胶泥。

(2)试验。做黏结强度试验,黏结面先涂一层冷底子油(煤焦油:甲苯 =1:4),黏结强度可达 140 kPa。不涂冷底子油可达 120 kPa。将试件做弯曲 90°和扭转 180°试验未遭破坏,即能满足使用要求。

(3)做内外模。槽身接缝间隙在 3 ~8 cm 的情况下,可先用水泥纸袋卷成圆柱状塞入缝内,在缝的外壁涂抹 2 ~3 cm 厚的 M10 水泥砂浆,作为浇灌胶泥的外模。待 3 ~5 d 后取出纸卷,将缝内清扫干净,并在缝的内壁嵌入 1 cm 厚的木条,用胶泥抹好缝隙作为内模。

(4)灌缝。将配制好的胶泥慢慢加温(温度最高不得超过 140 ℃,最低不低于 110 ℃),待胶泥充分塑化后即可浇灌。对于 U 形槽身的接缝,可一次浇灌完成;对尺寸较大的矩形槽身,可采用两次浇灌完成。第二次浇灌的孔口稍大,要慢慢灌注才能排出缝槽内的空气,如图 5-6 所示。

(二)塑料油膏止水

该方法所需法费用少、效果好,如图 5-7 所示。其施工步骤如下:

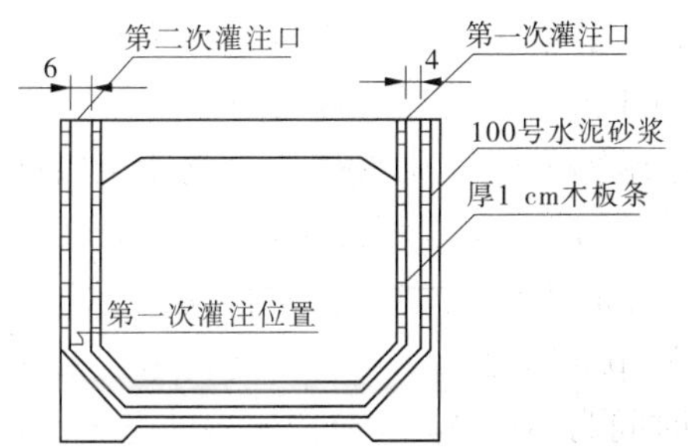

图 5-6　矩形槽身填料止水灌注示意图　(单位: cm)

两布三油厚3~5 cm
160
30
塑料油膏
20
填塞物

图 5-7　塑料油膏接缝止水示意图　(单位:mm)

(1)接缝处理。接缝必须干净、干燥。

(2)油膏预热熔化。最好是间接加温,温度保持在 120 ℃左右。

(3)灌注方法。先用水泥纸袋塞缝并预留灌注深度约 3 cm,然后灌入预热熔化的油膏。边灌边用竹片将油膏同混凝土接触面反复揉擦,使其紧密粘贴。待油膏灌至缝口,再用皮刷刷齐。

(4)粘贴玻璃丝布。先在粘贴的混凝土表面刷一层热油膏,将预先剪好的玻璃丝布贴上,再刷一层油膏和粘贴一层玻璃丝布,然后刷一层油膏,并粘贴牢固。

(三)环氧混合液粘贴玻璃丝布、橡皮止水

如图 5-8 所示,利用环氧及聚酸氨树脂混合液粘贴玻璃丝布、橡胶板止水,可以解决沥青麻丝止水的漏水问题。

(四)木屑水泥止水

该法施工简单、造价低廉,特别适用于小型工程,如图 5-9 所示。

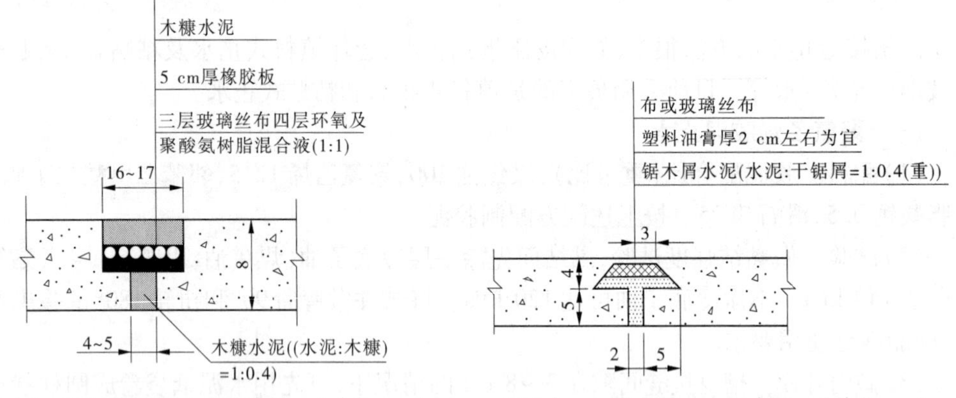

图 5-8 粘贴橡胶板止水示意图 (单位:cm)　　图 5-9 木屑水泥止水示意图 (单位:cm)

四、渡槽支墩的加固

(一)支墩基础的加固

(1)当运用过程中出现渡槽支墩基底承载能力不够时,可采用扩大基础的方法加固,以减少基底的单位承载能力,如图 5-10(a)所示。

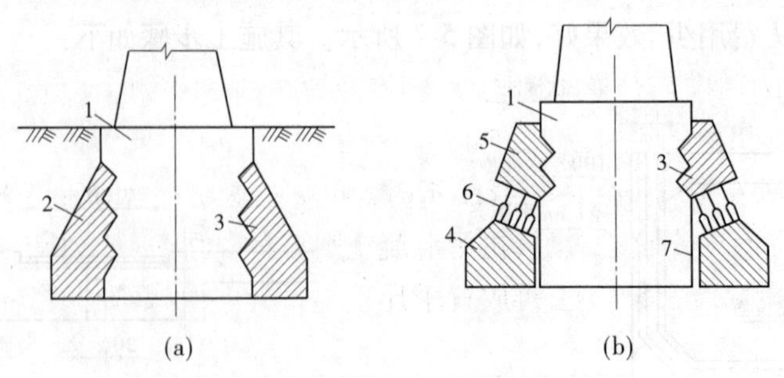

1—原基础;2—基础加固部分;3—斜形凹槽;4—混凝土底盘;
5—上部土体支持体;6—油压千斤顶;7—空隙

图 5-10 渡槽支墩基础加固示意图

(2)渡槽支墩由于基础沉陷而需要恢复原位时,在不影响结构整体稳定条件下,可采

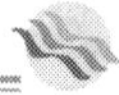

用扩大基础，顶回原位的方法处理，即将沉陷的基础加宽，加宽部分分为两部分，如图5-10(b)所示。下部为混凝土底盘，它与原混凝土基础间留有空隙；上部为混凝土支持体，它与原混凝土基础连接成整体。施工时先浇底盘及支持体，待混凝土达到设计强度后，就在它们之间布置若干个油压千斤顶，将原渡槽支墩顶起，至恢复原位时，再用混凝土填实千斤顶两侧空间，待其达到设计强度后，取出千斤顶并用混凝土回填密实，最后回填灌浆填实基底空隙。

(二)渡槽支墩墩身加固

(1)对多跨拱形结构的渡槽，为预防因其中某一跨遭到破坏使整体失去平衡，而引起其他拱跨的连锁破坏，可根据具体情况，对每隔若干拱跨中的一个支墩采取加固措施。其方法是在支墩两侧加斜支撑或加大该墩断面，使能在一跨受到破坏时，只能影响若干拱跨，而不致全部毁坏，见图5-11。

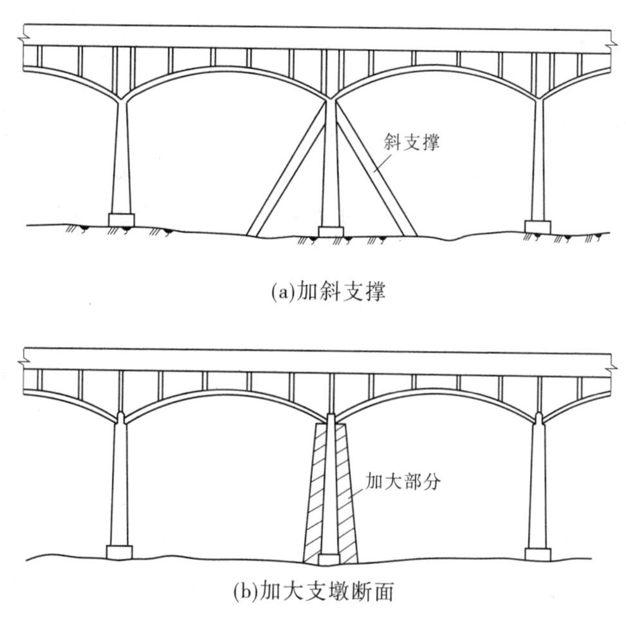

(a)加斜支撑

(b)加大支墩断面

图5-11 拱臂支墩预防破坏措施示意图

(2)多跨拱的个别拱跨有异常现象时，如拱圈发生断裂等，可在该跨内设置圬工支顶或排架支顶，以增加拱跨的稳定，见图5-12。

(3)当渡槽支墩发生沉陷而使槽身曲折时，可先在支墩上放置油压千斤顶将渡槽槽身顶起，待其恢复原有的平整位置后，再用混凝土块填充空隙，支撑渡槽槽身，见图5-13。如原支墩顶面是齐平的，可先凿坑，再放置千斤顶支承渡槽槽身进行修理，但要对千斤顶支承点进行压力核算。

五、钢筋混凝土梁式渡槽的加固措施

(1)当梁件产生裂缝负担不了实际荷载时，可加设支墩，在梁件下面加设拉筋，见图5-14，或加设桁架处理，见图5-15。

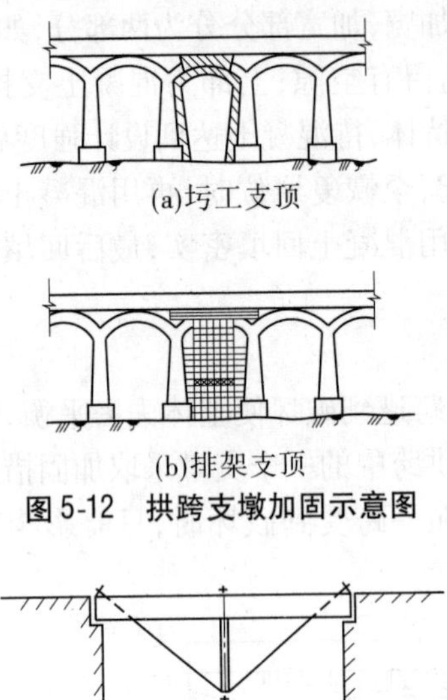

(a)圬工支顶

(b)排架支顶

图 5-12　拱跨支墩加固示意图

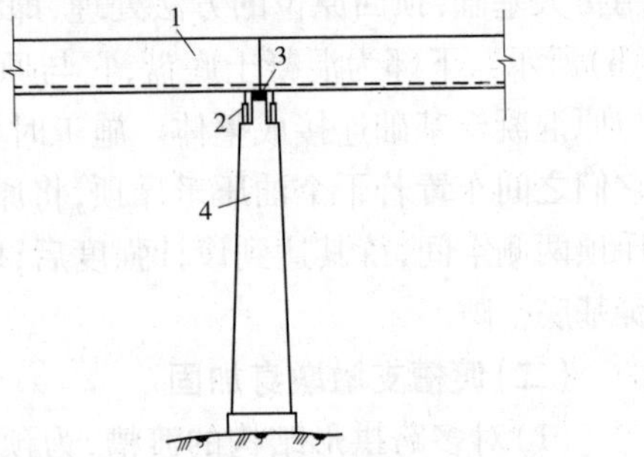

1—槽身;2—千斤顶;3—新填筑块土体;4—支墩

图 5-13　渡槽支墩沉陷后的加固示意图

图 5-14　桁架下加设拉筋示意图

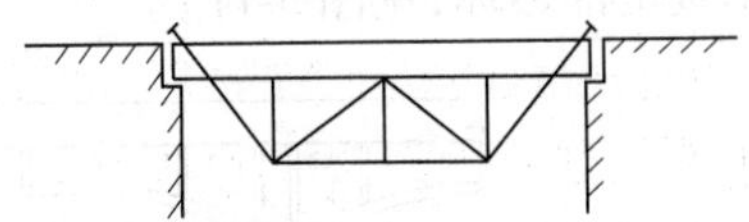

图 5-15　桁架下加设桁架示意图

(2)当梁件由于拉力或剪力产生裂缝时,可用侧面帮宽、底面帮厚或同时加宽帮厚梁件的方法处理。加固时,可适当凿开原结构以便焊接钢筋,并注意加固部分的主钢筋与原有梁上主钢筋的连接,如图 5-16(a)所示。

(3)当梁件产生主应力裂缝时,也可采取在裂缝处加钢箍的方法加固,如图 5-16(b)所示。

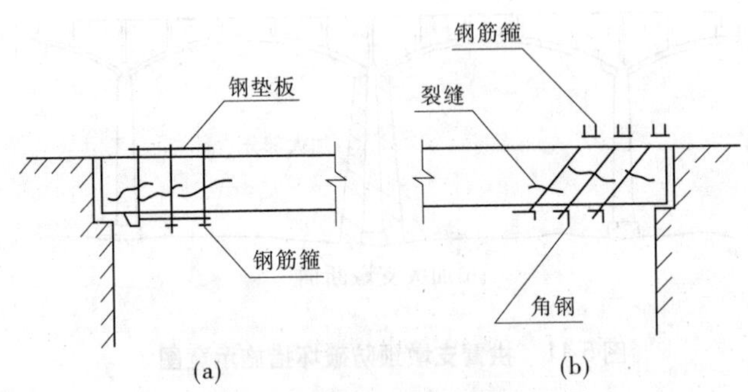

(a)　　(b)

图 5-16　梁件钢筋加固示意图

案例分析

案例一:丰乐截洪渠防渗加固处理

1. 基本情况

丰乐截洪渠道总长 19.39 km,山地集水面积 60.98 km^2,主要捍卫鼎湖城区及广利、永安、莲花三镇不受山洪威胁,同时是九坑河水库的农田灌溉主渠道。因此,丰乐截洪渠为灌溉、截洪两用渠道。为了解决老化截洪渠渗透量大、渠道危险段数增加的问题,为了

保证输水安全，截洪渠防渗加固工程迫在眉睫。丰乐截洪渠始建于 1970 年，此次加固工程是其建成以来加固力度最大的一次。

2. 处理措施

根据渠道所经地区的地质条件，通过方案比较，本次防渗加固采取劈裂灌浆的方式。

(1)劈裂灌浆的作用机制。劈裂灌浆将经历从压密到劈裂，包括初始鼓泡压密、劈裂流动、被动土压力这三个阶段，这就是劈裂灌浆的相互作用机制。第一阶段，刚开始灌浆时，浆液聚集于灌浆管的孔口附近，形成规则形状的浆泡，但此阶段浆液不足以劈裂地层。第二阶段，此前形成的浆泡向周围扩张，挤压泥土。第三阶段，土体受灌浆压力而被劈开，浆液的浆泡互相连通，在土体中形成浆脉，提高土体的承重力。劈裂灌浆的目的是加固土体，通过纵横的浆脉的压力来挤压渠道的土体来达到这一目的。

随着灌浆浆液在土体中的流动，压力逐渐升高，土体间的裂缝逐渐被浆液充满，达到起裂压力时，浆液将在土层中产生劈裂流动。渠道的软弱面先受到劈裂流动，并形成劈裂隙流动，裂缝逐渐变宽，从而使渠道土体的应力产生改变，出现第二个劈裂面，使渠道土堤的应力状态转为纵向受力状态，提高了渠道的安全性能。

(2)湿陷性黄土劈裂灌浆特点。从力学性质来考虑，湿陷性黄土的特性有结构性、欠压密性和湿陷性。所谓结构性，是指黄土形态、胶结物种类、排列方式、骨架颗粒成分、孔隙特征、胶结程度等。黄土中的孔隙有根洞、虫孔、裂隙、骨架颗粒相互支架构成的中孔隙、黏粒间的孔隙。

通过对黄土地区劈裂灌浆施工记录和检测结果的分析研究，可以大致把黄土地基的劈裂灌浆分为以下 5 个阶段：充填与压密阶段，起裂阶段，裂缝扩展阶段，在垂直于小主应力的平面上劈裂，水平劈裂产生、浆脉形成阶段。

(3)灌浆施工技术。

①渠堤布孔。首先，灌浆压力要适当，灌浆过程中要实时控制压力。为了更有效地控制灌浆压力，采取沿渠堤轴线布置 3 排孔的渠堤布孔方式，采用梅花形布孔，孔间距与排距皆为 1.5 m，以使渠堤的薄弱段也能得到充分的灌浆。孔的深度既要使坡脚稳定，又要从渠底向下垂直距离延伸 1.5 m 左右。

②灌浆施工方法先完成内外坡两排孔的灌浆，完工数天后，再进行中间一排孔的灌浆，这种灌浆策略简称为先两边后中间。

③灌浆质量控制灌浆时，使用先两边后中间的灌浆策略，并要控制好适当的灌浆压力。灌浆压力的度量以孔口进浆压力为标准，应将其控制在 0.1 ~0.3 MPa，中间排孔口压力应处于 0.1 ~0.3 MPa，两边排的孔口压力应处于 0.1 ~0.2 MPa。此外，应在灌浆时实时监测土体的变化情况。渠堤劈开阶段，浆液的密度应调制得较稀，而灌浆构筑防渗阶段，浆液的密度应调制得较稠，这整个过程中浆液是由稀到浓进行变化的。

案例二：闹德海水库输水洞缺陷处理

1. 基本情况

闹德海水库位于辽河支流柳河的上游，始建于 1938 年日伪时期，于 1942 年竣工，先后历经 1965 年加固，1970 年改建以及 1990 年除险加固，目前水库已达到百年一遇洪水标准设计,千年一遇洪水标准校核。水库坝址位于辽宁省彰武县满堂红乡境内,坝址距彰武县城 70 km,距阜新市 110 km,大坝左岸为内蒙古库伦旗地界,右岸为辽宁省彰武县地界。由于闹德海水库控制运用方式改为当年 9 月至次年 6 月关闸蓄水,汛期遇有大洪水时进行敞排,否则实行全年关闸蓄水,为阜新供水。水库向阜新供水是通过闹德海输水洞输送至闹德海水源,再由闹德海水源通过消毒、加压等环节向阜新市供水,因些输水洞改造施工质量至关重要。

经过安全鉴定,该输水洞缺陷形式主要有四种:①伸缩缝漏水;②环向裂缝和裂缝漏水;③点漏水;④混凝土施工质量较差,不密实及麻面。

2. 处理措施

(1)裂缝渗漏处理。工程技术人员针对不同的裂缝宽度采取不同的处理方法和材料,主要是:①缝宽小于 2 mm 的裂缝,在裂缝表面采用 PCS－3 柔性抗冲磨涂料进行表面封闭处理;②缝宽在 2 ~4 mm 的裂缝,采用进行凿槽,嵌填 GBW 遇水膨胀橡胶条,用柔性聚合物水泥砂浆回填;③缝宽大于或等于 4 mm 的裂缝,采用开槽嵌填柔性止水密封材料,用聚合物水泥砂浆表面覆盖,内部进行化学灌浆处理。

化学灌浆作为混凝土内部的第一道防水,可沿裂缝开凿深约 4 cm 的 U 形槽,槽内嵌填柔性防水密封材料,灌浆孔一般采用斜孔布置,嵌缝材料采用 GB 柔性止水密封作为第二道防水。为保护嵌缝材料,在距槽口表面约 3 mm 的槽内用聚合物水泥砂浆覆盖,最后在表面涂涮 1 cm 厚的 PCS 柔性防水涂料作为第三道防水层。

(2)伸缩缝的渗漏处理。沿伸缩缝凿宽 30 cm、深 15 cm 的矩形槽,将凿开并清洗干净的混凝土表面涂刷聚合物黏结剂,用聚合物水泥砂浆抹平槽底面,如果有渗水,先用堵漏粉进行堵漏,如果有局部射水点,需要打排水孔,并安装临时排水管,安装三元乙丙板复合 GB 止水带,并用不锈钢压板条及膨胀螺栓固定止水带,涂砂浆界面剂,回填配好的聚合物水泥砂浆,将聚合物水泥砂浆沿中部切缝,以适应结构缝的自由变形,表面抹平,表面涂刷加强型 PCS 柔性防水涂料。

(3)面渗的处理方案。采用防渗型聚合物水泥砂浆,聚合物水泥砂浆是通过水泥砂浆掺加聚合物乳胶改性而制成的一类无机复合材料。这类砂浆的硬化过程是:伴随着水泥水化形成水化产物刚性空间结构的同时,由于水化和水分散失使得胶乳脱水,胶粒凝聚堆积并借助毛细管力成膜,填充结晶相之间的空隙,形成聚合物相空间网状结构。聚合物相的引入提高了水泥石的密实性、黏结性,又降低了水泥石的脆性,适用于恶劣环境条件下水工混凝土结构的薄层表面修补。

(4)混凝土表面渗漏处理。采用 PCS 柔性纤维防水涂料,先沿渗漏点埋设排水管,将水引出,用快速堵漏剂将渗漏点堵住,表面涂刷 PCS 柔性纤维防水涂料。

(5)渗漏点的处理。采用 GBW 遇水膨胀止水条处理,在渗漏点处钻孔,先用快速凝固堵漏剂堵水,回填 GBW 遇水膨胀止水条,表面用聚合物水泥砂浆保护。如果射水量较大,需要进行化学灌浆。

项目六　堤防工程的安全监测与防汛抢险

学习内容及目标

学习内容	任务一　堤防工程的安全监测 任务二　防汛与抢险工作 任务三　堤坝险情抢护
知识目标	任务一： （1）了解堤防的巡视检查内容； （2）掌握堤防的监测内容以及隐患探测方法。
	任务二： （1）了解防汛准备工作以及防汛检查内容； （2）掌握汛情监视巡查的内容； （3）掌握汛期的抢险工作内容。
	任务三： （1）掌握汛情堤坝风浪冲击破坏险情的抢护方法； （2）掌握汛情堤坝洪水漫顶险情的抢护方法； （3）掌握汛情堤坝陷坑险情的抢护方法； （4）掌握汛情堤坝散浸险情的抢护方法； （5）掌握汛情堤坝崩岸险情的抢护方法； （6）掌握汛情堤坝管涌流土险情的抢护方法； （7）掌握汛情堤坝漏洞险情的抢护方法； （8）掌握汛情堤坝决口险情的抢护方法。
能力目标	任务一： 能够用直观的方法并辅以简单的工具对汛期堤防进行险情隐患的检查。
	任务二： 能够完成汛情的准备工作。
	任务三： （1）能够完成对汛情堤坝出现的各种险情进行抢护的工作； （2）能够完成堤防工程的除险加固工作。

任务一　堤防工程的安全监测

堤防是挡水建筑物，对防御洪水灾害，保障人民生命财产安全和社会经济发展，发挥了巨大作用。由于堤防线长面广，地质条件复杂，施工质量相对较差，又容易受到自然和人为活动的影响和破坏，因此必须加强巡视检查和监测，掌握堤防工程状态、河道护岸、险工以及河势变化等情况，以及发现异常情况，采取相应措施处理，确保其发挥应有的作用。

一、堤防的巡视检查

堤防的巡视检查工作包括经常检查、定期检查和特别检查三个方面。

(1)经常检查由河道堤防管理单位指定专人进行，包括平时检查和汛期检查。检查时，应着重检查险工、险段及工程变化情况。其内容主要是：堤身有无雨淋沟、浪窝、滑坡、裂缝、踏坑、洞穴，有无害虫、害兽的活动痕迹；堤岸有无坍塌；护岸块石有无松动、翻起、塌陷；河势有无改变，对堤防险工、护岸有无影响；沿堤设施有无损坏等。汛期检查还应根据汛期的检查制度和要求进行。

(2)定期检查是在每年汛前、汛后、大潮前后、有凌汛任务的河道在凌汛期，对河道堤防工程及其设施进行的检查。主要江河的重点堤段的检查，必要时可请上级主管部门派员共同进行。汛前应着重检查岁修工程完成情况和度汛存在的问题，包括工程情况，河势变化，防汛组织、物料和通信设备等，及时做好防汛准备工作；汛后和洪峰、大潮后应着重检查工程变化和损坏情况，拟订专项维修养护计划。凌汛期应着重检查沿河边封、流凌和冰块风度等情况，特别是河道卡口和弯道更应该注意有无形成冰坝的危险。

(3)特别检查是当发生特大洪水、暴雨、台风、地震、工程非常运用和发生重大事故等情况时，管理单位负责人应及时组织力量进行的检查，必要时报上级主管部门及有关单位会同检查。暴雨、台风、洪峰前，着重检查防雨、防台风、防洪的准备情况；暴雨、台风、地震后着重检查工程有无损坏，并检查防汛器材动用、补充以及防汛队伍修正等情况，准备迎接下一次防洪斗争。

二、堤防的工程监测

(一)工程观测项目

工程观测项目包括基本观测项目和专门观测项目。

(1)基本观测项目：①堤身沉降、水平位移；②水位、潮位；③堤身浸润线；④表面观测(包括堤身、堤基范围内的裂缝、洞穴、滑动、塌陷、隆起及翻砂涌水等渗透变形现象)。

(2)专门观测项目：①近岸河床冲刷变化；②堤岸防护工程的变化；③水流形态及河势变化；④附属建筑物垂直位移、水平位移；⑤渗透压力、渗透流量、渗透水质；⑥减压排渗工程的控渗效果；⑦崩岸险工段土体崩坍情况；⑧冰清；⑨波浪。

(二)堤防观测

(1)沉降观测：主要观测堤身沉降量。

(2)裂缝观测：包括位置、走向、缝宽、缝长和缝深等项目。

(3)渗流观测:包括堤防浸润线及堤基承压水观测、渗流量观测、渗流水质观测等。

(三)河道和堤岸防护工程观测

(1)堤岸防护工程观测项目:①护脚体位移观测;②坝垛位移监测;③坝前水位、流速、流向观测。

(2)河势观测采取目估法和实测法。

(3)河道断面测量。

(四)穿堤涵闸工程观测

穿堤涵闸工程观测项目包括:①涵闸与堤防接合部渗流观测;②涵闸与堤防接合部开合、错动位移观测;③上、下游水位观测;④闸基扬压力观测;⑤水闸建筑物位移;⑥闸体裂缝观测。

三、堤防的隐患探测

堤防隐患是指由于自然或人为等各种因素作用与影响所造成的威胁堤防安全的险情因素。堤身内部经常发生的隐患主要有:裂缝(不均匀沉陷、干缩、龟裂、施工工段接头、新旧堤接合面等)、空洞(动物洞穴、天然洞穴)、人为洞穴(藏物洞、墓穴)、松软夹层、植物腐烂形成的孔隙、堤内暗沟、废旧涵管等。堤防决口除堤身高度不足所发生的少量漫溢决口和因河势顶冲造成的冲决外,多数是因为堤防存在隐患而造成的溃决。

(一)堤身的隐患探测

(1)沉降观测:主要观测堤身沉降量。

(2)裂缝观测:包括位置、走向、缝宽、缝长和缝深等项目。

(3)渗流观测:包括堤防浸润线及堤基承压水观测、渗流量观测、渗流水质观测等。

(二)抛石护脚的探测

目前,采用的常规探测方法均是采取直接触及并凭借操作者的经验判断水下护脚体工程状况。

(1)探水竿探测法:由探测人员在岸边直接用6～8 m标有刻度的竹制长杆探测。

(2)铅鱼探测法:在船上放置铅鱼至水下,用系在铅鱼上标有尺度的绳索测量根石的深度。

(3)人工锥探法(或称锥探法):在船上用一定长度的钢锥直接触及根石,遇到淤泥层时数人打锥杆穿过淤泥层直至根石,并测量深度。

(4)活动式电动探测根石机:采用双驱动的两个同步旋转滚轮,靠一端能自锁的偏心套挤压探杆,两轮滚驱动探杆向下探测根石。

任务二　防汛与抢险工作

汛是指降雨、融雪、融冰使江河水域在一定的季节或周期性的涨水现象。常以出现的季节或形成的原因命名,如春季江河流域内降雨、冰雪融化汇流形成的涨水现象称为春汛,伏天或秋天由于降雨汇流形成的江河涨水称伏汛或秋汛。沿江滨海地区海水周期性上涨,称潮汛。

汛期是指江河水域中汛水自开始上涨到回落的期间。通常所说的汛期，主要是指伏汛或秋汛。我国各河流所处的地理位置、气候条件和降雨季节不同，汛期长短不一，有长有短，有早有晚，即使是同一条河流的汛期，各年情况也不尽相同，有早有迟，汛期来水量相差很大，变化过程也是千差万别的。南方各省 4 ~ 5 月即进入汛期，中部地区 5 ~ 6 月进入汛期，北部地区要到 6 ~ 7 月才进入汛期。一般汛期在 10 月下旬结束。

防汛是指在汛期掌握水情变化和建筑物的状况，做好调动和加强建筑物及其下游的安全防范工作，以保证水库、堤防和水库下游的安全。

防汛的主要工作内容包括：防汛领导机构的建立，防汛抢险队伍的组织，防汛物资和经费的筹集储备，江河水库、堤防、水闸等防洪工程的巡查防守和群众迁移的安排，暴雨天气和洪水水情预报，蓄洪、泄洪、分洪、滞洪等防洪设施的调度运用，出现非常情况时采取临时应急措施，发现险情后的紧急抢护和洪灾抢救等。

一、防汛指挥系统

1998 年实行的《中华人民共和国防洪法》规定，我国防汛抗洪工作实行各级人民政府行政首长负责制，统一指挥、分级分部门负责。防汛工作实行"安全第一，常备不懈，以防为主，全力抢险"的方针，遵循团结协作和局部利益服从全局利益的原则。

防汛指挥是防汛工作的核心，正确发挥其职能是防汛成功的关键，如果防汛工作不当或指挥调度失误，将造成不可挽回的损失，同时其他职能部门需要通力合作，才能取得防汛抗洪的胜利。

（一）防汛指挥系统的组成

防汛指挥工作担负着发动群众、组织社会力量、从事指挥决策等重大任务，而且需要进行多方面的协调和联系。因此，需要建立强有力的组织机构，担负有机的配合和科学的决策，做到统一指挥，统一行动。建立和健全各级防汛指挥系统并明确其职责是取得防汛抗洪斗争胜利的关键。

1. 国务院设立国家防汛抗旱总指挥部

国家防汛抗旱总指挥部总指挥由国务院副总理担任，成员由中央军委总参谋部和国务院有关部门负责人组成。国家防汛抗旱总指挥部办公室为其办事机构，负责管理全国防汛抗旱的日常工作，设在水利部。

国家防汛抗旱总指挥部统一指挥全国的防汛抗旱工作，制定有关防汛抗旱工作的方针、政策、法令和法规，根据汛情进行防汛动员，对大江大河的洪水进行统一调度，监督各大江大河防御特大洪水方案的执行，对各地动用重大分滞洪区要求进行审批，组织对重大灾区的救灾，领导支持灾区恢复生产，重建家园。

2. 地方防汛抗旱指挥部

有防汛任务的县级以上各级政府，成立防汛指挥部（有抗旱任务的，成立防汛抗旱指挥部或防汛抗旱防风指挥部），由同级人民政府有关部门、当地驻军和人民武装部负责人组成，各级人民政府首长任指挥。其办事机构设在同级水行政主管部门，或由人民政府指定的其他部门，负责所辖范围内的日常防汛工作。

各级防汛指挥机构，汛前负责制订防汛计划，组织队伍，划分防汛堤段，进行防汛宣传教育和传授抢险技术,做好分蓄洪准备与河道清障;传达贯彻上级指示和命令,清理和补充防汛器材,整顿防汛队伍;汛后认真总结经验教训,检查防洪工程水毁情况并制订修复计划,做好器材及投工的清理、结算、保管等工作。

3.各大江大河流域机构防汛指挥部

水利部所属的流域管理机构内部组成防汛办事机构。黄河、长江等跨省(自治区、直辖市)的重要河流设防汛总指挥部,由有关省(自治区、直辖市)人民政府负责人和流域机构负责人组成,负责协调指挥本流域的防汛抗洪事宜。河道管理机构、水利水电工程管理单位建立防汛抢险和调度运行专管组织,在上级防汛指挥部领导下,负责本工程的防汛调度工作。

另外,水利、水电、气象、海洋等有水文、雨量、潮位测报任务的部门,汛期组织测报报汛网,建立预报专业组织,向上级和同级防汛指挥部门提交水文、气象信息和预报。城建、石油、电力、铁道、交通、航运、邮电、煤矿以及所有有防汛任务的部门和单位,汛期建立相应的防汛机构,在当地政府防汛指挥部和上级主管部门的领导下,负责做好本行业的防汛工作。

防汛工作按照统一领导、分级分部门负责的原则,建立健全各级、各部门的防汛机构,发挥有机的协调配合,形成完整的防汛组织体系。防汛机构要做到正规化、专业化,并在实际工作中不断加强机构自身的建设,提高防汛人员的素质,采用先进设备和技术,提高信息系统、专家系统和决策系统的水平,充分发挥防汛机构的指挥战斗力。

(二)地方各级防汛指挥机构的具体职责

各级防汛指挥部在同级人民政府和上级防汛指挥部的领导下,是所辖地区防汛的权力机构,具有行使政府防汛指挥权和监督防汛工作的实施权。根据统一指挥、分级分部门负责的原则,各级防汛机构要明确职责,保持工作的连续性,做到及时反映本地区的防汛情况,果断执行防汛抢险调度指令。

防汛机构的职责一般如下:

(1)贯彻执行国家有关防汛工作的方针、政策、法规和法令。为深入改革开放,实现国民经济持续、稳定、协调发展,做好防汛安全工作。

(2)制定和组织实施防御洪水预案。

(3)掌握汛期雨情、水情和气象形势,及时了解降雨区的暴雨强度,洪水流量,江河、闸坝、水库水位,长短期水情和气象分析预报结果。必要时发布洪水、台风、凌汛预报、警报和汛情公报。

(4)组织检查防汛准备工作,即每年汛前对以下内容进行检查:①检查树立常备不懈的防汛意识,克服麻痹思想;②检查各类防汛工程是否完好、加固工程完成情况、有无防御洪水方案;③检查河道有无阻水障碍及清障完成情况;④检查水文测报、预报准备工作;⑤检查防汛物料准备情况;⑥检查蓄滞洪区安全建设和应急撤离准备工作;⑦检查防汛通信准备工作;⑧检查防汛队伍组织的落实情况;⑨检查备用电源是否正常等。

(5)负责有关防汛物资的储备、管理和防汛资金的计划管理。资金包括列入各级财政年度预算的防汛岁修费、特大洪水补助费以及受益单位缴纳的河道工程修建维护管理费、防洪基金等。对防汛物资要制订国家储备和群众筹集计划,建立保管和调拨使用制度。

(6)负责统计掌握洪涝灾害情况。

(7)负责组织防汛抢险队伍,调配抢险劳力和技术力量。

(8)督促蓄滞洪区安全建设和应急撤离转移准备工作。

(9)组织防汛通信和报警系统的建设管理。

(10)组织汛后检查。其主要检查包括:①汛期防汛经验教训;②本年度暴雨洪水特征;③防洪工程水毁情况;④防汛物资的使用情况;⑤防洪工程水毁修复计划;⑥抗洪先进事迹表彰情况等。

(11)开展防汛宣传教育和组织培训,推广先进的防洪抢险科学技术。

(三)其他部门在防洪中的职责

防汛是全民大事,任何单位和个人都有保护防洪工程设施和依法参加防汛抗洪的义务。防汛是一项社会性防灾抗灾工作,要积极动员、组织和依靠广大群众与自然灾害作斗争,要动员和调动各行业、各部门的力量,在政府和防汛指挥部的统一领导下,齐心协力完成抗御洪水灾害的任务。

各有关部门的防汛职责如下:

(1)各级水行政主管部门负责所辖已建、在建江河堤防、民垸、闸坝、水库、水电站、蓄滞洪区等各类防洪工程的维护管理,防洪调度方案的实施,以及组织防汛抢险工作。

(2)水文部门负责汛期各水文站网的测报报汛,当流域内降雨,冰凌和河道、水库水位、流量达到一定标准时,应及时向防汛部门提供雨情、水情和有关预报。

(3)气象、海洋部门负责暴雨、台风、潮位和异常天气的监测和预报,按时向防汛部门提供长期、中期、短期气象预报和有关公报。

(4)电力部门负责所辖水电工程的汛期防守和防洪调度计划的实施。

(5)邮政、通信部门汛期为防汛提供优先通话和邮发水情电报的条件,保持通信畅通,并负责本系统邮政、通信工程的防洪安全。

(6)建设部门根据江河防洪规划方案做好城区的防洪、排水规划,负责所辖防洪工程的防汛抢险,并负责检查城乡房屋建筑的抗洪、抗风安全等。

(7)物资、商业、供销部门负责提供防汛抢险物资供应和必要的储备。

(8)铁道、交通、民航部门汛期优先支援运送抢险物料,为紧急抢险及时提供所需车辆、船舶、飞机等运输工具,并负责本系统所辖工程设施的防汛安全。

(9)民政部门负责灾民的安置和救济,发生洪灾后政府要立即进行抢救转移,使群众尽快脱离险区,并安排好脱险后的生活。各工农业生产部门组织灾区群众恢复生产和重建家园。

(10)公安部门负责防汛治安管理和保卫工作,制止破坏防洪工程和水文、通信设施以及盗窃防汛物料的行为,维护水利工程和通信设施安全。在紧急防汛期间协调防汛部门组织撤离洪水淹没区的群众。

(11)中国人民解放军及武装警察部队负有协助地方防汛抢险和营救群众的任务,汛情紧急时负有执行重大防洪措施的使命。

(12)其他有关部门均应根据防汛抢险的需要积极提供有利条件,完成各自承担的抢

险任务。

二、汛前准备工作

防汛工作的成败,首先取决于“防”。在每年汛期到来之前,应充分做好各项防汛准备,汛前准备工作的内容主要如下。

(一)思想准备

防汛的思想准备是各项准备工作的首位,主要是克服麻痹思想、侥幸心理、松懈情绪和无所作为的情绪,要以对人民高度负责的精神,认真抓好各项防汛准备工作。

(二)组织准备

防汛必须有健全而严密的组织系统,主要是抓防汛指挥机构与办事机构、行政首长负责制与防汛岗位责任制和防汛抢险队伍的落实到位,保证防守抢护系统和军民联防系统正常运行。

(三)工程准备

防汛的工程准备主要是抓除险加固工程和应急度汛工程施工;抓河道清淤清障和采砂治理;抓备用电源和闸门启闭机检修、保养、试运行,确保汛期闸门启闭灵活和工程的安全运用。保证防洪工程体系正常发挥作用。

(四)物资准备

防汛的物资准备包括各种抢险工具、器材、物料、交通车辆、道路整修、通信、照明设备等,保证后勤供应系统灵活运作。

(五)测报准备

防汛的测报准备主要是雨情、水情和枢纽工情的测报、预报准,包括测验设施和仪器、仪表的检修、校定,报汛传输系统的检修试机,水情自动测报系统的检查、测试,以及预报曲线图表、计算机软件程序、大屏幕显示系统与历史暴雨、洪水、工程变化对比资料准备等,保证汛情测报系统运转灵活,为防洪调度提供准确、及时的测报、预报资料和数据。

(六)通信准备

信息系统是防洪调度的生命线。汛前必须抓好各类通信系统的检修、试机,并把有关工程的领导、防汛指挥成员、上级主管单位和有关部门领导的电话号码准备好,以便及时联系,保证防汛通信保障系统在任何情况下都能灵活运转。

(七)资料准备

把防洪调度有关的工程设计资料、鉴定验收资料、历史运用资料、洪水预报资料、调度运用计划、洪水风险图、详细地形图、计算机数据库及其他有关的资料、图表、手册、软件等都要准备齐全,便于随时查阅,支持调度决策。

(八)预案准备

按照防大汛、抗大洪、抢大险、救大灾的要求,进一步完善“主要河道防洪保证标准和防御超标准洪水调度方案”,大中型水库“汛期调度运用计划”以及河道、水库、蓄滞洪区、防御山洪和城市防洪排水预案与各有关部门的应急度汛预案,并报上级防汛指挥部门备案。做到遇到任何情况，都有相应的防洪保安和抗洪减灾对策。

（九）检查演练

采用管理单位自查、主管部门核查、上级领导抽查相结合的方法，由领导带队，对防汛准备工作一一进行检查落实，发现问题及时补救，防患于未然。同时，要进行洪水预报、调度指挥和重点抢险演习，保证防汛指挥调度系统运转灵活，抢险队伍能够拉得出，用得上，防得好，顶得住，全力夺取防汛抗洪斗争的胜利。

三、防汛检查

《中华人民共和国防汛条例》第十四条指出“各级防汛指挥部应当在汛前对各类防汛设施组织检查，发现影响防洪安全的问题，责成责任单位，在规定的期限内处理，不得贻误防汛抗洪工作”，检查的主要目的是把工程的各种隐患要查清、查细，汛前进行处理，因工程量大、时间紧、一时处理不了的要落实临时度汛方案，这样才能确保度汛安全。所以说，开展汛前检查，是法规上确定的行为，是安全度汛十分重要的措施之一。

防汛检查分汛前检查、汛期检查、汛后检查，重点是汛前检查，防汛检查组织形式要分级、分部门、分单位进行，根据不同防汛重点开展检查，以管理单位自查为主，与主管部门核查和上级防汛部门抽查相结合。防汛检查主要检查“四落实”，即组织落实、工程落实、物资落实、措施落实。

(1)组织落实。各级防汛指挥部是否成立，行政首长负责制是否责任到人、到位；抢险队伍是否组织起来了，抢险队是否有花名册、是否搞过抢险演练，抢险队任务、目标是否明确，能否及时拉得出，顶得住，战得胜；军民联防落实得如何，驻军参加防汛抢险任务是否明确；各级防办办事机构和人员是否得力，各种制度是否建立，处理汛情的应变能力如何；各级防汛部门行政首长、技术参谋、防汛工作人员是否进行了培训。

(2)工程落实。查各项应急度汛工程、水毁工程是否完成，完成的质量情况；在建工程有度汛任务的，如何迎汛，措施落实如何。

(3)物资落实。要查各级物资储备情况，包括常备物料、储备物料和群众号料、数量、品种和质量。要有针对性地储备防汛物料，根据工程抢险需要备足各种物资。

(4)措施落实。各种预案落实情况、预案编制情况、预案是否有可操作性，各级行政首长对预案掌握了解的深度，预案能否指挥抗洪抢险、安全转移、物资调配、信息传递、救灾防疫、安全保卫等，各种应急措施是否落实。

四、汛情监视巡查

汛情是汛期的雨情、水情、工情、险情、灾情的总称。密切注视汛情变化，及时采取合理的洪水调度方案和防洪预案，是指挥防汛抗洪的关键，应主要从以下几个方面做好工作：

(1)严格遵守制度。一般有巡查制度、交接班制度、值班制度、汇报制度、请假制度、奖惩制度。防汛人员在汛期必须坚守岗位，严阵以待，尽职尽责。

(2)注意天气预报,并根据气象预报,对照设计雨量,提前考虑洪水调度意见。

(3)掌握水情及工程状况。要特别注意掌握水位和降雨量两项水情动态,制订洪水预报方案,及时估算洪水将出现的时间和水位,合理调度,做好控制运用工作。

(4)注意重点防区和薄弱环节。暴雨洪水发生后,要严密监视水库、河道的水情变化及工程的运用与防守情况,特别是防汛重点部位、病险水库、闸坝、堤段和险工、隐患及建筑物与堤坝的接合部、过去决过口出过险的地方等薄弱部位,以便及时采取措施。同时要关注山洪、泥石流多发区和城市防内涝工作,以尽量减少损失。

(5)进行对比分析。防汛值班人员对有关的汛情报告、请示要认真记录、审查;对雨情、水情、险情、灾情的情况数据,要及时进行分析对比,与历史比,与常年比,与上年比,与相似年比,从对比中分析防汛形势,以便提前采取措施。

(6)及时请示报告。对于重大问题和重要情况,一定要及时向主管领导汇报并提出初步处理意见。遇灾害性天气预报和洪水预报,要立即报告主管领导。当发生重要险情、人员伤亡、恶性事故及重大责任事故时,必须立即上报,不得隐瞒或延误。对上级防汛指挥机构下达的指示和调度命令,必须立即执行;执行确有困难的,应立即向上级反映,不准推拖塘塞。对于下级的重要请示,要抓紧答复;对既不答复、又不表态而酿成事故的,要追究当事人和主管领导的责任。

(7)巡查注意事项及方法。巡查应由具有丰富经验的专业队伍进行,一般每组由5~7人组成,同时出发,在巡查范围内成横排分布前进,避免出现空白点。巡查时要注意"五时"、做好"五到"、掌握好"三清""三快"。

"五时"是指最易疏忽忙乱、注意力不集中的吃饭时、换班时、黄昏时、黎明时、刮风下雨时,避免遗漏险情。

"五到"是指手到、脚到、眼到、耳到、工具物料随人到。

"三清"是指险情查清、信号记清、报告说清。

"三快"是指险情发现快、报告快、处理快。

五、抢险工作

堤防工程一旦在汛期出险,各级防汛指挥部门必须及时组织抢险。险情的抢护一般可以按照以下程序进行:

(1)险情鉴别与出险原因分析。

(2)评估险情程度,预估险情发展趋势。

(3)制订抢险方案和实施办法。

(4)现场抢护。

(5)守护监视。

无论哪种险情的抢护都要注意:掌握基本情况;准确鉴别险情,果断决策抢险方案;临河堵截,背河疏导,临背并举;治早、治小、治了;因地制宜,就地取材;做两手准备。

防汛与抢险工作必须依法开展,我国自20世纪80年代以来,相继颁布了《中华人民共和国水法》《中华人民共和国防洪法》《中华人民共和国防汛条例》《中华人民共和国河道管理条例》《水库大坝安全管理条例》《国家突发公共事件总体预案》等法律法规，推动了我国防汛与抢险工作逐步走上正轨化、规范化和法制化的轨道。

任务三　堤坝险情抢护

江河堤防和水库坝体作为挡水设施，在运用过程中由于受外界条件变化的作用，自身也发生相应结构的变化而形成缺陷，这样一到汛期，这些工程存在的隐患和缺陷都会暴露出来，险象环生，因此防汛抢险工作十分紧张繁重。一般险情主要有风浪冲击、洪水漫顶、散浸、陷坑、崩岸、管涌、漏洞、裂缝及堤坝溃决等形式。下面分别介绍有关防汛抢险的各种工程措施，其中裂缝、滑坡及护坡破坏的抢护在项目一中已作介绍。

一、风浪冲击破坏的防护

高水位时风大浪高，堤坝迎水坡受风浪冲击，连续淘刷，侵蚀堤坝，可能形成滑坡，甚至导致土石坝堤身溃决。防止风浪对堤坝的冲击和破坏，其抢险原则一是削减风浪冲击力，二是加强临水坡的抗冲击力。一般是利用漂浮物来减缓风浪冲击力，用防浪护坡工程在堤坝坡受冲刷的范围内进行保护，其常用的抢护方法如下。

（一）土工织物防冲

用土工织物、土工膜布、篷布或彩色编织布铺放在堤坡上防冲，抢护快，效果好。铺设时，织物的上沿应高出洪水位 1～2 m，四周和中间用平头钉钉牢，如果没有平头钉，可在土工织物四周用砂袋或大块石压牢，但要加强观察，以防被冲失。也可用编织袋装土、砂卵石等，沿水边线排放连成排体防，如图 6-1 所示。

（二）挂柳防浪

选择枝叶茂密的柳树，在枝杈部位截断，将树头向下放入水中，相互紧靠，用铅丝或麻绳拴在打入堤坝顶部的木桩上，如图 6-2 所示。

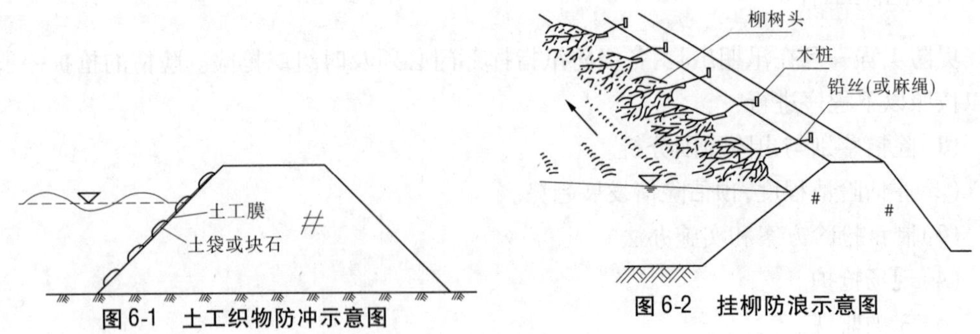

图 6-1　土工织物防冲示意图　　图 6-2　挂柳防浪示意图

（三）挂枕防浪

用秸料或苇料、柳树等，扎成直径 50 cm 的枕，将枕两端用绳系在堤岸木桩上，推置水面上，随波起伏，起到消浪作用，当风浪较大时，可将梢枕连接起来，形成梢排防浪，如

图 6-3、图 6-4 所示。

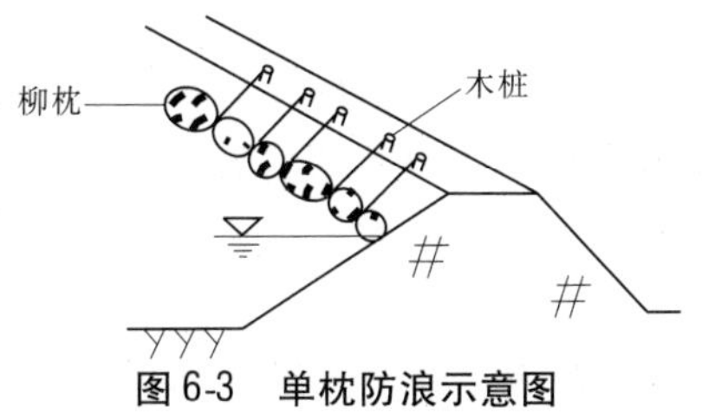

图 6-3　单枕防浪示意图

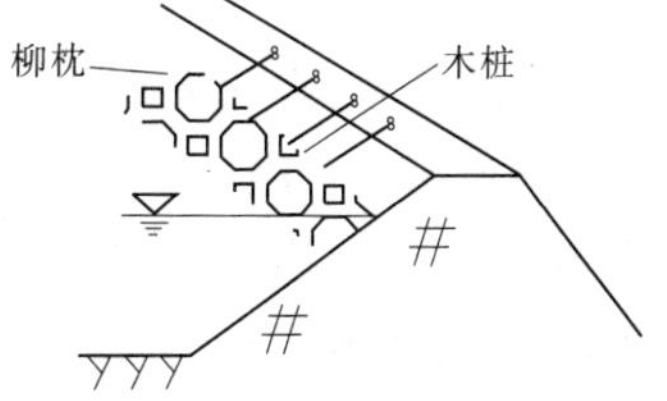

图 6-4　梢排防浪示意图

(四)柳箔防冲

将柳枝、芦苇或稻草等扎成直径 10 cm 的把子,用细麻绳连成柳箔,置于风浪顶冲处,柳箔上端系在堤(坝)顶部的木柱上,下端坠块石,将箔顺堤放入水中,再打桩或压块石。如图 6-5 所示。如果情况紧急,来不及制作柳箔时也可将梢把料直接铺在坡面上,用横木、块石、土袋压牢。

(五)土袋护坡防冲

将草袋或麻袋装土(或砂、碎石)7 ~ 8 成后,放置在波浪冲击处并高出水面一定高度,堆置时应使集散口向内并缝合,相互叠压成鱼鳞状,用柳编织成筐装石也能起到相同的作用,用这种方法还可以修补浪坎。土袋抗冲能力强,施工简单、迅速,因此广为使用,如图 6-6所示。

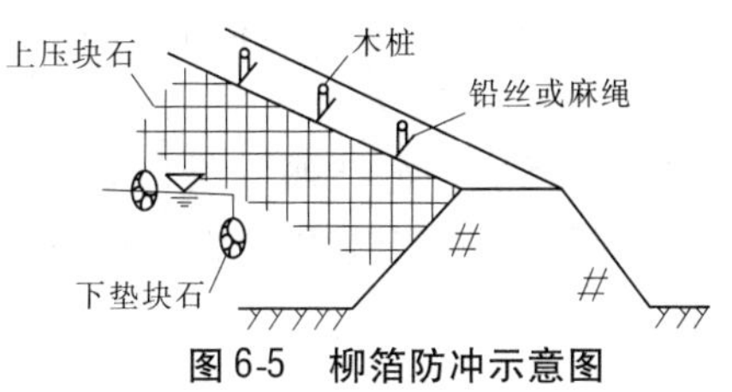

图 6-5　柳箔防冲示意图

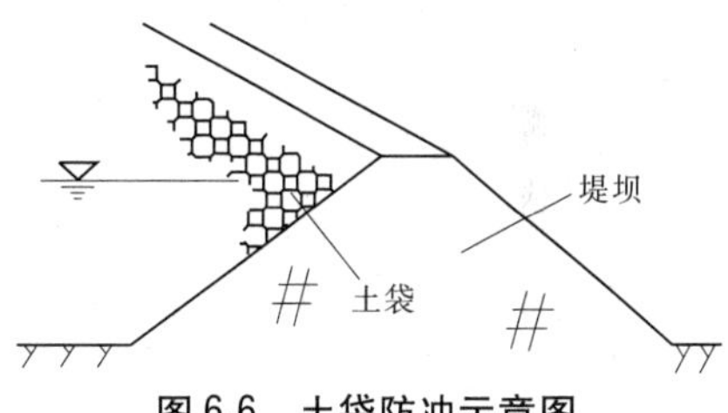

图 6-6　土袋防冲示意图

二、洪水漫顶的抢护

土石坝和堤防一般是不允许洪水漫顶的,如果洪水位超过堤坝顶发生漫溢,这类险情抢护难度大,最容易导致洪水灾害。因此,在汛期应采取紧急措施防止漫溢的发生,当预测洪水位将要超过堤坝顶时,要立即组织抢护。出现洪水漫顶的原因很多,如洪水设计标准偏低,水库溢洪道、泄洪建筑物尺寸偏小或有堵塞,河障未及时清除,洪水宣泄不畅,水位雍高,实际发生的洪水超过设计标准等。另外,堤坝施工质量差、软弱地基未经处理或处理不当、沉陷过大、使堤顶高程低于设计值等也会导致洪水漫顶。

防止洪水漫顶的主要措施可分为预防性措施和应急抢护措施。

(一)预防性措施

(1)增加水库和河道调蓄洪水的能力。主要是加强水库控制运用的调度,结合水文预报,在上游特大洪水来临之前,能够提前腾出防洪库容,并对下游河道的安全下泄早做安排,确保大坝和堤防的安全。

(2)加大泄洪能力,控制水位。针对水库工程可以通过发挥现有泄洪建筑物的作用、加宽或加深溢洪道、启用非常溢洪道或破副坝泄洪等措施提高泄洪能力。

(二)应急抢护措施

1. 采用分洪措施,减少来水量

当洪水超过河道行洪标准或水库、河堤难以挡水行洪时,一般都是借助上游分洪区进行分流滞洪,以减少河道的行洪流量,降低洪水水位。

2. 抢筑子堤,增加挡水高度

通过对气象、水情、河道、水库堤坝的综合分析,对有可能发生漫溢的堤坝段,可以采取抢筑子堤的措施进行应急防护。所筑子堤应符合防洪挡水的要求:①子堤顶高要超出预测推算的最高洪水位,做到子堤不过水;②子堤稳定;③新老土层接合可靠;④子堤整体性好,填筑子堤,要全段同时进行,分层夯实。子堤的型式主要有以下几种,可根据实际情况确定。

(1)土料子堤。是采用土料分层填筑夯实而成。土料子堤适用于堤坝顶部较宽、就地取土容易、洪峰持续时间不长和风浪较小的江河、水库。子堤迎水坡脚距迎水堤坝肩一般为 0.5 ~0.1 m,顶宽不小于 0.6 m,内外坡不小于 1:1,高度视实际情况而定,如图 6-7 所示。

土料子堤,成本较低;抢筑迅速,方法简便;汛后可留作堤坝加高培厚,不必拆除。缺点是体积较大、下雨时土料含水量大、不易夯实,在大风浪情况下,容易遭受冲刷。

(2)土袋子堤。是抗洪抢险中最为常用的一种子堤型式,是用袋子装土堆砌筑堤,土袋子一般较多采用土工编织袋、麻袋和草袋等材料,如图 6-8 所示。抢险时的土袋一般装土七八成,适应变形好,可砌筑得较为紧密。施工时无须开挖结合槽,只需将堤坝老土刨松,以便砌筑得平稳,结合密实;砌筑时宜将土袋缝合(不宜用绳扎捆),袋口向内,相互搭接,排列整齐,靠紧踩实;第二层砌筑时应向后缩并错开排列;土袋砌至设计高程后,随即在土袋后面逐层辅土夯实,做成背水坡,背水坡填土应不小于 1:1。

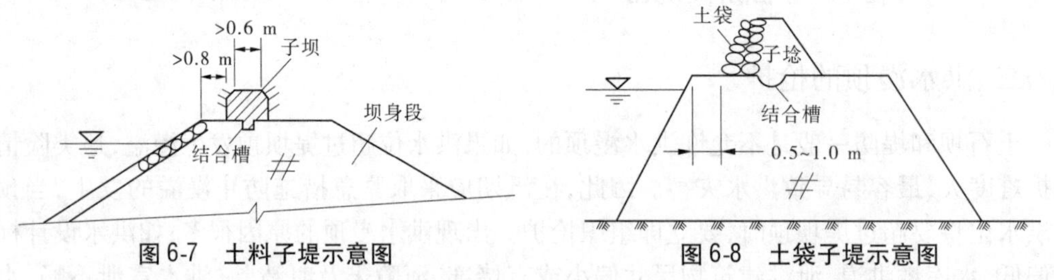

图 6-7 土料子堤示意图　　图 6-8 土袋子堤示意图

土袋子堤有许多优点:①用土较少,子堤坚固,土袋具有较好的防冲作用,能抵御风浪冲击和水流冲刷;②便于近距离装袋和输送;③占用面积小,土袋子堤较适用于坝堤顶较窄、风浪较大,附近取土困难且土质较差的情况。但也有其不足是成本较高,汛后必须拆除。

(3)单层木板(或埽捆)子堤。在缺少土料、风浪较大、堤坝顶面较窄、洪水即将漫顶的紧急情况下,可采用单层木板(或埽捆)子堤,可先在堤坝迎水面距肩部 0.5 ~1.0 m 处打一排木桩,木桩长 1.5 ~2.0 m,入土 0.5 ~1.0 m,桩距 1.0 m,然后在木桩背水侧用铅丝将木板或埽捆扎牢,后面铺土夯实加戗,如图 6-9 所示。

(4)双层木板(或埽捆)子堤。在当地土料缺乏、堤坝顶窄、风浪大、城市内的重要堤坝,可以像单层木板子堤方法,在顶部两侧打木桩,然后在木桩内壁各钉木板或埽捆,中间填土夯实。两排桩相距0.5~1.0 m,其间用铅丝交错拉紧,如图6-10所示。

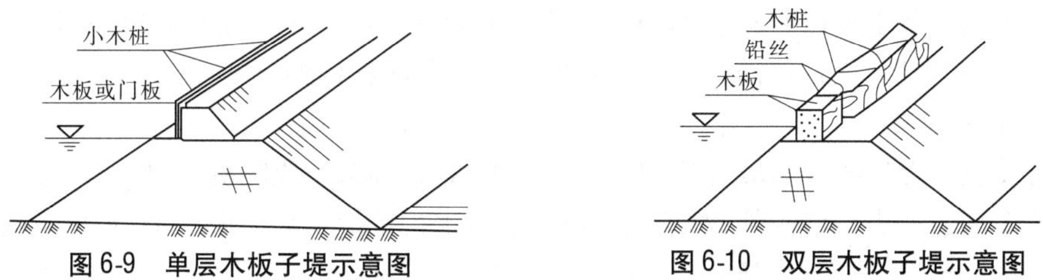

图6-9　单层木板子堤示意图

图6-10　双层木板子堤示意图

(5)利用防浪墙抢筑子堤。如果抢护堤坝段原有浆砌块石或混凝土防浪墙,可以利用它来挡水,但必须在墙后用土袋加筑后戗,防浪墙体可作为临时防渗防浪迎水面,土袋应紧靠防浪墙后叠砌(土袋子堤)。根据需要还可适当加高挡水,其宽度应满足加高的要求,如图6-11所示。

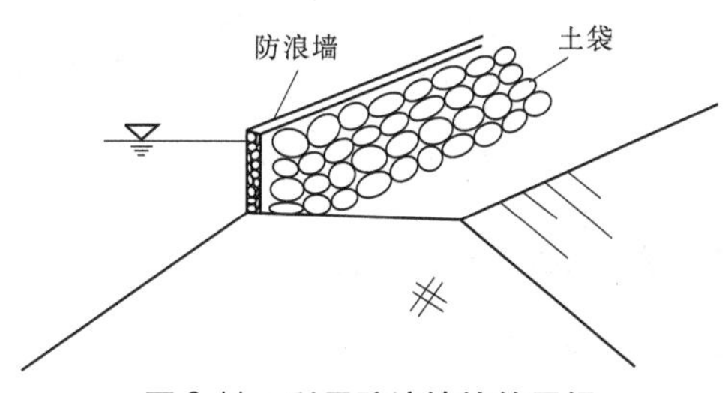

图6-11　利用防浪墙抢筑子堤

三、陷坑的抢护

陷坑是指在雨中或雨后,或者在持续高水位情况下,在堤坝的顶部、迎水坡及其坡脚附近,突然发生局部下陷而形成的险情。这种险情不但破坏堤坝的完整性,还有可能缩短渗径,增大渗透破坏力,有的还可能降低堤坡阻滑力,引起堤坝滑坡,对堤坝的安全极为不利。特别严重的是,随着陷坑的发展,渗水的侵入,或伴随渗水管涌的出现,或伴随滑坡的发生,可能会导致堤防突然溃口的重大险情。

根据陷坑形成的原因、发展趋势、范围大小和出现的部位采取不同的抢护措施。但是,必须以“抓紧翻筑抢护,防止险情扩大”为原则,在条件允许的情况下尽可能采用翻挖,分层填土夯实的办法做彻底处理。条件不允许时,可采取相应的临时性处理措施。抢护的方法一般有以下几种。

(一)翻填夯实

凡是在条件许可的情况下,且又未伴随渗透破坏的陷坑险情,只要具备抢护条件,均可采用翻填夯实的方法处理。这种方法的具体做法是:先将陷坑内的松土翻出,然后按原堤坝部位要求的土料分层回填夯实,恢复堤坝原貌。当陷坑出现在水下且水不太深时,可修土袋围堰或桩柳围堤,将水抽干后,再予翻筑。

(二)填塞封堵

填塞封堵是一种临时抢护措施,适用于临水坡水下较深部位的陷坑。具体方法是:用土工编织袋、草袋或麻袋装黏性土或其他不透水材料,直接在水下填塞陷坑,全部填满陷坑后再抛投黏性散土加以封堵和帮宽。要求封堵严密,避免从陷坑处形成渗水通道,见图6-12。汛后水位回落后,还需按照上述翻填夯实法重新进行翻筑处理。

(三)填筑滤料

陷坑发生在堤坝的背水坡,伴随发生散浸、管涌或漏洞,形成陷坑,除尽快对堤坝陷坑的迎水坡渗漏通道进行堵截外,对陷坑可填筑滤料进行抢护。具体做法是:先将陷坑内松土和湿软土壤挖出,然后用粗砂填实,如渗涌水势较大,可加填石子或块石、砖块、梢料等透水料,消杀水势后,再予填实。待陷坑填满后,再按反滤层的铺设方法抢护,见图6-13。修筑反滤层时,必须正确选择反滤料,使之真正起到反滤作用。

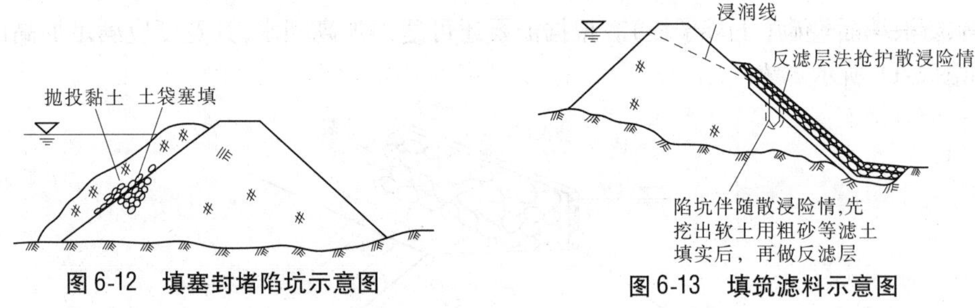

图6-12 填塞封堵陷坑示意图

图6-13 填筑滤料示意图

(四)伴有滑坡、漏洞险情的抢护

(1)陷坑伴有漏洞的险情,必须按漏洞险情处理方法进行抢护。

(2)陷坑伴有滑坡的险情,必须按滑坡险情处理方法进行抢护。

四、散浸的抢护

在汛期或持续高水位的情况下,下游坡及附近地面和坡脚都可能发生散浸险情,使得堤坝背水坡出逸点以下土体湿润或发软,有水流渗出。散浸是堤坝常见的险情之一,造成险情的直接原因通常是堤坝体内夹有砂土层、堤坝不实以及堤坝内有蛇鼠洞、白蚁洞、獾洞、烂树根、废涵管、硬土块、砖石等杂物;堤坝断面单薄、背水坡太陡;填土时夯压不实;施工分段未按要求处理等,都会加大渗流速度,抬高浸润线,加速散浸险情的发展。

散浸的抢护原则应是"前堵后排"。"前堵"即在堤坝临水侧用透水性小的黏性土料做外帮防渗,也可用篷布、土工膜隔渗,从而减少水体入渗到堤内,达到降低堤坝内浸润线的目的;"后排"即在堤坝背水坡上做一些反滤排水设施,用透水性好的材料如土工织物、砂石料或稻草、芦苇做反滤设施,让已经渗出的水,有控制地流出,不让土粒流失,增加堤坝坡的稳定性。散浸险情的一般抢护方法如下。

(一)临水截渗

为增加防渗层,减少堤坝的渗水量,降低浸润线,达到控制渗水险情发展和稳定堤坝边坡的目的,特别是散浸险情严重的堤坝段,如渗水出逸点高、渗出浑水、堤坝坡裂缝及堤坝身单薄等,应采用临水截渗。临水截渗一般应根据临水的深度、流速、风浪的大小,取土

的难易,酌情处理。堤坝临水坡相对平整和无明显障碍时,采用复合土工膜截渗是简便易行的办法,当水流流速和水深不大且有黏性土料时,可采用临水面抛填黏土截渗,其前戗顶宽 3 ~5 m,长度应超出散浸段两端 5 m,戗顶高出水面约 1 m(见图 6-14)。

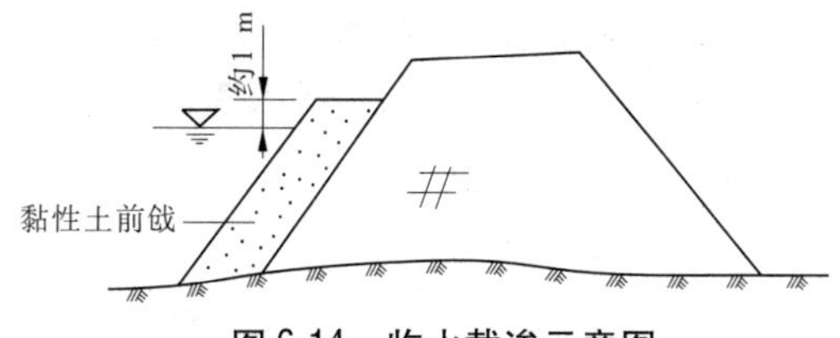

图 6-14　临水截渗示意图

(二)抢挖导渗沟

当堤坝上游水位继续上涨且有可能滑坡,背水坡大面积严重散浸,而在临水侧迅速做截渗有困难时,只要背水坡无脱坡或渗水变浑情况,可在背水坡及其坡脚处开挖导渗沟,排走背水坡表面土体中的渗水,恢复土体的抗剪强度,控制险情的发展。

根据反滤沟内所填反滤料的不同,反滤导渗沟可分为土工织物导渗沟、砂石导渗沟和梢料导渗沟,见图 6-15。

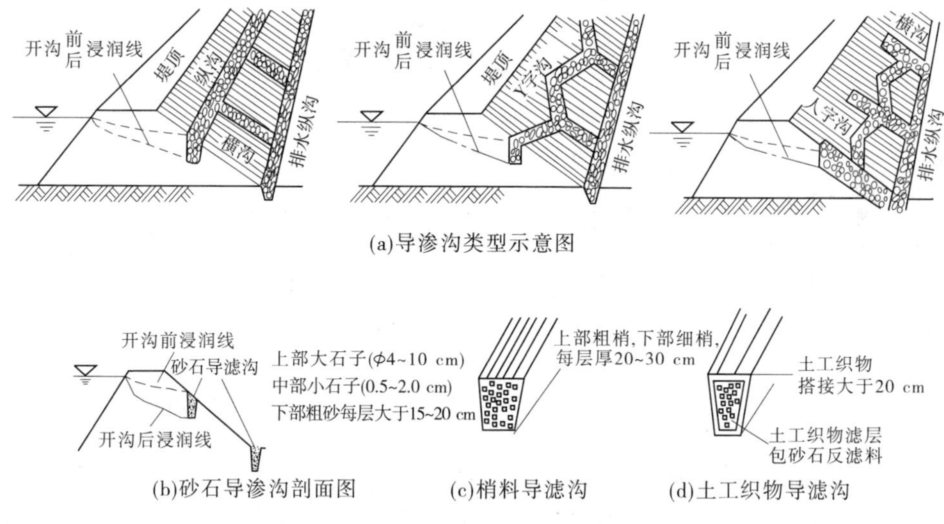

图 6-15　导渗沟铺填示意图

开挖反滤导渗沟对维护堤坝坡表面土的稳定是有效的,而对于降低堤内浸润线和堤背水坡出逸点高程的作用相当有限。要彻底根治散浸,还要视工情、水情、雨情等确定是否采用临水截渗和压渗固脚平台等措施。

(三)修筑反滤层导渗

对背水坡土体过于稀软,开反滤沟有困难或堤坝断面过于单薄、局部渗水严重,不宜开沟的情况,或者管涌流土范围大,涌水翻砂成片的险情,可修筑反滤层导渗抢护。根据使用反滤料的不同,贴坡反滤导渗可以分为三种:土工织物反滤层、砂石反滤层、梢料反滤层,其断面及构造见图 6-16。

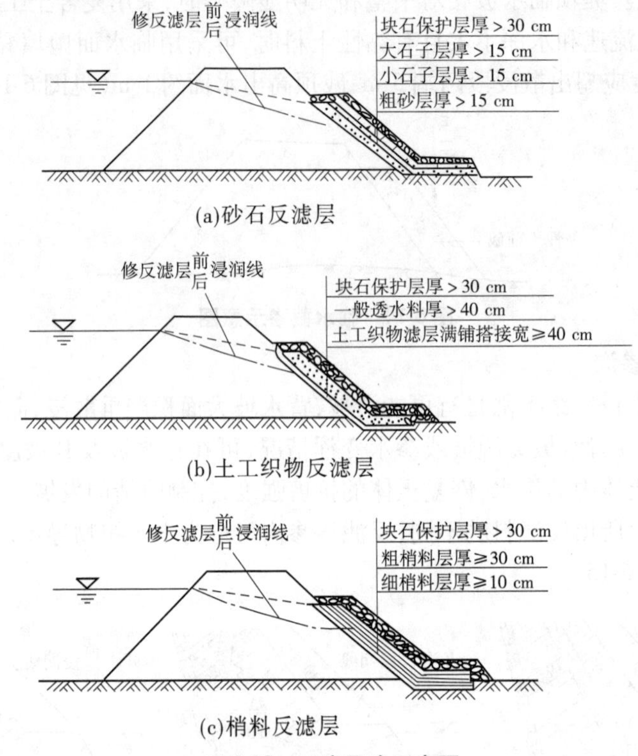

图 6-16　反滤导渗示意图

(四)修筑压渗台

当堤坝断面不足,背水坡较陡,渗水严重有滑坡可能时,可修筑梢土后戗,既能排出渗水,又能稳定堤坝坡,加大堤坝断面,增强抗洪能力。在砂土丰富地区,也可用砂土代替梢土修做后戗,称为砂土后戗,也称为透水压渗台,见图 6-17。

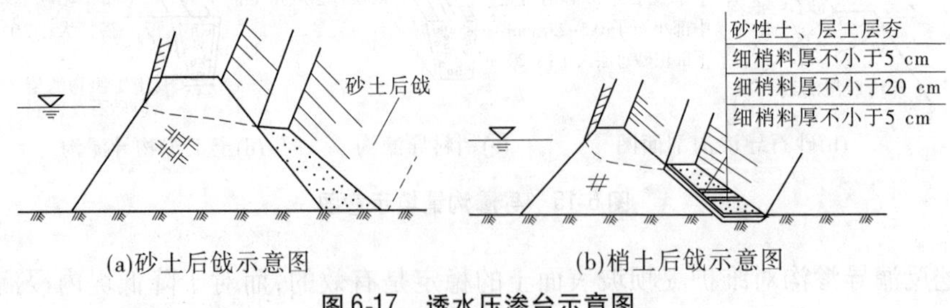

图 6-17　透水压渗台示意图

五、崩岸的抢护

崩岸是指堤坝临水面坡岸土体在水流作用下崩落的险情。这一险情具有事先较难判断、发生突然、发展迅速、后果严重的特点。如不及时抢护,将会危及堤坝安全。发生崩岸险情的主要原因是水流冲淘刷深堤岸坡脚。其抢护原则是:缓流挑流,护脚固基,减载加帮。抢护的实质是增强堤坝的稳定性和抗冲能力。崩岸险情的抢护措施,应根据河势,特别是近岸水流的状况,崩岸后的水下地形情况以及施工条件等因素,酌情选用。其具体的

抢护方法如下。

(一)护脚固基抗冲

一旦发生崩岸险情,首先应考虑抛投料物,如石块、石笼、土袋和柳石枕等,以稳定基础,防止崩岸险情的进一步发展(见图6-18)。

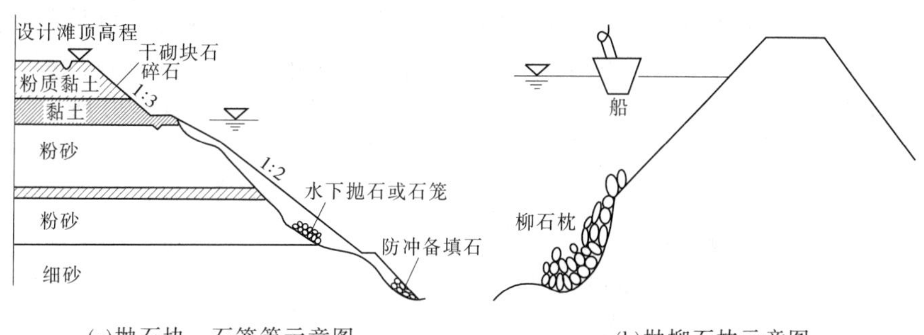

(a)抛石块、石笼等示意图　　(b)抛柳石枕示意图

图6-18　护脚固基抗冲示意图

选用上述几种抛投料物措施的根本目的,在于固基、阻滑和抗冲。因此,特别要注意将料物投放在关键部位,即冲坑最深处。要避免将料物抛投在下滑坡体上,以免加重险情。

(二)缓流挑流防冲

为了减缓崩岸险情的发展,必须采取措施防止急流顶冲的破坏作用。常用抢修短丁坝和沉柳缓流防冲措施,但这一般只能作为崩岸险情抢护的辅助手段,不能从根本上解决问题。

(三)减载加帮等其他措施

在采用上述方法控制崩岸险情的同时,还可考虑临水削坡、背水帮坡的措施(见图6-19)。当崩岸险情发展迅速,一时难以控制时,还应考虑在崩岸堤段后一定距离抢修第二道堤防,俗称月堤。这一方法就是对崩岸险工除险加固中常采用的退堤还滩措施。

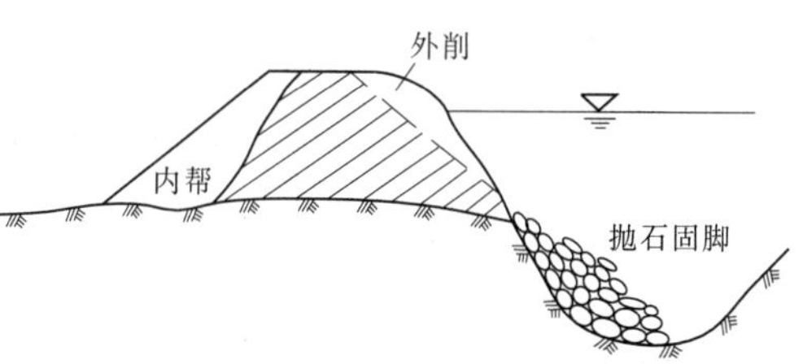

图6-19　抛石固脚外削内帮示意图

六、管涌、流土的抢护

坝体或地基土体,在渗流压力作用下发生变形破坏的现象称为渗透变形。渗透变形主要有管涌和流土两种形式。管涌指在渗流作用下,土中的细颗粒通过粗颗粒的孔隙被带出土体以外的现象。管涌可以发生在土体的所有部位。管涌对土石坝的危害,一是被带走的细颗粒,如果堵塞下游反滤排水体,将使渗漏情况恶化。二是细颗粒被带走,使坝体或地基产生较大沉陷,破坏土石坝的稳定。流土指在渗流作用下,局部土体隆起、浮动或颗粒群同时发生移动而流失的现象。流土常发生在闸坝下游地基的渗流出逸处,而不发生在地基土壤内部。流土发展速度很快,一经出现必须及时抢护。

管涌、流土的抢护原则是:反滤导渗、控制涌水,留有渗水出路。常见的几种抢护方法如下。

(一)反滤围井

在管涌、流土处用编织袋或麻袋装土抢筑围井,井内同步铺填反滤料,从而制止涌水带砂,防止险情扩大,当管涌口很小时,也可用无底水桶或汽油桶做围井。这种方法一般适用于背水坡脚附近地面的管涌、流土数目不多、面积不大的情况,或者数目虽多,但未连成大面积时,可以分片处理。对位于水下的管涌、流土,当水深较浅时也可采用此法。围井内必须用透水料铺填,切忌用不透水材料。根据所用导渗材料的不同,反滤围井的具体做法有砂石反滤围井、土工织物反滤围井、梢料反滤围井等几种,如图 6-20 所示。

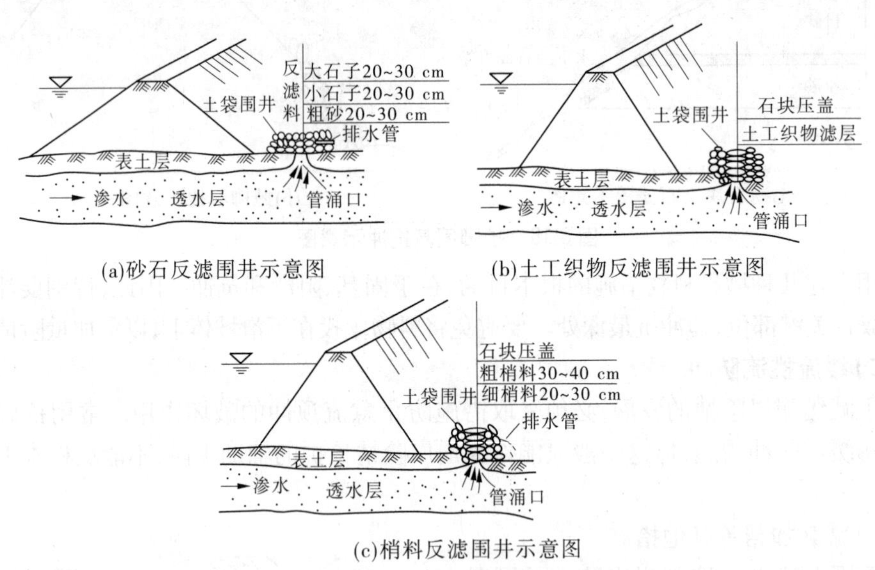

图 6-20　反滤围井示意图

对严重的管涌、流土险情的抢护,应以反滤围井为主,并优先选用砂石反滤围井,辅以其他措施。反滤压盖层及压渗台一般只能适用于渗水量和渗透流速较小的管涌,或普遍渗水的地区。

(二)反滤压盖

在堤坝内出现管涌或流土部位数较多,面积较大,并连成片,渗水涌砂比较严重的地方,如果料源充足,可采用反滤压盖的方法,以降低涌水流速,制止地基土砂流失,以稳定险情。反滤层压盖必须用透水性好的材料,切忌使用不透水材料。根据所用反滤材料不同,可分为土工织物反滤围井、砂石反滤压盖(见图 6-21)、梢料反滤压盖(见图 6-22)。

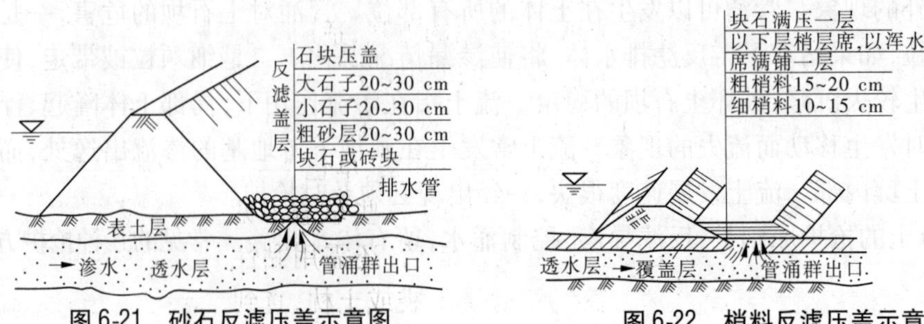

图 6-21　砂石反滤压盖示意图　　图 6-22　梢料反滤压盖示意图

（三）蓄水反压（俗称养水盆）

蓄水反压即通过抬高管涌区内的水位来减小堤内外的水头差，从而降低渗透压力，减小出逸水力坡降，达到制止渗透破坏，以稳定管涌、流土险情，见图6-23。

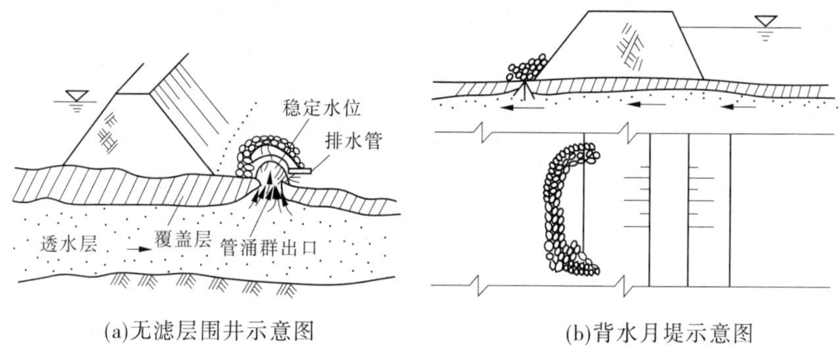

(a)无滤层围井示意图　　(b)背水月堤示意图

图6-23　蓄水反压示意图

蓄水反压的适用条件是：①闸后有渠道，堤后有坑塘，利用渠道水位或坑塘水位进行蓄水反压；②覆盖层相对薄弱的老险工段，结合地形，做专门的大围堰（或称月堤）充水反压；③极大的管涌、流土区，其他反滤盖重难以见效或缺少土工织物和砂砾反滤料的地方。蓄水反压的主要形式有渠道蓄水反压、塘内蓄水反压、围井反压。

（四）流土抢护

对于流土，一般可在隆起的部位，就地取材，铺麦秸或稻草一层，厚10～20 cm，其上再铺柳枝或秫秸一层，厚20～30 cm。当厚度要超过30 cm时，横竖分层铺放，然后在其上压土袋或块石。

七、漏洞的抢护

漏洞是堤坝在汛期发生的最危险的险情，在高水位时，往往在堤坝背水坡、堤脚、坝趾甚至距堤坝较远的滩地、田垄出现洞眼漏水。如漏洞流出浑水，或由清变浑，或时清时浑，均表明漏洞正在迅速扩大，堤坝有可能发生塌陷甚至溃决的危险。漏洞的抢护原则是“临河堵截断流，背河反滤导渗，临背并举”，即在抢护时，应首先在临水找到漏洞进水口，及时堵塞，截断漏水来源，同时在背水漏洞出水口采用反滤和围井，降低洞内水流流速，延缓并制止土料流失，防止险情扩大，切忌在漏洞出口处用不透水料强塞硬堵，以免造成更大险情。漏洞险情的抢护方法如下。

（一）塞堵法

及时、准确塞堵漏洞进水口是最有效、最常用的方法，适用于水浅、流速小，只有一个或少数洞口的坝堤段，人可以用梯子下水接近洞口的地方，尤其是在地形起伏复杂，洞口周围有灌木杂物时更适用。一般可用软性材料塞堵，如针刺无纺布、棉被、棉絮、草包、编织袋包、网包、棉衣及草把等，也可用预先准备的一些软楔（见图6-24）、草捆塞堵。在有效控制漏洞险情的发展后，还需用黏性土封堵闭气，或用大块土工膜、篷布盖堵，然后压土袋或土枕，直到

图6-24　软楔示意图

完全断流。

(二)盖堵法

(1)复合土工膜排体(见图6-25)或篷布盖堵。当洞口较多且较为集中,附近无树木杂物,逐个堵塞费时且易扩展成大洞时,可采用大面积复合土工膜排体或篷布盖堵。

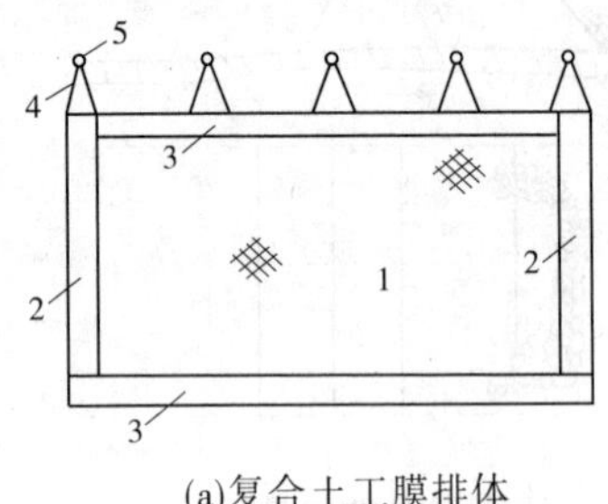

(a)复合土工膜排体

1—复合土工膜;2—纵向土袋筒(ϕ60 cm);3—横向土袋筒(ϕ60 cm);4—筋绳;5—木桩

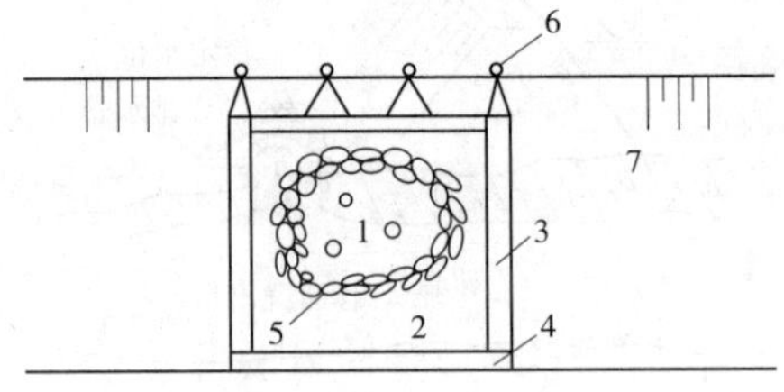

(b)复合土工膜排体盖堵漏洞进口

1—多个漏洞进口;2—复合土工膜排体;3—纵向土袋枕;4—横向土袋枕;5—正在填压的土袋;6—木桩;7—临水堤坡

图6-25 复合土工膜排体及盖堵漏洞进口

(2)就地取材盖堵。当洞口附近流速较小、土质松软或洞口周围已有许多裂缝时,可就地取材用草帘、苇箔等重叠数层作为软帘,也可临时用柳枝、秸料、芦苇等编扎软帘,见图6-26。

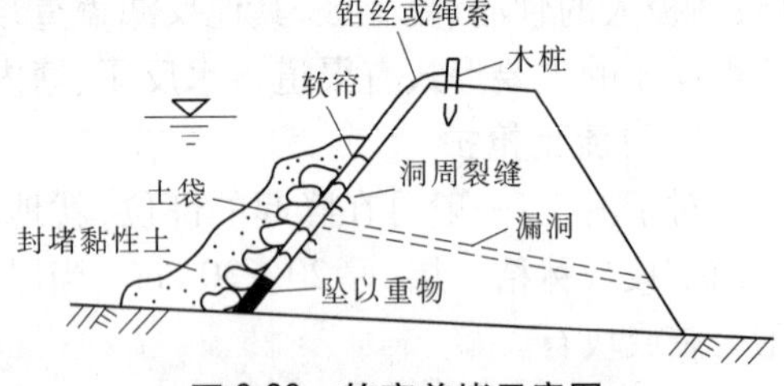

图6-26 软帘盖堵示意图

采用盖堵法抢护漏洞进口,需防止盖堵初始由于洞内断流,外部水压力增大,洞口覆盖物的四周进水。因此,洞口覆盖后必须立即封严四周,同时迅速抛压土袋或抛填黏土封堵闭气,以截断漏洞的水流。否则一旦堵漏失败,洞口扩大,将增加再堵的困难。

(三)戗堤法

当堤坝临水坡漏洞口较多,且范围又较大时,在黏土料备料充足的情况下,可采用抛黏土填筑前戗或临水筑月堤的办法进行抢堵,如图6-27所示。

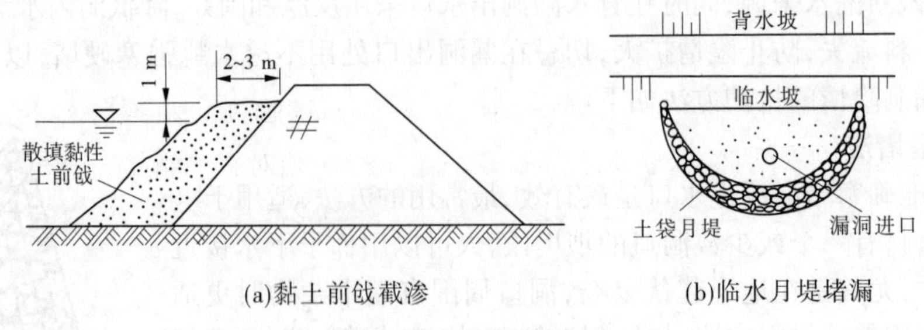

(a)黏土前戗截渗　　(b)临水月堤堵漏

图6-27 戗堤示意图

(四)辅助措施

在临水坡查漏洞进口的同时,为减缓堤土流失,可在背水漏洞出口处构筑围井,反滤导渗,降低洞内水流流速。切忌在漏洞出口处用不透水料强塞硬堵,致使洞口土体进一步冲蚀,导致险情扩大,危及堤防安全。

八、堤防决口的抢护

当堤防已经溃决时,应紧急抢堵,首先在口门两端抢堵裹头,防止口门继续扩大。如发生多处决口,堵口的顺序应按照“先堵下游,后堵上游、先堵小口,后堵大口”的原则进行。对于较小的决口,可在汛期抢堵。在汛期抢堵特别困难情况时,一般应在汛后堵复。堵口的方法,按进占顺序可分为立堵法与平堵法两种,有的情况两种方法同时结合使用。

当缺口不大时,可用沉船抢堵。做法是用船装载土石料,从上游下行,到达缺口处,用前、后缆控制方向,以船身拦截缺口,而流速较大时,可以由临河的船外侧,向下抛投装有石料的化纤绳袋或竹笼,其重量应能抵御该处的流速。待缺口基本堵住后,可抛投黏土防渗,将漏水完全止住为止。待洪水消退以后,再整修加固。对于较小的缺口,亦可用埽捆内包土石料,从缺口两侧进占,将缺口基本封堵后,再从临河侧抛土堵漏。

具体采用何种方法,应当根据实际情况进行选择。堵口工作是极其紧张而又危险的,一定要严密组织并采取可靠的安全措施。

案例分析

案例一:安徽淮河一般堤防加固工程

1. 基本情况

本次加固范围包括临王段、西淝河左堤、黄苏段、天河封闭堤和塌荆段等5段堤防,现状堤防总长度121.751 km,加固堤段长113.481 km,主要包括临王段(含上格堤)32.314 km、黄苏段12.88 km、天河封闭堤8.5 km、塌荆段3.767 km、西淝河左堤56.02 km,共5段,其中黄苏段退建段铲堤8.27 km,新筑堤7.86 km。

建筑物加固工程涉及各堤段涵闸29座,其中拆除重建22座、加固7座。护坡工程42.82 km,其中新增33.17 km、维修1.30 km、干砌石补齐9.35 km、新增护岸段4.16 km。

2. 加固工程设计

1)堤身加高培厚

根据各段淮河干流一般堤防不同情况,分别采用内培或外帮,使大堤达到标准断面。对外坡较陡的堤段,若坡脚外有一定宽度的滩地,则加培堤脚,使外坡坡度达到1:3;若外坡脚没有滩地,则采取削坡处理,使之达到1:3;培土时必须对新老土接合面进行清基,铲除表面浮土、草皮、树根、石块等一些杂物,平均厚度按0.2 m计。清基面应修成缓坡,再填筑新土,碾压夯实。

(1)临王段。该段淮干堤防堤顶宽度8.0 m,外坡1:3,在堤顶以下3.0 m处设置内平台,平台宽2.0 m,平台以上边坡1:3,平台以下边坡1:5。根据规划要求,临王段与城西湖之间的上格堤堤顶高程维持现有29.90 m不变,设计堤顶宽度为6.0 m,现有子堤的堤顶宽度普遍不足6.0 m,大部分为4.5 m左右,子堤的边坡较陡,坡比接近1:1,很难满足堤坡抗滑稳定要求。由于上格堤段的临王侧和西湖侧坡面均住满群众,本次加固工程设计,考虑将临王侧堤坡、堤脚居民住房全部拆迁,城西湖侧堤坡、堤脚居民住房暂时不考虑拆迁。城西湖侧堤坡维持现状,设计堤顶高程 29.5 m,堤顶宽度不足 6.0 m 的堤段,在临王侧加培至 6.0 m 宽,设计边坡 1:3。

(2)西淝河左堤。该段堤身设计标准断面为:堤顶宽 6 m,外坡 1:3,堤身高度小于 6.0 m 堤段,内坡为 1:3;堤身高度大于 6.0 m 堤段,内坡堤顶以下 3 m 处设置 2 m 宽平台,平台以上边坡 1:3,以下边坡 1:5。

(3)黄苏段。退建段淮干堤防(3+500~9+650)堤顶宽度 6 m,迎河侧边坡 1:3,背河侧 3 m 以下设平台,平台宽 2 m,平台以下边坡 1:5,平台以上边坡 1:3。内外河侧护堤地宽度均为 20 m,高程为 20 m,护堤地平台以 1:5 接地。加固段淮干堤防堤顶宽度 6 m,迎河侧边坡 1:3,背河侧 3 m 以下设平台,平台宽 2 m,平台以下边坡 1:5,平台以上边坡 1:3。延伸堤堤顶宽度 4 m,若现有堤顶宽度大于 4 m,原则上不削弱现有断面,宽度不足 4 m 的,帮宽至 4 m。内外边坡均为 1:3。

(4)天河封闭堤。根据安徽省发展计划委员会计设计〔2003〕1199 号文件——《关于淮干天河封闭堤、许曹段应急除险加固项目初步设计的批复》和水利部淮河水利委员会——《关于淮干天河封闭堤应急除险加固工程初步设计审查意见》等批文精神,拟定天河封闭堤淮干黄苏段堤防加固标准断面如下:淮干堤防土堤段堤顶宽 6 m,内外坡均为 1:3,背水侧堤顶以下 1.5~2.0 m 处为十多米宽的 206 省道。针对马城 320 m 长浆砌石防洪墙施工标准不高、伸缩缝处止水设施缺损、缺口多、两侧房屋密集、汛期墙体多处漏渗水、平时维护管理和汛期抢堵困难、影响防洪安全等问题,拟拆除重建成钢筋混凝土防洪墙,同时只保留 2# 旱闸,其他缺口通过建防洪墙予以封堵,加上与土堤的衔接长度,新建钢筋混凝土防洪墙长 340 m。

(5)塌荆段。堤顶宽 6 m,迎水坡按 1:3,在背水坡 22.25 m 高程做一个宽 2 m 的戗台,戗台以上堤坡为 1:3,以下堤坡为 1:5。对桩号 0+000~1+088.9 堤顶宽度一般都在 20 m 以上的堤段仅整修外边坡。

2)堤身隐患处理

对临王段 0+000~3+767 实施锥探灌。

对临王段 15+000~16+400、22+950~23+250、24+800~25+300 三段渗水性强、堤后渗透出逸点较高(出逸点高度超过 2.0 m)的险段堤防,在堤后增设导渗排水。

3)黄苏段退堤设计

根据规划要求,本次设计拟将黄苏段 3+500~12+000 堤防向后退建,新筑堤防断面:堤顶高程超设计洪水位 1.5 m,即为 25.70 m,堤顶宽度 6 m,迎河侧边坡 1:3,背水侧 3 m 以下设平台,平台宽 2 m,平台以下边坡 1:5,平台以上 1:3。内外河侧护堤地宽度均为 20 m,高程为 20.00 m,护堤地平台以 1:5 接地。为提高新筑堤的抗渗稳定性和两侧堤坡的抗滑稳定性,拟将两侧护堤地填至 20.00 m 高程,宽度均为 20 m。

4)天河封闭堤马城防洪墙设计

针对马城 320 m 长浆砌石防洪墙施工标准不高、伸缩缝处止水设施缺损、缺口多、两侧房屋密集、汛期墙体多处漏渗水、平时维护管理和汛期抢堵困难、影响防洪安全等问题,拟拆除重建成钢筋混凝土防洪墙,同时只保留 2# 旱闸,其他缺口通过建防洪墙予以封堵,

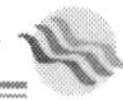

加上与土堤的衔接长度，新建钢筋混凝土防洪墙长 340 m。

因防洪墙较短，设计时不考虑洪水比降，根据天河封闭堤北段堤防起讫点设计洪水位，相应防洪墙段设计洪水位采用 23.95 m，防洪墙顶设计高程为 25.45 m（超高 1.5 m），防洪墙段地面高程为 23.00 m，地面以上墙高 2.45 m，防洪墙挡水高度 0.95 m。考虑到墙内侧保护的是马城镇城区，房屋密集，根据比选，钢筋混凝土防洪墙采用悬臂式，墙底高程为 21.30 m，防洪墙总高 4.15 m，立墙厚 0.3 ~ 0.5 m，底板厚 0.5 m，底板宽 4.6 m；为满足防渗要求，在防洪墙底板前后各设 0.5 m 深的齿墙。防洪墙分缝长度为 20 m，分缝处止水采用防 100（WB − 280 × 10），沥青麻丝塞缝。对防洪墙与土堤衔接段堤坡做浆砌石护砌。

5）护坡设计

外坡护砌类型主要采用干砌块石和混凝土预制护坡、草皮护坡等。对能就地取材的堤段（如蚌埠市怀远县的三段堤防）采用干砌块石护坡，对临王段迎流顶冲或有回旋流作用的堤段采用混凝土护坡；其他堤段的内坡采用草皮护坡。若外坡为硬护坡，原则上每隔 2 km 左右设置一道踏步。

各段堤防的干砌石护坡厚度均小于 0.3 m，根据常规设计经验，各段干砌块石护坡厚度取 0.3 m。干砌块石护坡范围从堤脚护至相应堤段设计洪水位以上 1.0 m 处，块石下铺碎石垫层 0.1 m。顶部设宽 0.5 m，高 0.7 m 的浆砌石封顶。从堤顶以下 3.0 m 处设一道水平的浆砌块石埂，每隔 30 m 设一道沿堤坡方向的 M5 浆砌石埂，埂宽 0.4 m，埂深 0.6 m。在沿堤坡方向的两道 M5 浆砌石埂中间设置一道浆砌块石排水沟，以利堤顶积水下泄。在坡脚设置 M5 浆砌块石护脚，深 0.8 m，宽 0.5 m。

混凝土预制块护砌结构如下：强度标号为 C20，厚 0.12 m，下垫 0.1 m 瓜子片。顶部护砌到设计水位以上 1 m，底部护砌到滩地。沿坡面每隔 6 m 设一道浆砌石埂，顺水流向每隔 20 m 设一道浆砌石埂，浆砌石埂尺寸均为 0.4 m（宽）× 0.5 m（深）。护坡顶部设一宽 0.4 m、深 0.5 m 的 M5 浆砌石埂，护坡底部设一宽 0.5 m、深 0.8 m 的 M5 浆砌石齿坎。

6）堤顶道路

除西淝河左堤新建 11.22 km 柏油路面外，其他各段堤防的防汛道路结构形式均为泥结碎石路面，从下至上具体结构形式为：手摆块石层厚 20 cm，泥结碎石层厚 7 cm，瓜子片磨耗层 3 cm。总长约 261.56 km。

7）防浪林

本次淮河干流一般堤防累计种植防浪树苗 129 185 株，其中临王段 47 674 株、西淝河左堤 42 961 株、黄苏段 19 383 株、天河封闭堤 14 167 株、塌荆段 5 000 株。

8）堤基加固设计

本着前堵后导的原则，并根据相应堤段渗流计算分析成果，淮河干流一般堤防的堤基加固措施主要有以下几种：

（1）堤外铺盖。淮河干流一般堤防堤基表面都有一层黏性土覆盖层，厚的达到 10 m 以上，薄的也有 2 ~ 3 m，这实际上就是下卧强透水砂层的铺盖，因此在上面再加铺盖作用不大。

（2）填塘固基。这种加固措施施工简单、可靠性强、造价较低，因此决定在沿堤全线加以实施。堤后填塘宽度根据各段堤防的地质条件和历年防汛经验，凡堤内侧距堤脚 20

m 范围内渊塘一律填平至附近地面高程。

(3)透水盖重。堤后采用透水盖重是一劳永逸的措施,压渗效果好,亦是当前普遍采用且受群众欢迎的措施,在土料丰富的堤段,不仅实施容易,而且造价适中,但在土料场远,盖重宽度大的堤段,则因土方单价提高、征地等而增加造价。

9)护岸工程设计

临王段和塌荆段采用抛石护岸。

案例二:嫩江江堤半拉山段多种险情抢险

嫩江江堤半拉山段位于绰尔河与嫩江汇流口的右岸。上游与绰尔河下游右岸防洪堤保安沼段相接,下游与嫩江防洪堤万家围子段相接。全长 29.091 km。该堤保护着内蒙古自治区扎赉特旗、黑龙江省泰赉县、吉林省镇赉县,境内 40.8 万人口,总面积 4 602 km^2,内有平齐铁路 23.5 km,齐白、泰音、音江公路 252 km。

1998 年该堤抗御了嫩江历史罕见的特大洪峰的袭击。

8 月 13 日 10 时,嫩江站流量 12 800 m^3/s,此后漫滩,无法测流,只报水位,超警戒水位 1.61 m。半拉山泄水闸水位 142.53 m(蒙水),超警戒水位(140.01 m)2.52 m,漫顶 0.30 m。防洪堤堤坡、块石护坡、防汛交通道路及穿堤建筑物都遭受了严重的破坏。从 7 月 1 日嫩江第一次洪峰(7 480 m^3/s)到达至 8 月 27 日半拉山泄水闸堤外水位落至警戒水位以下的 58 d 里,该段堤防时有险情发生。在保安沼地区防汛指挥部的统一指挥下,有关部门组织了一支精干的专业技术骨干为主体的技术小组,一直奋战在抗洪抢险第一线。对发生的险情分析原因,及时提出抢险方案,及时组织人力、物力进行抢险。全线 29.091 km 的大堤无一处决堤事件发生,使大堤得以安全度汛。

1.半拉山泄水闸塌陷

1)险情

半拉山泄水闸闸室及输水方涵顶部、闸口两侧护岸塌陷事件情况如下:

(1)7 月 1 日,嫩江出现 7 480 m^3/s 洪峰流量,半拉山泄水闸下游闸室及输水方涵顶部塌陷,长 5 m,宽 3 m,深 2.1 m。

(2)8 月 2 日,嫩江出现 7 370 m^3/s 洪峰流量,半拉山泄水闸南侧边缘绕渗,形成管涌。两侧护坡被冲毁。

2)分析

(1)地质因素。闸基下为流沙层,上部回填土及土堤多为轻亚黏土和亚黏土。遇有高水位、长时间浸泡,土体已达饱和状态,土体液化快,易产生渗流。

(2)汛情因素。7 月 1 日,堤内外水位差 2.9 m,8 月 2 日堤内外水位差 3.5 m。洪水淘刷堤坡,堤坡土体被洪水冲走,加之水位高,坝体渗径不够,上、下游水位差大,水压力增大,洪水通过土堤进入方涵接缝(止水失效,缝宽约 3 cm),产生洪水通道,发展成为管涌,产生流土,造成塌陷。

3)措施

(1)打围堰。在闸口前筑起两道高 4.1 m 的围堰,围出工作区。

(2)清基。在塌陷处开挖,挖到管涌塌洞。继续下挖至洪水位以下 0.3 m 处,清理开挖坑内侧,刨毛。

(3)靠方涵南侧边缘打人字形板桩(长 4 m,厚 4 cm),铺设双层土工布(防止土体流失),回填土料、砂卵石、碎石等材料夯实,增强堤身密实度,防止塌陷。

(4)打木桩直径 120 mm,长 2.5 m,稳固坡脚,用卵石袋筑固堤坡(坡比 1∶1.5)。

(5)投入劳力 100 人次,板桩 12.8 m^3,圆木桩 50 根,编织袋 2.7 万条,土方 225 m^3,卵石 460 m^3,碎石 45 m^3,土工布 62 m^2。

4)效果

有效地控制了渗流、管涌及塌陷等险情。

5)存在问题

该措施只是暂时控制了当时的险情,该闸在汛期后应重建,并在设计中考虑渗流问题。

2. 半拉山扬水站西堤坡冲刷

1)险情

半拉山扬水站西(嫩半 20+000~20+700 及 23+162~24+960 段),由于风浪淘刷,大堤迎水坡土方流失 2/3。

(1)7 月 2 日,嫩江第一次洪峰流量 7 480 m^3/s,北风 7 级,浪高 1.5 m,该堤段堤脚土方淘刷严重。

(2)8 月 7 日,嫩江流量 8 070 m^3/s,东北风 6 级,浪高 1.2 m,该段堤防堤坡冲刷严重。

(3)8 月 13 日,嫩江流量 12 800 m^3/s,西北风 6 级,浪高 1.2 m,洪水冲刷堤坡严重。

(4)8 月 14 日,嫩江江桥站洪峰水位 142.37 m,西北风 7 级,浪高 1.5 m,大堤迎水坡被洪水淘走 2/3,直接危及大堤的安全。

2)险情分析

(1)堤况因素:堤坡面为土体,无抗冲刷能力(嫩半 23+300~24+400 段虽有护石,但水位超过护石面,上部堤面均为土体)。

(2)汛情及天气因素:洪水流量大,水位高,加之多北风、西北风、东北风,风力 6~7 级,浪高 1.2~1.5 m,风向直冲大堤。

3)措施

(1)每隔 1 m 打一木桩,上捆苇把、柳条包,做防浪隔离带。

(2)在被淘刷堤坡处沉铺土工布做面层,用卵石袋对堤坡进行护砌(坡比 1∶3),见图 6-28。

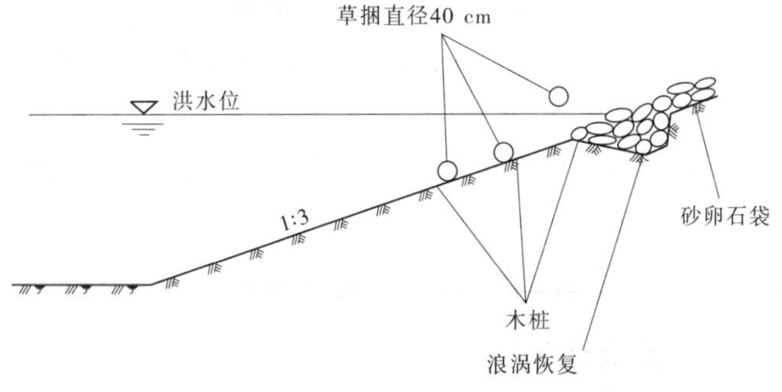

图 6-28　防浪处理示意图

(3)投入人力 3 000 人次,木桩 8 394 根,土工布 6 000 m^2,编织袋 7.2 万条,卵石 4 800 m^3。

4)效果

有效地控制了风浪对堤坡的冲刷。

5)存在问题

汛期后恢复到原有的土方,碾压修坡 1:3,铺 400 g 土工布,上做 10 cm 砂卵石垫层,再干砌块石 30 cm,以根治风浪的危害。

3. 加固子堤

1)基本情况

(1)堤况。嫩半 25 + 200 ~ 29 + 091 段为路堤接合段,堤顶为音江公路之一段(黑色路面)。堤防未达到设计高度(相差 0.3 ~ 0.6 m,$P = 5\%$)。

(2)汛情。8 月 9 日,齐齐哈尔水情预报,嫩江可能出现 17 000 m^3/s 洪峰。此时,半拉山泄水闸水位 141.20 m,已超过警戒水位 1.19 m,至 14 日,半拉山出现最高水位 142.53 m,超警戒水位 2.52 m。

2)措施

(1)根据半拉山水位站水位分析,8 月 9 ~ 13 日,每增加 200 m^3/s 流量,水位上涨 4 cm。13 日后,由于上游其他段出现决堤,流量每增加 200 m^3/s,水位增加 2.7 cm,确定加筑子堤高度为 1.5 m,底宽 3 m,顶宽 1.5 m;加 0.8 m 宽、0.8 m 高后戗。

(2)做法。迎水坡及背水坡砌筑土袋中间填筑土料,逐层夯实至 1.5 m 高。整个子堤外包土工布一层,迎水坡布端压三层卵石袋,背水坡布端压于后戗下,见图 6-29。

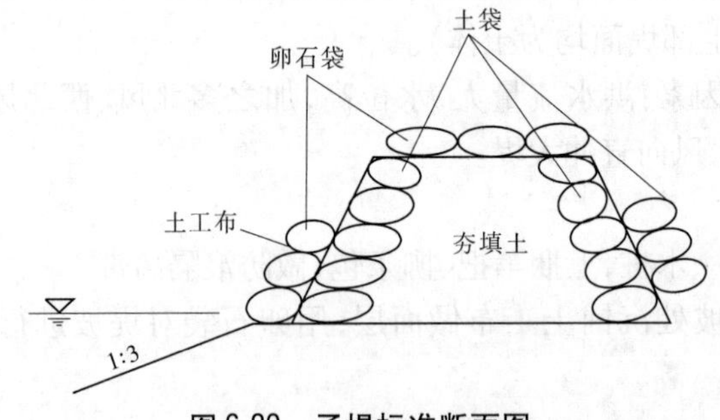

图 6-29　子堤标准断面图

(3)投入人工 2 100 人次,土方 9 800 m^3,卵石 3 300 m^3,编织袋 12 万条。

3)效果

由于及时加筑子堤,嫩江超历史洪水到来之时,大堤安然无恙,确保了大堤安全度汛。

4)存在问题

该段堤防防御标准不够,应提高防御标准。

4. 管涌和渗流

1)险情

8 月 14 ~ 23 日,半拉山堤段嫩半 23 + 100 ~ 28 + 310 段沿线均发生大面积不同程度的渗流,个别段有管涌现象,位置多在堤脚至堤脚上 1.5 m 处。

2）分析

（1）地质因素。该段堤基多为淤泥，下为流沙层。

（2）堤况因素。该段筑堤土方为沙壤土、亚黏土和轻亚黏土，遇高水位渗径远小于设计长度，加之经洪水长时间浸泡（50 d），土体达饱和状态，土质易液化，易产生管涌、渗流。

（3）汛情分析。从 7 月 1 日，嫩江第一次洪峰流量 7 480 m^3/s，至 8 月 27 日半拉山泄水闸堤外水位降至警戒水位以下达 58 d，该段堤顶一直处于高水位浸泡之下。8 月 14 日达最高水位，半拉山扬水站水位 142. 55 m，超设计水位（141. 27 m）1. 28 m，半拉山泄水闸水位 142. 53 m，超警戒水位（140. 01 m）2. 52 m。

3）措施

（1）加强巡堤，及时发现渗流及管涌等险情。

（2）及时处理。在渗流及管涌段坡面进行 30 cm 清坡，铲除杂草及腐土。铺设双层土工布，上压 20 cm 卵石层，再压卵石袋一层，以保证堤体渗流及时排除，而堤体土方不流失，以达到消险的目的。

（3）投入人工 780 人次，土工布 2 400 m^2，卵石 600 m^3，编织袋 11 万条。

4）效果

处理险情于萌芽状态，保证了大堤的稳定。

5）存在问题

汛期应对大堤加高培厚，加设后戗道，以保证渗径长度。

上述险情如控制不住造成决堤，洪水将淹没 4 602 km^2 以上的 30 个乡镇，409 个村屯，40.8 万人口，271 万亩耕地。保护区内 54. 2 亿元的资产将直接损失 19. 2 亿元（按 $P=1\%$ 计），平齐铁路 23. 5 km 将全部被淹，音江、白泰、泰音公路 252 km 将全部被毁。

参考文献

[1] 梅孝威. 水利工程管理[M]. 北京:中国水利水电出版社,2005.
[2] 卜贵贤. 水利工程管理[M]. 郑州:黄河水利出版社,2007.
[3] 胡昱玲,毕守一. 水工建筑物监测与维护[M]. 北京:中国水利水电出版社,2010.
[4] 田明武,李娜. 水利工程管理[M]. 北京:中国水利水电出版社,2013.
[5] 杜守建,周长勇. 水利工程技术管理[M]. 郑州:黄河水利出版社,2013.
[6] 牛运光. 防汛与抢险[M]. 北京:中国水利水电出版社,2003.
[7] 郑万勇. 水工建筑物[M]. 郑州:黄河水利出版社,2003.
[8] 钟汉华,冷涛. 水利水电工程施工技术[M]. 北京:中国水利水电出版社,2006.
[9] 赵志仁. 大坝安全监测设计[M]. 郑州:黄河水利出版社,2003.
[10] 王立民. 水工建筑物检测与维修[M]. 北京:中国水利水电出版社,1993.
[11] 中华人民共和国水利部. SL 551—2012 土石坝安全监测技术规范[S]. 北京:中国水利水电出版社,2012.
[12] 中华人民共和国水利部. SL 601—2013 混凝土坝安全监测技术规范[S]. 北京:中国水利水电出版社,2013.
[13] 中华人民共和国水利部. SL 210—98 土石坝养护修理规程[S]. 北京:中国水利水电出版社,1999.
[14] 中华人民共和国水利部. SL 230—98 混凝土坝养护修理规程[S]. 北京:中国水利水电出版社,1999.
[15] 中华人民共和国水利部. SL 75—94 水闸技术管理规程[S]. 北京:中国水利水电出版社,1995.
[16] 中华人民共和国水利部. SL 253—2000 溢洪道设计规范[S]. 北京:中国水利水电出版社,2000.
[17] 中华人民共和国水利部. SL 171—96 堤防工程管理设计规范[S]. 北京:中国水利水电出版社,1997.